내가 가장 닮고 싶은 과학자

내가 가장 닮고 싶은 과학자

초판 1쇄 인쇄 2017년 7월 10일
초판 1쇄 발행 2017년 7월 15일

지은이 이세용
펴낸이 이윤규

펴낸곳 유아이북스

출판등록 2012년 4월 2일
주소 서울시 용산구 효창원로 64길 6
전화 (02) 704-2521
팩스 (02) 715-3536
이메일 uibooks@uibooks.co.kr

ISBN 978-89-98156-75-6
값 15,000원

• 이 도서의 국립중앙도서관 출판예정도서목록(CIP)은 서지정보유통지원시스템 홈페이지(http://seoji.nl.go.kr)와
  국가자료공동목록시스템(http://www.nl.go.kr/kolisnet)에서 이용하실 수 있습니다. (CIP제어번호 : CIP2017014583)

세상을 바꾼 위대한 과학자들

내가 가장 닮고 싶은 과학자

이세용 저

유아이북스

시작하는 글

이 세상에서 세계의 우수한 과학자들이 두 각을 나타내지 않은 분야는 없다. 세상은 이 들의 업적에 따라 급변하였으며 지금도 계속 변화하고 있다.

예로부터 우리나라에는 과학자들을 무시하 고 천시하는 풍조가 만연하였다. 특히 조선 시대에는 유교 사상의 영향으로 삼강오륜만을 강조하고, 신분 제도를 만들어 과학 기술을 공부하고 연구하는 것은 천민들이 하는 것으로 여겨 과학이 발전 하지 못하였다. 또한 일제 강점기에는 과학 분야의 발전을 특히 억 압하였으며, 해방 이후에도 6·25 등의 사회 혼란이 계속되어 과학 의 발전은 계속 침체 상태에 머물러 있었다.

그럼에도 불구하고 국토가 좁고 부존자원이 빈약한 우리나라가 지금처럼 잘 살 수 있었던 것은 부강한 국가가 되는 길은 우수한 인적 자원을 활용하여 과학 기술을 발전시키는 길이라는 생각을 가진 선각자들이 과학 기술의 발전을 위해 끊임없이 노력하였기 때문이다.

이처럼 과학 기술은 인간 생활을 보다 편리하고 윤택하게 할 뿐만 아니라 경제를 성장시키고, 나라를 부강하게 만드는 원동력이다.

이 책은 저자가 1988년에 발간한 청소년들을 위한 알기 쉬운 《30인의 과학자》와 1993년에 발간한 《문명의 불을 밝힌 과학의 선구자들》을 수정·보완하고, 세상을 변화시킨 굴지의 과학자들을 추가하여 그들의 청소년 시절과 가정생활 등을 바탕으로 그들이 역경을 헤치고 성공한 비결을 기술한 책이다.

어떤 과학자는 아주 가난한 가정에서 태어나 많은 고난을 겪으면서도 끈기와 노력으로 성공한 반면에 부유한 가정에서 태어나 단란한 가정에서 풍성한 자료를 보며 여유로운 연구를 하면서 성공한 과학자도 있다.

저자가 어느 부유한 가정을 방문하였을 때 많은 상장을 보여 주며 초등학생 손자 자랑을 들은 적이 있다. 대부분은 컴퓨터 대회와 교내 수학 경시대회에서 수상한 상장이었다. 그때 마침 그 집 며느리가 차와 다과를 가지고 나왔다. 그래서 "훌륭한 아들을 두었네요. 장차 훌륭한 과학자가 될 소질이 보입니다. 앞으로 컴퓨터 대가가 되겠네요." 하고 칭찬하였더니 "아니에요. 우리 아이는 머리가 좋고 영리해서 검사나 판사를 시킬 거예요! 과학자는 따분하고 배

고파요." 하는 의외의 반응을 보였다. 이러한 현실은 어른이 되어도 마찬가지이다. 공대를 졸업한 학생들이 전공과는 관계없는 고시 공부를 하고 있는 참으로 안타까운 세상이다.

우리는 과학에 흥미를 가진 청소년들에게 과학자로서의 자질을 키워 주며 과학에 심취할 수 있는 환경을 만들어 주어야 한다. '장차 무엇이 되고 싶은가요?' 라는 질문에 초등학교 저학년의 경우 약 38.5%가 과학자가 되고 싶다고 하였으나 고학년에 올라갈수록 검사와 판사, 정치가, 연예인, 체육인 등으로 진로가 변화된다.

이웃 나라 일본은 2017년에는 2명이 추가되어 모두 25명의 노벨 수상자가 나왔는데 그중 22명이 과학 분야의 수상자다. 이에 반해 우리나라는 아직 과학 분야의 노벨 수상자가 한 명도 없다. 참으로 안타까운 일이 아닐 수 없다. 중국의 어느 과학자는 우리나라에서 흔히 볼 수 있는 개똥쑥을 연구하여 노벨상을 받았다. 또 독일의 바이엘 제약 회사에서 개발한 인기약인 아스피린이 버드나무 잎에서 추출한 성분이 원료였다는 사실을 아는 사람이 별로 없을 것이다. 이 버드나무 잎은 우리나라의 것이 제일 우수하여 다른 나라에서 우리의 버드나무 잎을 수입하고 있다.

그렇다면 일본에서는 왜 과학 분야의 노벨 수상자가 많이 나왔을까? 수상자들은 청소년 시절에 과학에 대한 호기심과 관심, 그리고 과학자에 대한 동경이 있었다고 한다. 그리고 그들의 책꽂이에는 과학자들의 전기와 성공담 등 흥미로운 과학 이야기에 대한 서적이 항상 구비되어 있어 수시로 이를 읽었다고 한다.

우리도 학생들에게 큰 꿈을 심어 주고 과학 기술 분야에 끈기 있게 도전하고 공부할 수 있게 하는 동기를 부여해야 한다. 이 책은 국내외 우수 과학자들의 청소년 시절의 생활상과 그들의 연구 업적을 탐색하고, 장차 훌륭한 과학자가 되고 싶다는 꿈을 우리 꿈나무들에게 심어 줄 수 있는 읽을거리를 제공하고 있다. 아무쪼록 많은 청소년들이 이 책을 읽고 과학자가 될 자질을 갖출 수 있기를 바란다.

이 책이 나오기까지 자문을 해 준 이영일 박사님과 권경오 박사님에게 감사드리고, 추천사를 써 주신 (사)한국과학교육원로원 김영수 박사님께 감사를 드린다.

2017년 3월 서재에서

저자 이세응

추천하는 글

개인 및 사회와 국가 발전은 21세기의 첨단 과학 기술을 중심으로 새로운 기술인 ICT 기술이 견인하는 시대가 전개될 것으로 전망된다.

미래 사회는 모든 분야에서 과학 기술과 ICT 기술이 문제를 만들고 해결하게 될 것이다. 따라서 우리나라와 같은 자원 빈곤 국가는 시대에 발맞추기 위해 과학을 필수로 하여 인재의 창의적 육성을 통해 국가 경쟁력을 확보해야 한다.

인간에게는 위대한 가능성과 창조의 본성, 개인의 특성인 영재성이 잠재되어 있다. 이러한 내재적인 자질을 청소년들이 계발할 수 있도록 돕기 위해서는 다양한 과학 도서가 필요하다.

활자 매체로 제작된 도서는 청소년들이 독서하는 과정에서 상상하고 사고하게 하는 힘을 기를 수 있도록 돕기 때문에 성장 과정에 있는 청소년들에게는 매우 중요한 매체이다.

특히 과학 도서는 청소년들이 과학적 사실에 흥미와 호기심을 느끼게 하고, 이 호기심은 청소년들이 스스로 사고하도록 이끌어 창의성을 기르는 데 큰 역할을 한다. 따라서 과학 발전의 시작인 호기심을 키우기 위해서라도 과학 도서는 청소년들의 필독 도서다.

일진사가 펴낸 이 책은 청소년들에게 큰 선물이 될 것이다. 우리나라 과학자와 세계의 과학자 74명을 엄선하여 그들의 청소년 시절의 꿈과 과학자로서 끊임없이 노력하여 쌓은 업적과 전기를 쉽고 재미있게 글로 집필하여 청소년들에게 과학에 흥미와 호기심을 불러일으키기에 적합하다. 그 뿐만 아니라 과학의 기본 원리를 망라하고 있어 청소년들의 과학에 대한 이해를 돕고 과학적 자질을 심어 주며 푸른 꿈을 가지고 진로 선택을 하는 데 좋은 과학 자료로 평가된다.

특히 이 책은 과학에 대한 내용뿐 아니라 과학자들의 일생과 업적을 엮은 책으로 앞으로 과학을 전공하여 과학자가 되고자 하는 청소년들에게는 꼭 읽어야 할 도서이다. 왜냐하면 과학을 전공하여 과학자의 길을 진로로 선택하는 데는 바른 정보가 제공되어 청소년들이 진로 선택에서 시행착오가 없도록 해야 하기 때문이다.

과학 기술 시대는 과학이 중심이 되는 사회이다. 그러나 단지 이런 이유로 자기의 소질과 적성에 관계없이 과학자의 길을 선택했다가 쉽게 갈등을 느끼고 도중에 포기하는 사람들도 많다. 적성에 맞지 않아 포기하는 사람도 있지만, 대부분은 과학자가 지녀야 할 끈질긴 투지와 노력의 부족으로 도중하차하곤 한다. 그래서 청소년들이 과학 분야로 진로를 선택하는 데는 사전 정보가 정말 중요하다. 이 책은 진로를 과학으로 선택하는 청소년들에게 그 길을 안내할 수 있는 훌륭한 가이드북으로써의 역할을 할 과학 도서로 각광을 받을 것이다.

　세계적인 과학자들의 생애를 담은 이 과학 도서는 청소년들에게 과학 지식의 폭을 넓히고 과학자의 꿈을 키워 가는 데 필요한 가치관을 바로 세우는 데 도움이 될 것이다. 나아가 21세기를 이끌 주도적인 창의적 과학 인재 발굴에 이 책이 이바지할 것으로 기대하며 청소년들에게 이 책을 권하고 싶다.

2017년 3월 1일
한국과학교육원로원 회장 김영수

차 례

내가 가장 닮고 싶은 과학자

제1부

위대한 외국의 과학자들

철학자이며 근대 과학의 창시자인
아리스토텔레스

의사의 가정에서 태어나다

아리스토텔레스(Aristoteles, B.C.384
~B.C.322)는 그리스 동남쪽에 있는 스타게
이리라는 마을에서 재산가이며 의사인 니
코마쿠스의 장남으로 태어났다.

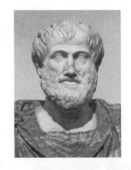

아리스토텔레스

아리스토텔레스는 정치학, 철학, 과학 등
다양한 분야의 서구 문명에 큰 영향력을 끼
친 최대의 학자로 고대 과학의 아버지로 불
린다.

그는 17세가 되던 해에 철학자 플라톤이 설립한 아테네의 학술원
에 입학하였다. 그곳에서 스승인 플라톤의 영향을 크게 받아 그는
과학을 연구하려면 철학을 먼저 배워야 한다는 생각으로 20년 동
안 소크라테스의 철학적 방법을 공부했다. 이를 통해 그는 대화 형
식의 질문과 응답, 그리고 모순과 역설에 직면함으로써 진리 탐구

에 접근하려고 노력했다.

B.C.343년경에 아리스토텔레스는 마케도니아의 국왕인 필리포스 2세로부터 그의 13세 아들인 알렉산드로스 왕자(후에 알렉산더 대왕)의 가정 교사를 요청을 받고 알렉산더가 왕위에 오를 때까지 마케도니아에서 가정 교사 생활을 했다.

리케이온 광장에 라이시움 학원을 설립

가정 교사 생활을 마치고 다시 아테네로 돌아온 아리스토텔레스는 학술원과 대응하는 라이시움이라는 학원을 창설했다. 학술원이 순수 철학과 수학을 연구하는 것에 중점을 두었다면 라이시움은 생물학과 역사학의 연구에 주안점을 둔 학원이었다.

라이시움에는 운동장을 따라 긴 가로수가 심긴 조용한 길이 있었다. 그는 주로 그 길을 산책하면서 제자들과 토론하기를 즐겼기 때문에 이들을 '소요학파(逍遙學派)'라고 불렀다.

B.C.323년, 그의 제자였던 알렉산더 대왕이 죽자 식민지였던 아테네는 독립을 선언하였고 아리스토텔레스는 반마케도니아 운동의 혐의를 받아 칼키스로 망명하였으며 이듬해에 뜻하지 않은 병으로 망명지에서 세상을 떠나고 말았다.

아리스토텔레스가 죽은 후 그의 추종자들은 그가 남긴 47권의 저서를 정리하여 체계적으로 편집하였다. 그 책들은 소크라테스의 변증법적인 이론을 많이 따른 것으로 물리학, 시학, 형이상학, 논리학, 정치학 등이 포함되어 있었다.

플라톤이 추상적이고 신비적이며 양적인 경향을 띄었다면, 아리스토텔레스는 경험적이고 현실적이며 질적인 경향을 띄었다. 아리스토텔레스는 철학과 정치학, 그리고 논리학과 자연 과학은 서로 밀접한 관계가 있다고 주장했다. 또한 논리학, 물리학, 생물학, 인류학을 정식 학문으로 발족시켰으며 학문의 분류에 기초를 두고 각각의 범주의 한계를 정의하는 데 있어서 유사성과 상이성을 구분함으로써 학문을 체계화했다.

4원소설과 지질학의 개척

아리스토텔레스는 《발생과 소멸》이라는 저서에서 4원소에 대하여 기술하였다. 그는 세상에는 4가지 원소밖에 없다는 것을 사색적 방법으로 증명하려 했다. 즉, 4가지 기본 감각으로 따뜻한 것, 찬 것, 습한 것, 건조한 것이 있으며 이것들을 두 가지씩 짝을 지어 감수하려 했다. 그는 따뜻한 것과 찬 것, 그리고 습한 것과 건조한 것은 서로 모순되어 결합이 불가능하다고 보았다. 또한 찬 것과 마른 것의 대응은 흙, 찬 것과 습한 것의 대응은 물, 따뜻한 것과 습한 것의 대응은 공기, 따뜻한 것과 마른 것의 대응은 불에 해당한다고 했다.

그는 지구에 있는 모든 물질은 이 4원소의 혼합에 의하여 생성된다고 보고 이들 요소에는 제각기 자연적 장소가 있어서 그 방향으로 운동한다고 보았다.

아리스토텔레스는 모든 변화는 질적이나 양적인 구별 없이 운동에 기인한다고 하였다. 한 번 움직인 물체는 어떤 저항물에 부딪치지 않고는 정지하는 일이 없다고 생각했다. 즉, 정지하는 것은 어떤 저항 때문이며 저항이 없으면 자기 자리에 언제까지나 머물러 있다고 보았다.

아리스토텔레스에게 있어서 인간 그 자체는 모든 창조의 근원이고 중심이었다. 인간은 윤리적인 느낌이 의식에 앞서며 영혼은 그 자신이 존재하는 것은 아니라고 했다. 즉, 영혼은 스스로는 물체일 수 없고 질료에 결합된다고 하였다.

아리스토텔레스는 4원소설로 병의 발생을 설명하였다. 신체는 흙, 불, 공기, 물로 이루어져 있어 이 원소 중에서 어느 하나가 너무 많거나 너무 적을 때, 차지하고 있어야 할 자리가 바뀔 때와 같은 경우에는 반드시 소동이 일어나며 그것이 병이라고 했다. 그는 또한 어떤 병은 습기의 과도로 인하여 발생하고 또 어떤 병은 과도한 열로 인하여 발생한다고도 주장했다. 그는 세월의 흐름에 따라 폐장 속에 흙의 성분이 축적되고 그로 인하여 불이 꺼짐으로써 죽음이 온다고 주장하였다.

아리스토텔레스는 지질학에도 큰 관심을 보였다. 그는 기상학에 관한 4권의 책을 통하여 혜성과 유성의 출현, 구름의 모양과 높이, 이슬, 얼음, 눈의 생성, 바람과 뇌우의 발생에 대하여 기술하였다. 그는 지진은 밀폐된 공기 때문에 일어난다고 했다. 그리고 무지개 현상은 주로 빛의 반사로 설명하였는데, 그에 따르면 물방울은 작은 거울 면을 이루는 미립자이기 때문에 발광체의 모양을 반영하지 못하고 그 색만을 자기 자신의 색과 혼합해서 반사하는 것이 무지개라고 했다.

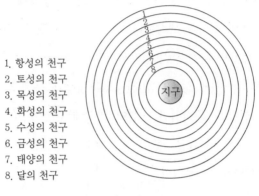

1. 항성의 천구
2. 토성의 천구
3. 목성의 천구
4. 화성의 천구
5. 수성의 천구
6. 금성의 천구
7. 태양의 천구
8. 달의 천구

아리스토텔레스의 우주계

천부적인 생물학자

아리스토텔레스의 가장 중요한 연구 중 하나는 동물학이었다. 그가 저술한 동물학은 고대 최대의 동물학 저술이라 해도 과언이 아니다. 그의 동물학 연구는 당시에는 상상도 못할 구체적인 내용으로 기술되어 있을 뿐만 아니라 동물의 구조와 각 기관의 기능 및 발생, 상태까지 다루고 있다. 이처럼 그는 생물의 기능과 발생 문제를 다루어 후세 과학자들이 이 분야의 연구를 촉진하는 계기를 마련하기도 하였다.

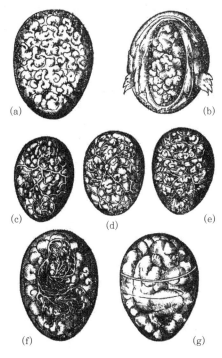

아리스토텔레스의 태아 발생설

그러나 그는 동물의 발생을 다루면서 하등 동물뿐만 아니라 고등 동물까지도 자연 발생으로 생겨난다는 엄청난 오류를 범했다. 그는 이는 살에서 생겨나고 빈대는 동물의 체액에서 생겨난다고 했다. 심지어 뱀장어는 진흙에서 자연히 생겨난 지렁이가 커서 된 것이라고 주장했다. 이처럼 그의 연구는 오늘날의 수준에서 보면 많은 오류도 발견되지만 그 당시에는 단연코 동물학 분야의 최고 학술지였다.

또 다른 아리스토텔레스의 뛰어난 업적은 동물들을 형태별로 계통적으로 분류한 것이다. 그는 모든 동물을 유혈 동물과 무혈 동물로 분류하였으며 유혈 동물은 다시 태생 4종류, 난생 4종류로 분류하였다. 또 꿀벌의 체계와 생태에 관해서도 자세히 기술하였으며 갑각류의 특징과 생태 등도 다루었다.

지금까지 살펴본 것처럼 아리스토텔레스는 위대한 과학자임에 틀림없다. 그의 학설은 16세기에 과학 혁명이 일어날 때까지 꾸준히 신봉되어 왔다.

기초 과학의 발전에 기여한 위대한 수학자
아르키메데스

고대 그리스의 최대 수학자이자 과학자

아르키메데스(Archimedes, B.C.287?~ B.C.212)는 고대 그리스의 위대한 수학자이 자 기술자인 동시에 발명가였다.

아르키메데스

아르키메데스는 이탈리아의 시칠리아 섬 동남 연안에 있는 항구 도시인 시라쿠사에서 태어났다. 그는 시라쿠사의 왕인 히에론 2세 의 가까운 친척이었다. 그의 아버지는 천문학 자였기 때문에 아르키메데스는 어렸을 때부터 천문 관측을 배울 수 있었다.

아르키메데스는 그 당시 가장 높은 수준의 수학과 물리학을 가르 치는 이집트에 있는 알렉산드리아의 왕립 학교에서 공부했다. 학교를 졸업하고 귀국한 아르키메데스는 배운 이론을 실용화하고 응용하는 데 천부적인 재능을 발휘했다. 알렉산드리아 왕립 학교의 수학자인 코논의 수제자였던 아르키메데스는 졸업 후 고향에 돌아와서도 자신의 저술을 코논 교수에게 지도를 받는 등 정기적으로 그와 안부와 서신을 주고받았다.

부력의 법칙을 발견

아르키메데스가 부력의 법칙을 발견하게 된 것은 수학자인 그에게 충고와 지도를 아끼지 않았던 시라쿠사의 통치자 히에론 2세와의 친분때문이었다.

돈이 많은 히에론 왕은 그 나라에서 가장 솜씨 좋은 금세공사에게 순금으로 된 왕관을 만들도록 명령하였고, 명령을 받은 세공사는 찬란한 왕관을 가져왔다. 히에론 왕은 금세공사의 정교한 솜씨에 놀랐고 그에게 후한 상금을 내렸다. 금세공사가 돌아간 후 히에론 왕은 그가 가져온 왕관의 무게를 달아 보았다. 그리고 처음 기록해 두었던 순금 덩어리의 무게와 비교해 보았다. 이 둘의 무게는 똑같았다. 그러나 얼마 후에 이상한 소문이 돌기 시작했다. 금세공사가 왕에게 받은 금을 전부 사용하지 않고 일부를 가로챈 뒤 대신 은을 섞어 왕관을 만들었다는 것이었다. 소문을 들은 히에론 왕은 금세공사의 정직성을 의심하지 않을 수 없었다.

그 당시 아르키메데스는 지레의 원리를 발표하여 큰 명성을 얻고 있었다. 그는 "내게 설 발판과 적당한 지렛대를 준다면 나는 지구를 움직여 보고 싶다."라는 유명한 말도 남겼다. 아르키메데스는 지렛대의 원리를 응용하여 너무 커서 바다에 띄우지 못하고 있는 군선을 거뜬히 바다에 진수시킨 적도 있었다. 히에론 왕은 천재적인 아르키메데스라면 왕관 문제도 거뜬히 규명해 줄 것이라고 믿었다. 히에론 왕은 금관이 정말 순금으로 만들어졌는지를 알아내기 위해 수학자 아르키메데스를 불러 아름다운 금관을 손상하지 않고 왕관이 순금으로 만들어졌는지를 알아내도록 명령했다.

환희의 순간(유레카라고 외쳐)

아르키메데스는 히에론 왕으로부터 받아 온 왕관을 연구실 책상 위에 올려놓고 그 세공 기술에 감탄했지만 한편으로는 큰 고민이 있었다. 금은 은보다 무겁다는 사실을 알고 있지만 금에 은이 섞여 있는지 여부는 어떻게 알아내야 할지 아르키메데스는 먹고 자는 것도 잊은 채 연구실에 틀어박혀 왕관만 바라보고 있었다.

여러 날을 골몰히 생각하던 아르키메데스는 목욕탕에 갔다. 욕조에 가득한 물에 들어갔을 때 그는 몸이 물에 들어간 부피와 같은 양 만큼의 물이 넘친다는 사실을 문득 깨달았다. 이 현상의 원리가 떠오르는 순간 그는 벌거벗은 채로 벌떡 일어나 정신없이 시라쿠사의 말로 "유레카(Eureka, 발견했다)! 유레카!"라고 소리치면서 자기 집으로 달려갔다.

아르키메데스는 그 원리에 착안하여 왕관과 같은 중량의 덩어리를 두 개 만들었다. 한 덩어리는 금으로 만들고 다른 한 덩어리는 은으로 만들었다. 큰 그릇에 물을 가득 채우고 그 속에 은 덩어리를 넣자 은 덩어리가 들어간 만큼의 물이 넘쳐흘렀다. 그리고 다시 은 덩어리를 꺼내고 줄어든 만큼의 물을 채운 다음 보충한 물의 양을 측정했다. 이를 통해 일정한 부피의 물에 해당하는 은의 양을 알게 되었다.

아르키메데스와 목욕탕의 욕조

아르키메데스는 이 사실을 알고 나서 이번에는 물을 가득 채운 용기에 금 덩어리를 넣고 넘친 물의 양을 측정했다. 금 덩어리는 같은 중량의 은 덩어리보다도 부피가 적은 만큼 넘치는 물의 양도 적다는 것을 알 수 있었다.

그래서 아르키메데스는 다시 한번 용기에 물을 가득 채우고 문제의 왕관을 넣었다. 그랬더니 같은 중량의 금 덩어리 보다 많은 양의 물이 넘쳤다. 이것으로 금관은 은을 섞어 만들었으며 금을 많이 가로챘다는 사실이 밝혀졌다.

히에론 왕은 감탄했다. 역시 아르키메데스는 대과학자요, 대수학자요, 대발명가라고 극찬했으며, 부정이 밝혀진 금세공사는 처벌을 받았다.

아르키메데스는 히에론 왕의 이 사건을 통해 '액체 속에 있는 물체는 그 물체가 밀어낸 액체의 무게만큼의 부력을 받는다.'라는 유명한 아르키메데스의 원리를 발견했다.

무수한 업적들

아르키메데스는 기하학에서 더 큰 업적을 남겼다. 그의 연구 업적 중 유일하게 출판되어 전해지고 있는 것은 수학 논문들뿐이다. 그는 '원의 측정'이란 논문에서 원의 둘레와 원의 반지름의 비율을 정확하게 나타낸 원주율(파이)의 값을 구했다. 그리고 그는 포물선의 넓이와 부피를 구하는 것과, 공과 그 외접하는 원기둥과의 관계를 밝혀내기도 했다. 그가 밝혀낸 방법은 무려 2천년이 지난 후 아이작 뉴턴에 의해 발견된 미분학 출현의 근간이 되었다.

아르키메데스는 역학 분야에서도 천재적인 기질을 발휘했다. 지레의 원리를 발견함은 물론 전쟁에 사용하는 투석기(投石器)를 발명하여 전쟁에 직접 활용하였으며, '아르키메데스의 나선'은 양수기에 응용하여 활용했다. 이 나선 양수기는 오늘날에도 이집트 나일 강 유역 지방에서 물을 푸는 데 사용되고 있으며, 헬리콥터 발명의 기본이 되기도 하였다. 아르키메데스는 로마군이 침입했을 때 태양 광선을 초점에 모은 반사경을 발명하여 적군의 배를 불사르기도 했다고 한다.

로마군에 의한 죽음

아르키메데스는 많은 군사 무기를 발명하여 수개월에 걸친 로마군의 포위 속에서도 시라쿠사가 견딜 수 있게 하였으나 로마군은 끝내 시라쿠사를 점령하였다. 시라쿠사를 점령한 로마군은 그동안의 고생과 많은 동료들의 희생에 대한 보복으로 사람들을 무차별 학살하기 시작했다. 이때에 아르키메데스도 생포되었는데, 예우를 갖추라는 상사의 명령에도 불구하고 일개 로마군 병사의 칼에 안타깝게 희생되고 말았다.

아르키메데스의 묘비는 그의 유언대로 원주에 내접하는 구(球)를 조각한 돌로 장식되었다. 이것은 그가 구의 체적은 외접하는 원주의 체적의 3분의 2에 해당된다는 자신의 발견을 얼마나 높이 평가하고 있었는가를 보여 준다. 아르키메데스는 고대의 최대 수학자이며 과학자였다.

집념과 끈기로 활판 인쇄를 발명한
요하네스 구텐베르크

책 읽기를 즐긴 어린 시절

인쇄 기술은 독일의 요하네스 구텐베르크 (Johannes Gutenberg, 1398년? ~ 1468 년 2월 3일)가 발명하여 여러 차례의 개량을 통해 오늘날의 인쇄 기술에 이를 수 있었다.

요하네스 구텐베르크

구텐베르크는 서부 독일 라인 강 근교의 마인츠의 귀족 가문에서 태어났다. 유명한 과학자들의 어린 시절이 대개 그러했듯이 구텐베르크 역시 무척 가난한 환경에서 자라났다. 그의 집안은 원래 귀족 가문이었으나 완전히 몰락하여 그는 교육도 제대로 받지 못하고 금은 세공, 보석 닦이 등을 하며 어린 시절을 보냈다. 그러나 그는 교육은 받지 못했어도 책 읽기를 매우 즐겼다. 그는 금은 세공을 한 연고로 지위가 높은 승려와 돈 많은 영주(領主)들이 사는 곳을 드나들 수 있었고 그들과 만날 기회도 많아 견문을 넓힐 수 있었다. 후에 그는 마인츠를 떠나 조용한 슈트라스부르크로 이사를 하였다.

목판을 파기 시작한 청년 시절

구텐베르크는 인간이 손으로 글자를 쓰는 대신에 활자를 써서 종이에 인쇄하는 인쇄 기술을 발명함으로써 문화를 획기적으로 발전시키는 데 기여하였다.

구텐베르크는 청년 시절 슈트라스부르크로 이사하여 그곳의 승원 원장의 보석 닦는 일을 맡았는데 이것은 나중에 활자 인쇄의 기술을 발명하게 된 직접적인 동기가 되었다. 슈트라스부르크의 승원에는 유명한 도서관이 있었다. 책 읽기를 좋아한 구텐베르크는 승원 원장에게 간청하여 도서관을 관람하였다. 그 중 《가난한 자의 성서》라는 40페이지 정도의 성서 책이 그의 흥미를 끌었다. 그는 '이와 같은 좋은 책을 여러 부 만들어서 많은 사람들이 읽을 수 있다면 얼마나 좋을까?' 하는 생각을 하였다. 집에 돌아온 그는 이 생각에 빠졌다.

그 후 구텐베르크는 굳은 의지와 노력으로 목판 인쇄의 기술을 알아냈다. 나무판에 글자를 파서 책을 찍기 위해 책을 빌려 4~5인의 제자들과 함께 목판을 파기 시작하였다. 수개월이 걸려 목판이 완성되었고 목판으로 찍은 책은 원본과 거의 비슷하게 인쇄되어 세상 사람을 깜짝 놀라게 했다. 이렇게 인쇄된 책은 전부 판매되었고 구텐베르크는 돈도 벌었다. 구텐베르크는 목판으로 책을 대량으로 만들어 낸다면 큰돈을 벌 수 있으리라고 확신하였다.

그는 원장에게 다시 《솔로몬의 노래》라는 책을 빌려 약 반년 동안 목판을 파 책을 완성했다. 그 당시에는 책이 너무 비싸 일반 사람들은 책을 구하기 힘들었다. 그런데 이런 진귀한 책을 구텐베르크가 인쇄하여 사람들에게 싸게 팔았기 때문에 여기저기서 책을 사겠다는 사람들이 몰려왔다. 구텐베르크는 많은 사람으로부터 훌륭하고 착한 일을 했다고 칭찬도 듣고, 돈도 버는 일거양득을 누렸다.

구텐베르크는 두 번째 책을 완성하는 데 성공하자 성서를 인쇄할 계획을 세웠다. 이제까지 발간한 《가난한 자의 성서》와 《솔로몬의 노래》와 같은 책들은 쉽게 쓴 이야기 책이거나 시(詩)였기 때문에 활자도 크고 페이지 수도 적어 쉽게 만들 수 있었다. 그러나 성서는 활자도 작고 페이지 수도 많아서 목판을 파서 인쇄하는 데에는 적어도 30년이란 긴 세월이 필요할 것으로 예상되었다. 구텐베르크는 망설일 수밖에 없었다. 30년이란 긴 세월 동안 목판을 파는 일도 문제이지만 그 기간 동안 종사원들의 생활비도 큰 문제였기 때문이다.

구텐베르크 인쇄기

그러나 성서가 완성되어 많은 사람이 싼 가격으로 성서를 나누어 가질 수 있다면 돈벌이도 될 수 있고 많은 사람들로부터 열광적인 환영을 받는 보람찬 일이 될 것이라고 확신했다.

구텐베르크는 마침내 결심을 굳히고 그 큰 사업을 착수했다. 많은 사람들은 무모한 계획이라고 비난을 하였지만 일부 친구들은 그 훌륭한 사업을 어떻게 해서든지 완성해 보라고 격려하기도 하였다. 그러나 그의 조수들은 무모한 일을 추진한다고 생각하여 한사람씩 그를 떠나기 시작했다.

사람들이 떠나면서 일의 능률이 점점 떨어지기 시작했지만, 구텐베르크는 성서를 만들어 많은 사람에게 보급하는 일은 신을 위한 가장 큰 봉사라 생각하고 밤낮을 가리지 않고 정성을 다하여 오로지 목판 작업에만 열중했다. 1~2년이 지나면서 점차 체력이 고갈되기 시작하였으나 구텐베르크는 만약 자신이 성서를 완성을 하지 못한다면 그 누군가가 뒤를 이어 완성할 것이라고 확신하고 꾸준히 활자를 파는 일에만 열중하였다.

강인한 집념으로 인쇄 기술 발명

1445년에 접어든 어느 날 밤, 희미한 등불 아래서 열심히 목판을 파던 구텐베르크의 손이 빗나가면서 이미 작업한 목판을 그어 버려 하루 종일 한 일이 허사가 되고 말았다. 그는 망가진 목판을 보며 실의에 빠졌다. '이것을 쓸 수 있는 방법은 없는 것일까?' 구텐베르크는 골똘히 생각했다. 그때 머리에 어떤 발상이 번쩍 떠올랐다. 글자를 하나하나 잘라 내어 한 번 판 글자를 다른 판목에 심으면 같은 글자를 여러 번 새길 필요는 없지 않겠는가? 그는 이 기발한 생각을 실험하기 위해 이미 버린 목판의 글자를 하나하나 잘라내기 시작했다.

구텐베르크의 강한 집념과 끈기로 그는 드디어 성공의 길을 찾게 되었다. 우연한 실수가 오늘날 널리 사용되는 인쇄 기술 발명의 계기가 된 것이다. 가느다란 나무판에 작은 글자를 새긴 다음 떼어내기란 여간 어려운 일이 아니었다. 그러나 한 번 만든 글자는 몇 번이고 쓸 수 있으므로 더욱 정성을 들여 파기 시작했다.

그 당시의 인쇄 기술은 같은 문장을 다른 사람이 옮겨서 쓰는 '사본'과 바위나 돌에 새겨 놓은 글자에 물감을 칠한 다음 돌 위에 몇 장이고 종이를 붙여서 찍는 것(오늘날의 탁본)이 고작이었다. 그러던 중 발명된 것이 구텐베르크의 목판 인쇄 기술이었다. 구텐베르크는 알파벳을 파서 글자를 나무틀에 묶어 인쇄하기 시작했다.

집념으로 발명한 금속 활자

구텐베르크는 활자를 다발로 묶어 인쇄하는 방법을 고안하였지만, 그것만으로는 어려움이 많다는 것을 깨달았다. 그래서 활자를 이용해서 만든 인쇄기를 2년간 고안한 끝에 간단한 인쇄기를 발명했다. 처음에는 흡족했지만 이 인쇄기도 사용하는 중에 문제점이 발견되었다. 활자를 나무로 만들었기 때문에 오래 사용하면 표면이 닳아서 없어지기도 하고 글자와 줄이 뭉그러져 쓸 수 없게 되기도 했다.

그는 뭉그러지기 쉬운 나무를 대신하여 금속으로 활자를 만들 수는 없을까를 생각해 보았다. 구텐베르크는 금은 세공 일을 하였기 때문에 금속에 대해서는 누구보다도 많은 지식을 가지고 있었다. 그는 처음에는 납과 주석을 녹인 합금으로 활자를 제조하기 시작했다.

그러나 구텐베르크는 인쇄와 활자 연구에 집안을 돌보지 못했기 때문에 가세가 기울어 가정 생활이 매우 힘든 처지가 되었다. 그는 고향 사람들의 도움을 받고자 다시 고향인 마인츠로 이사하였다. 그는 소년 시절의 친구였던 변호사 요한 후스트의 도움을 받아 공장을 세우고 직공을 모집하여 일을 다시 시작하였으나 의견 충돌로 일이 진척되지 못하였다. 그 결과 공장은 파산되었고 직공들은 뿔뿔이 흩어지고 말았다.

그러나 구텐베르크의 집념은 꺾이지 않았다. 그는 1460년 가을에 드디어 인쇄기와 활자의 발명을 완성하여 성서의 인쇄를 시작했다. 구텐베르크의 발명은 세상 사람들을 깜짝 놀라게 하였다. 그 공로로 그는 영주로부터 큰 상을 받았으며, 1462년에는 모두에게 인쇄기를 공개하여 활자를 만들어 사용할 수 있도록 하였다.

16세기 말경의 인쇄소

이 인쇄 기술은 약 300년 가까이 이어오다 19세기 초에 독일의 에니히가 실린더식 인쇄기를 발명함으로써 한 시간에 560장밖에 인쇄할 수 없었던 것을 1,000장 이상 인쇄할 수 있게 되면서 그 자리를 실린더식 인쇄기에게 내주었다. 오늘날에는 고속 윤전기가 발명되어 한 시간에 20만장 이상을 인쇄할 수 있지만, 이 모든 것은 구텐베르크가 목판 인쇄를 시작으로 금속제의 활자로 인쇄기를 발명한 것이 토대가 된 것이다.

그러나 구텐베르크의 만년은 불우하였다. 그는 인쇄 시설을 돈을 빌려 설치하였지만 원금을 갚지 못하여 인쇄 장비를 압수 당하고 파산 지경에 이르렀다. 절망에 빠진 구텐베르크는 권리도 확보하지 못하고 몸이 허약해져 실명의 위기를 겪다가 1468년 2월 3일에 세상을 떠나고 말았다.

르네상스의 시대의 최고의 거장
레오나르도 다빈치

이미 천재였던 청소년 시절

레오나르도 다빈치(Leonardo da Vinci, 1452년 4월 15일~1519년 5월 2일)는 이탈리아의 빈치 마을에서 공무원 공중인과 여관 종업원이었던 하녀의 사생아로 태어났다. 그는 유년기에는 아버지 밑에서 풍족한 생활을 했으며, 소년 시절에는 이미 천재적인 자질을 나타내기 시작했다. 학교에서는 어려운

레오나르도 다빈치

수학 문제도 척척 풀어 동료들은 물론 선생님까지도 놀라게 하였다.

특히 미술에서 두르러진 소질과 천재성을 나타낸 그는 16세에 플로렌스에 있는 안드레아 델 베로키오의 화실에 들어가 조수로 일하면서 더욱 두각을 나타내기 시작했다. 미술에 대한 소질과 재능을 인정받은 그는 베로키오의 지도를 받으면서 철학과 수학, 해부학 등도 공부했다. 유능한 예술가가 되려면 철학과 수학, 해부학에도 통

달해야 한다고 생각했기 때문이다.

레오나르도 다빈치는 '과학을 모르고 예술을 한다는 것은 키와 나침반도 없이 배에 올라 배의 방향을 모르는 것과 같다'며 과학과 예술의 조화를 강조했다.

천재적인 과학자 레오나르도 다빈치

레오나르도 다빈치는 이탈리아 르네상스 시대의 천재적인 미술가, 과학자, 사상가이자 과학적 탐구 정신을 바탕으로 회화 양식에 변혁을 일으킨 위대한 예술가이다. 미술, 조각, 건축, 토목, 수학, 과학, 음악 등 다양한 분야에서 천재성을 발휘하며 '르네상스적 천재'라는 하나의 개념이 된 레오나르도 다빈치는 르네상스 미술이 그에 이르러 완성되었다고 평가되는 인물이다.

또한 그는 과학적 탐구 정신을 바탕으로 한 정밀한 관찰과 체계적인 연구를 통해 회화 양식에 변혁을 일으켰음은 물론, 공학 분야의 기기, 건축, 설계, 인체의 해부학적 구조, 원근법, 기체 역학 등 각종 발명품과 기법 이론도 창안했다.

다재다능했던 그는 발명왕이기도 했다. 그가 만든 총은 좀 특이했다. 여러 개의 총신을 삼각대에 올려놓고 사용하는 것이었는데 한쪽 총이 발사되는 동안 다른 쪽 총들은 발사가 완료되어 총구를 식히는 구조였다. 이 총이 발전하여 스페인 전쟁 때 사용된 개틀링

연발 기관총이 나오게 되었다. 그는 네 개의 바퀴가 달린 전차에 대포를 실어 어느 방향으로든 대포를 쉽게 쏠 수 있게 하였다. 또 그가 만든 배는 선체가 2중으로 되어 있어 포탄을 맞아 바깥 선체가 뚫려 구멍이 나도 배가 가라앉을 염려가 없었다.

레오나르도의 상상력은 놀라움의 연속이었다. 그는 전쟁에 사용되는 무기뿐만 아니라 과학 기기도 무수히 고안했다. 그가 만든 풍속계는 바람개비를 이용하여 바람이 부는 방향을 가리키도록 되어 있었고 그 각도로 바람의 속력도 알 수 있었다. 그는 최초로 시간과 분을 가리키는 시계를 만들었을 뿐만 아니라 추에 의해서 작동하고 태엽으로 조정하는 시계를 고안했다. 그는 무거운 짐을 들어올리는 기중기를 만들고, 거리를 측정하는 노정계를 만들어 지도 제작에도 기여했다. 또 수력학을 연구하여 흐르는 물의 힘을 이용한 펌프를 만들어 물을 끌어 올렸다.

레오나르도의 창의력은 무한했다. 시대에 앞선 롤러 베어링과, 요즈음에도 자동차에 사용되는 변속기도 그가 고안했고, 물고기를 연구하여 유선형 배를 고안하기도 하였다.

천재적인 두뇌를 가진 레오나르도가 발명한 대부분의 기구들은 현재 우리가 사용하는 기구들과 대체로 비슷하다. 다소 다르더라도 그 원리는 같은 것이 많았다. 오직 다른 점은 그 당시에는 모든 기기들의 재료가 나무였지만 현재는 금속을 재료로 사용한다는 점뿐이다.

레오나르도는 사람도 새처럼 창공을 날 수 없을까 하는 생각에 날개를 펄럭이며 창공을 나는 새를 유심히 관찰했다. 때로는 새장 안의 새를 놓아 주어 새가 나는 모습을 자세히 관찰하여 그 모습을 노트에 기록하기도 했다. 새가 나는 원리가 사람에게도 적용될 것이라고 그는 믿었다. 1490년경 그는 드디어 날틀을 만들었다. 그가 만든 날틀은 사람이 운전하고 조종사는 발을 움직여 거대한 날개를 펄럭거리게 하는 것이었다. 그러나 사람이 나는 데는 성공하지 못했다. 그는 용수철의 힘으로 올라가는 헬리콥터도 고안했으나 역시 뜻을 이루지는 못했다.

해부학자로서의 레오나르도 다빈치

그는 일찍부터 해부학에도 관심을 갖기 시작했다. 유명한 해부학자를 방문하여 해부 장면을 직접 관찰하기도 하고, 스스로도 해부를 하고 직접 스케치를 하기도 했다. 신비한 인체의 구조를 정확하게 그리려면 해부학 지식이 필수라고 생각했기 때문이다. 그가 그린 인체 해부학 그림은 비록 부분적이기는 하지만 그 당시 의학 분야의 종사자들의 것보다 훨씬 더 정밀하고 섬세하다.

그가 그린 두개골 그림에는 처음으로 이마와 턱에 구멍이 뚫린 모양을 나타냈으며, 겹으로 굽은 척추의 모습이 정확하게 그려져 있고, 혈관과 심장을 명확하게 그려 놓았다. 특히 사지의 운동을 조절하는 근육의 그림은 매우 뛰어난 것이었다. 그의 그림들은 확대경을 사용하지 않고는 그릴 수 없을 정도로 매우 섬세했다.

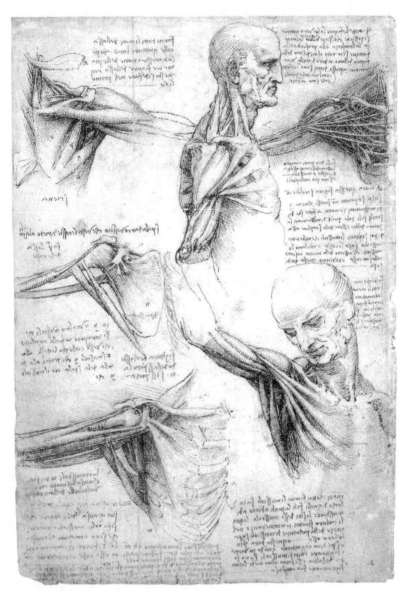

레오나르도 다빈치가 그린 인체 해부도

모체 속에 잇는 태아의 위치를 그린 그림도 아주 명확했다. 그 당시 해부학은 매우 제한된 분야였음에도 불구하고 이처럼 섬세하고 세밀하게 그렸다는 것은 매우 놀라운 일이었다.

천재적인 미술가

그는 16세 때 화가 베로키오의 지도를 받았다. 한 번은 화가 베로키오가 그린 '세계'라는 그림 왼쪽에 젊은 레오나르도가 천사를 그려 넣었다. 그 그림을 본 베로키오는 뛰어난 그의 그림 솜씨에 놀라 그림 그리기를 포기하려 하였다는 이야기가 있다. 이런 일화가 전하여 내려올 정도로 레오나르도의 그림 솜씨는 천재적이었다.

그가 남긴 작품 수는 얼마 되지 않지만 화가로서의 그의 생애는 아주 뛰어났다. 그가 그린 '모나리자'의 신비한 미소는 안면 근육의 구조를 나타내는 과학적인 예술로 평가받는다. 이 신비한 미소를 간직한 '모나리자'는 지금도 파리 루브르 박물관에 전시되어 있다. 그의 또 다른 유명한 그림으로는 '최후의 만찬'과 인간의 모든 허망과 죄악이 홍수로 인해 끝난다는 내용을 담고 있는 '대홍수'가 있다.

레오나르도가 남긴 방대한 기록 노트는 그가 살아 있는 동안에는 세상에 공개되지 못하다가 그가 세상을 떠난 후 여러 사람의 손에 들어가 일부는 소실되었고 나머지는 밀라노의 도서관에 보관되어 있다. 그리고 그의 노트 원고는 19세기 말에 이르러서야 출판되었다.

레오나르도는 말년에 프랑스로 건너가 프랑수아 1세를 위하여 일했다. 그는 프랑스 왕이 선물로 제공한 앙부아즈 근처의 클루 궁전에서 생활하며 과학 탐구에 전념하던 중 뇌졸중으로 건강이 악화되어 투병하다가 1519년 5월 2일에 세상을 떠났다.

태양 중심설을 깨뜨리고 진리를 밝힌
니콜라우스 코페르니쿠스

천문학에 가진 깊은 관심

새로운 훌륭한 학설이 나와도 기존 학설을 뒤엎고 난 후의 종교적인 보복이 두려워 발표를 꺼리던 16세기 니콜라우스 코페르니쿠스(Nicolaus Copernicus, 1473년 2월 19일 ~ 1543년 5월 24일)는 1473년 폴란드의 비스틀라 강변에 있는 토륜 마을에서 부유한 상인의 4남매 중 막내로 태어났다.

니콜라우스 코페르니쿠스

아버지가 일찍 세상을 뜨자 코페르니쿠스는 교회의 참사원이었던 부유한 외숙부 댁에서 성장하게 되었는데 그것이 오히려 전화위복되었다. 경제적으로도 안정되어 있고 귀족적인 지위에 있었던 외숙부집에서 생활할 수 있었기 때문에 그는 수학, 천문학 공부를 마음 놓고 할 수 있었다.

코페르니쿠스는 18세에 폴란드의 명문인 크라쿠프 대학에 입학하여 수학, 철학, 고전, 미술 등을 공부하였다. 그리고 이탈리아에서 유학하여 법학, 천문학을 두루 연구하였다. 그는 철학과 수학, 신학에 정통하였고 한때는 의학 공부도 하였으나 천문학에 가장 관심이 있었다.

코페르니쿠스는 1495년부터 10년간 이탈리아에서 공부했다. 그곳은 르네상스 시대에 천문학이 번영하였던 곳이었으므로 천문학에 관한 것은 충분히 배울 수 있었다. 그리고 지구가 우주의 중심이라는 톨레미(Ptolemy, 천동설을 주장한 그리스의 천문학자)의 가설에 의구심을 갖고 오래된 자료들을 조사하다가 이미 많은 사람들이 태양을 중심으로 한 우주를 생각하였다는 사실을 알게 되었다.

그는 키케로(Cicero)에 의하여 지구가 움직인다는 것을 니케타스가 믿고 있었음을 알았다. 또한 플루타르코스를 읽고 다른 사람들도 같은 견해를 가지고 있었다는 사실도 알았고 어떤 고대 저술가는 금성과 수성이 태양을 중심으로 운동하며 원으로 궤도를 그리며 태양과 멀어질 수 없다는 놀라운 견해가 있다는 것을 알게 되었다.

지구 중심설에 의구심을 가져

지구가 우주의 중심이라는 가설을 입증하기 위해서는 아주 정밀하고 복잡한 궤도를 만들었지만, 이 가설의 큰 모순 중 하나는 일 년

중 어떤 특정한 시기에 어떤 행성들이 하늘에서 며칠씩 움직이지 않는 것처럼 보이는데 사실은 행성들이 뒤로 움직인다는 것이다. 수성과 금성을 제외한 모든 행성이 이상한 움직임을 보인다는 것이다. 이에 대해 톨레미는 비과학적인 방법으로 이 사실을 입증할 이론을 정립하였는데 이는 관찰이 가능한 우주 현상에 기초를 두지 않고 자기 자신이 임의로 생각한 우주 이론을 지구 중심설에 맞추었던 것이다.

코페르니쿠스는 자연과 우주는 그렇게 복잡한 것이 아니고 간단하며 어떤 수학적인 법칙이 있을 것이라고 전제하고 연구하였다. 그는 톨레미의 지구 중심설을 무시하고 태양을 중심으로 주위의 행성들이 궤도를 그리며 돈다는 것을 설명하여 정확하고 간단한 학설을 정립하였다.

전 세계를 뒤흔든 대 발견

코페르니쿠스는 토성과 목성 및 화성이 모두 태양을 중심으로 돌고, 동시에 수성 및 금성의 궤도뿐만 아니라 지구의 궤도까지도 포함하는 커다란 범위의 행성 궤도를 생각하여 행성 운동을 상세히 설명하였다. 토성과 목성, 화성은 저녁에 떠오를 때, 즉 지구가 그것들과 태양 사이에 있을 때 가장 가깝다는 것이 입증된다. 이에 반하여 화성과 목성은 저녁에 질 때, 즉 태양이 그것들과 지구 사이에 있을 때 지구에서 멀리 떨어진 거리에 있다. 이 사실은 이들 행성의 중심이 태양이며 그것들이 금성이나 수성과 마찬가지로 태양의 주위를 회전하고 있다는 것을 증명하는 것이다.

모든 행성이 하나의 중심을 축으로 하여 태양의 주위를 회전하고 있기 때문에 금성의 원과 화성의 원 사이에 남겨져 있는 공간에 지구와 달이 있는 것은 당연하다고 생각했다. 그래서 그는 당당히 지구가 달을 거느리며 행성들 사이에서 태양의 주위를 큰 원을 그리며 주기적으로 일주한다고 주장하였다. 코페르니쿠스는 이를 태양을 중심으로 하는 우주 궤도를 그려 설명하였다.

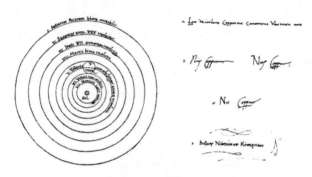

코페르니쿠스의 태양계와 그의 서명

그는 태양(항성)은 모든 원의 궤도의 중심이고 부동이며 가장 바깥쪽에 있는 행성인 토성은 30년에 한 번씩 그 궤도를 일주한다고 하였다. 그 다음 목성은 12년의 주기로, 화성은 2년의 주기로 궤도를 일주한다고 하였다. 그리고 달을 수반하는 지구가 1년의 주기로, 금성은 9개월 주기로, 수성은 80일 주기로 각각 궤도를 도는 데 그 모든 중심은 태양이라는 것이다. 그는 이를 통해 행성이 태양에서 멀어질수록 회전하는 주기가 길어진다는 사실을 알게 되었다. 《천체들의 회전 운동에 관하여》라는 책의 제1권의 서문에는 '누가 이 가장 아름다운 전당 속에 있는 이 빛을 다른 더 좋은 곳으로 옮기기를 원할 것인가'라고 기술하고 있다.

지동설의 첫 인쇄판을 읽다

코페르니쿠스는 지구는 스스로 돌면서 태양 주위를 1년에 한 번 도는 행성이라는 지동설을 주장하였으며, 지구상의 모든 동식물과 물체들은 대기권과 같이 도는 것이라고 생각했다. 그는 《천체들의 회전 운동에 관하여》란 책에서 그의 학설을 상세히 설명하였으나 종교적인 보복이 두려워 이것을 발표하지 않기로 하였다고 한다. 그 당시에는 누구나 지구가 우주의 중심이라고 믿고 있었는데 코페르니쿠스만이 태양이 중심이고 지구가 움직인다고 주장하면 자신이 비웃음거리가 될 것이라고 생각했기 때문이다.

한편 코페르니쿠스는 그의 학설을 간추린 원고를 유럽의 많은 천문학자들에게 돌렸다. 이로 인해 그의 학설이 급진적으로 알려지게 되었고 깊은 관심과 억측을 불러 일으켰다. 1543년 70세가 된 그는 늙고 병들었지만 친구들의 설득으로 그 책을 발간하기에 이르렀다. 그런데 책을 발행한 사람이 저자인 코페르니쿠스에게 책을 보내기도 전에 교황 바오로 3세에게 증정하는 인사말을 첨부하였다. 발행인은 그 책을 발간하는 것이 걱정이 되어 자신을 보호하려는 하나의 방편으로 서문을 부쳤는데 그 내용은 코페르니쿠스에게 허락도 받지 않은 것이었다. 서문에서 코페르니쿠스의 학설은 기존 사실을 부정하기 위한 것이 아니고 행성의 위치를 좀 더 정확하게 계산하기 위해 내놓은 기발한 생각이라고 변명하였다.

코페르니쿠스의 양해도 얻지 않는 이 서문 때문에 그는 많은 학자들에게 오해를 받아 책은 좋지 않은 평가를 받았다. 그러나 코페르니쿠스는 병 중에 있었기 때문에 변명할 힘도 없었다.

종교 개혁을 일으킨 루터는 코페르니쿠스를 가리켜 '멍청한 자가 천문학 전체를 뒤집어 놓으려 하고 있다'고 공격했지만 교회에서는 크게 문제 삼지 않았다. 그러나 나중에 갈릴레오가 코페르니쿠스를 강력히 지지하자 뒤늦게 책을 읽지 못하도록 하는 조치를 내렸다. 그리하여 이 책은 1616년부터 1635년까지 금서 목록에 속해 있었다. 그러나 그 후 과학의 진리가 인정되어 교회에서도 코페르니쿠스의 태양 중심 우주 체계를 인정하게 되었다.

1539년 코페르니쿠스의 제자인 레티쿠스가 《천체의 회전에 대하여》를 재검토하여 독일로 건너가 500부를 출판하여 배부함으로써 유럽 전역의 학자들을 깜짝 놀라게 하였다. 그러나 1543년 코페르니쿠스는 불행하게도 출판된 책장을 넘기면서 눈을 감고 말았다. 코페르니쿠스의 우주 체계는 그가 세상을 떠난 후 100년이 지나서야 받아들여져 빛을 보게 되었다.

관성의 법칙을 확립한
갈릴레오 갈릴레이

수학과 물리학에 뛰어난 청소년

갈릴레오 갈릴레이(Galileo Galilei, 1564
년 2월 15일~1642년 1월 8일)는 사탑으로
유명한 이탈리아의 피사의 귀족 가문에서
태어났다. 그의 집안은 이름 있는 집안이었
으나, 그가 태어난 시기에 가세가 기울어 생
활이 극도로 어려워졌기 때문에 청소년 시절
을 가난하게 보냈다. 갈릴레이는 음악과 수

갈릴레오 갈릴레이

학에 남다른 재주가 있었던 그의 아버지의 소질을 이어받았다.

갈릴레이는 아버지에게 글을 배운 뒤 수도사의 꿈을 안고 11세에
수도원에 입문했다. 그에게 수도원의 조용한 생활은 아주 즐거운
생활이었다. 갈릴레이는 수학과 물리학에 뛰어났으며, 특히 그리스
의 유명한 과학자이자 철학자인 아리스토텔레스에 대한 이야기를
즐겨들으며 자기도 유명한 과학자가 되어야겠다고 다짐했다. 그러나

그 다짐과 달리 가난에 시달리던 그의 아버지는 갈릴레이를 유명한 의사로 만들어 부유한 생활을 하길 원했다.

갈릴레이는 아버지의 뜻을 따라 피사의 의과 대학에 입학했지만, 그에게는 의학 강의는 매우 유치하고 싫증이 나는 학문이었다. 그래서 그는 오히려 수학과 물리학에 열중하였으며 그중에서도 아리스토텔레스의 물리학에 사로잡혔다.

그 당시는 아리스토텔레스의 학문과 이론은 진리로 여겨졌으며 학문은 아리스토텔레스의 학문뿐이라고 생각되던 시대였다. 갈릴레이는 아리스토텔레스의 학문과 학설을 열심히 공부하고 연구하였다. 그러나 그는 기록되어 있는 지식보다도 사물 자체를 중요하게 생각하였기 때문에 아리스토텔레스의 자연에 대한 사고방식에서 납득할 수 없는 점을 발견하기 시작했다.

흔들이(진자)의 등시성을 발견

갈릴레이는 대학에 다니던 18세에 진자(흔들이)의 등시성을 발견하였다. 어느 날 성당에 들어선 갈릴레이는 창문으로 불어오는 바람 때문에 천장에서 길게 늘어져 흔들리는 램프를 보았다. 의학도인 갈릴레이는 자기 손목의 맥박을 재면서 흔들리는 램프를 열심히 보고 있었다. 갈릴레이는 별안간 "그렇다! 틀림없다!"라고 소리를 쳤다. 램프는 점점 흔들리는 폭이 작아졌으나 흔들림의 폭이 클 때나

작을 때나 항상 같은 시간이 소요된다는 것을 알게 되었던 것이다. 그 당시 사람들은 전자(흔들이)의 폭이 좁을수록 소요되는 시간은 짧다고 생각했었다.

그 후 갈릴레이는 똑같은 길이의 실에 나무와 쇠붙이 등 여러 가지 물건을 매달아 흔들이를 만들어 진폭과 관계없이 진동의 주기가 항상 같다는 것을 확인했다. 이것이 '흔들이의 등시성(진자의 등시성)'이며 이 원리를 사용한 것이 오늘날의 괘종시계이다.

낙하의 법칙을 발견

갈릴레이는 가난과 온갖 역경을 딛고 25세에 고향의 피사 대학에서 수학 교수가 되었다. 갈릴레이는 학생들에게 낡은 지식을 그대로 가르치거나 암기식 혹은 주입식 강의를 하지 않았다.

그는 새로운 지식을 가르쳤으며 아리스토텔레스의 이론 중 잘못된 점을 지적하면서 강의하였다. 그 당시 아리스토텔레스의 학설은 2천년의 역사를 자랑하는 진리를 담은 성서에 바탕을 둔 것이라고 여겨졌다. 따라서 사람들은 이 외에 다른 주장은 있을 수 없다고 생각했다. 아리스토텔레스의 학설을 그대로 따르는 교수들은 갈릴레이를 교만하게 생각하였고, 그를 싫어하였다.

갈릴레이가 자기의 주장을 입증하기 위하여 피사의 사탑에서 물체의 낙하 실험을 한 것은 유명한 이야기이다. 무게가 다른 두 개의 물체를 동시에 땅에 떨어뜨렸을 때 두 물체가 동시에 쿵하고 땅에 떨어지는 실험을 목격한 교수들과 학생들은 모두 크게 놀랐다. 높은 곳에서 무게가 각각 다른 물체를 떨어뜨리면 낙체의 속도가 무게에 비례한다는 아리스토텔레스의 이론이 잘못되었음을 증명하였기 때문이다.

망원경 제작과 별의 관측

갈릴레이는 여러 가지 제약이 심한 피사 대학에서 파도바 대학으로 옮겨 교회의 제약을 받지 않고 자유롭게 연구하였다. 그는 파도바 대학에서 기하학과 천문학을 강의했다. 갈릴레이는 천동설(지구가 우주의 중심이며 모든 천체는 지구를 중심으로 돌고 있다는 설)을 굳게 믿고 있었으나, 코페르니쿠스의 연구 보고서를 읽은 후로는 코페르니쿠스의 지동설(지구가 자전을 하면서 다른 행성들과 함께 태양을 중심으로 그 둘레를 돌고 있다는 설)을 믿게 되었다.

지동설을 믿고 지동설을 지지하기 위해서는 확실한 과학적 근거가 필요했다. 그러던 중 지동설을 뒷받침하는 데 필요한 망원경이 네덜란드에서 발명되었다는 소식을 들었다. 그는 그 원리를 이용하여 풍금의 쇠파이프에 볼록 렌즈와 오목 렌즈를 끼워 갈릴레이만의 망원경을 만들었다.

갈릴레이는 그 망원경을 가지고 목성의 위성과 태양의 흑점, 달의 울퉁불퉁한 표면(산과 골짜기, 분화구 등)을 관찰했을 뿐만 아니라 은하수는 수많은 별의 모임이라는 것을 발견하였고, 달은 지구를 돌고 지구는 태양을 돌고 있다는 사실까지도 확인했다. 그 밖에도 비례자를 만들어 계산을 간단히 할 수 있도록 하였으며, 공기를 사용한 온도계를 고안하였으며, 낙체의 운동이 진공 속에서는 같은 가속도를 갖는 운동이라는 것을 확인하기도 하였다.

갈릴레이가 만들어 사용한 망원경

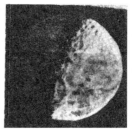

현대의 망원경으로 촬영한 달 표면의 사진(왼쪽)과
갈릴레이의 '성계의 보고'에 실려 있는 같은 달 표면도(오른쪽)

교황청의 종교 재판을 받다

갈릴레이의 강의는 많은 인기를 끌어 강의 시간에는 학생과 교수들로 성황을 이루었다. 그러나 아리스토텔레스의 학설의 일부가 옳지 않다는 결론을 내렸기 때문에 교회에서는 갈릴레이를 위험한 인물로 주시하고 있었다. 갈릴레이가 천체 연구에 몰두하면 할수록 교회에서는 그를 주시하였고 억압하였기 때문에 그는 어느 누구의 구속도 받지 않고 자유로이 학문을 연구할 곳을 찾았다.

1610년 갈릴레이가 46세가 되던 해에 그는 피렌체의 토시카나 대공(大公)의 초청을 받고 정들었던 20여 년간의 파도바 대학에서의 생활을 마치고 피렌체로 귀향했다. 그는 매우 자유로운 환경에서 연구를 계속하였으나 뜻하지 않은 수난이 닥쳐왔다. 파도바 대학에서 갈릴레이를 시기하고 모함하던 사람들이 그를 더욱 심하게 괴롭히기 시작한 것이다. 심지어 교황청에 투서하는 일까지도 서슴지 않았다. 처음에는 교황청에서도 갈릴레이를 어느 정도 이해해 주었고 갈릴레이도 로마 교황 바오로 5세를 찾아가 그의 생각을 해명하기도 하였다. 그러나 갈릴레이의 태양의 흑점 이동에 관한 연구 보고서를 기점으로 그를 시기하는 사람들의 공격이 더욱 격렬했다. 결국 갈릴레이가 52세가 되던 해에 종교 재판소는 그에게 다음과 같은 판결을 내렸다.

《태양이 우주의 중심이고 움직이지 않는다는 것은 거짓이며 이는 성서와 맞서 대결하자는 것이다. 또 지구가 우주의 중심이 아니고 지구가 움직인다는 것은 크게 잘못된 생각이다."

그에게는 지동설에 관한 책을 출판하지 말 것과 그의 새로운 주장과 학설을 가르쳐서는 안 된다는 명령이 내려졌다. 만약 종교 재판소의 명령을 어기고 잘못된 사실을 퍼뜨리면 큰 처벌을 받을 것이라고 하였다.

그러나 갈릴레이는 그에 굴하지 않고 《천문학과의 대화》라는 책을 1625년에 쓰기 시작하여 7년만인 1632년에 세상에 내 놓았다. 이 책은 코페르니쿠스의 학설을 회화체로 써서 누구나 이해할 수 있도록 한 것으로 교황청의 검열을 거친 다음에 출판하여 크게 인기를 끌었다. 그러나 이로 인해 반대자들이 다시 극성을 부렸고, 결국 반년 후에 교황청은 그 책을 판매 금지시키고 그에게 종교 재판에 출두할 것을 명령했다.

그는 늙고 병들었으나 로마의 종교 재판소로 가서 자기의 생각을 겸허하게 그리고 상세히 설명하였다. 그러나 이를 용납해 주지 않았다. 갈릴레이는 자신의 주장을 버리고 잘못을 회개한다는 조건으로 사면되었으나 3년의 외출 금지령(자택 연금형)을 받았다. 그는 종교 재판소를 나오면서 "그래도 지구는 돈다."라고 중얼거렸다고 전해진다.

갈릴레이는 그 후에도 계속 지동설을 연구하였으며 만년에는 건강이 악화되어 실명하였다. 갈릴레이는 많은 업적을 남기고 1642년 1월 8일에 78세를 일기로 숨을 거두었다. 한편 우연하게도 갈릴레이가 숨을 거둔 해에 그의 학문을 계승 발전시킨 영국의 뉴턴이 태어났다.

훗날 갈릴레이의 종교 재판에 대한 재평가가 이루어졌다. 1992년 10월 31일 무려 359년 만에 복권된 것이었다. 교황 요한바오로 2세는 1992년 10월 31일 특별위원회의 최종 보고서를 청취한 교황청 과학원 공식 회의에서 갈릴레이에 대한 교적 회복을 공식 선언하면서 지난날의 유죄 판결은 '고통스러운 오해와 다시 되풀이되어서는 안 될 가톨릭교회와 과학 간의 비극적인 상호 이해 부족에서 비롯된 것'이라고 하였다. 이로써 신앙과 과학 사이에 벌어졌던 역사적 분쟁은 종지부를 찍게 되었고 이미 타계한 갈릴레이는 명예를 되찾을 수 있었다.

천체 물리학의 창시자
요하네스 케플러

지적 능력이 뛰어난 소년

요하네스 케플러(Johannes Kepler, 1571
년 12월 27일 ~ 1630년 11월 15일)는 독일
남부에 위치한 바일데어슈타트에서 직업 군
인인 아버지와 여관집 딸인 어머니 사이에서
미숙아로 태어났다.

요하네스 케플러

미숙아로 태어나 어려서부터 허약했던 그
는 여러 전염병까지 앓아서 시력도 약해지고
다리마저 절름거리게 되었다. 그러나 그의 신체적 약점은 그의 지적
능력에는 아무런 영향을 주지 못했다. 그가 이 모든 역경을 딛고
일어서 위대한 과학자가 되었다는 것은 기적과 같은 일이었다.

신체가 허약한 케플러는 부모의 권유에 따라 목사가 되기 위해 신
학 대학에 들어갔다. 그러나 그는 신학보다는 우주에 흥미를 느껴
튀빙겐 대학의 신학과를 그만 두고 천문학을 공부하기 시작했다.

케플러는 학생 시절부터 코페르니쿠스의 태양 중심설을 믿었다. 그래서 코페르니쿠스의 학설을 뒷받침하는 추종자가 되어 그의 이론을 연구했다. 케플러는 우수한 성적으로 학교를 졸업한 후 뛰어난 수학적 재능을 바탕으로 오스트리아의 그라츠 대학에서 천문학 교수로 강의를 하였다. 케플러는 신이 우주를 창조한 것은 기원전 3992년이라고 계산하여 발표하기도 했다.

그는 신교도였으므로 그 영향을 받아 우주 삼위일체설을 주장했다. 태양은 성부요, 별은 성자요, 우주는 공간의 성신이라고 주장했다. 그리고 우주는 살아 있으며 행성과 지구는 영혼을 가지고 있다고 믿었다.

케플러는 천문학에 관한 여러 가지 자신의 미신적인 이론을 일반적인 견해로 증명하기 위해 노력하였으나 많은 시간만 소모하였을 뿐 이는 모든 법칙에 어긋난다는 사실을 알게 되었다.

행성의 3대 운동 법칙을 정립

1597년 신교도인 케플러는 가톨릭교 지역인 그라츠에서 강제 추방되었으나 루돌프 황실의 천문학자인 브라헤 교수의 조수로 일할 수 있게 되었다. 브라헤는 그 당시 유명한 우주 관측자였다. 케플러는 브라헤의 조수로 일하면서 우주 관측에 대한 상세한 자료를 수집했다. 그리고 브라헤 교수가 죽은 후에는 브라헤 교수의 주옥 같은 우주 관측 자료를 정리하여 활용했다.

케플러는 코페르니쿠스가 주장한 우주의 중심은 지구가 아니고 태양이라는 이론을 추종하여 코페르니쿠스의 태양 중심설의 개념을 뒷받침할 수 있는 이론을 정리하였고, 그 이론을 응용하여 행성의 3대 운동 법칙을 정립하였다.

케플러의 행성의 3대 운동 법칙이 나오기까지는 브라헤 교수의 우주 관측 자료가 많은 기여를 하였으며 브라헤 교수의 자료가 없었다면 케플러의 업적은 불가능했을 지도 모른다.

케플러의 제 1법칙은 행성은 코페르니쿠스가 믿었던 것처럼 원 궤도를 그리며 움직이는 것이 아니고 타원 궤도로 움직인다는 것이었다. 그는 태양은 모든 행성의 타원 궤도의 초점이 된다고 주장했다. 제 2법칙은 행성은 태양에 가까워질수록 궤도를 빠르게 돈다는 것이었다. 제 3법칙은 행성이 태양을 중심으로 한 바퀴 완전히 도는 데 소요되는 시간과 태양과의 거리를 설명한 것으로 '신 천문학'에서 발표하였다.

케플러는 태양이 행성 궤도 운동에 큰 영향을 미친다는 사실을 알아냈고, 태양과 행성 간에는 어떤 미지의 자력 같은 것이 작용한다고 믿었다. 그러나 그는 힘의 본질이나 그 근원을 밝히지는 못했다. 다만 케플러는 태양에서 나오는 신비로운 힘, 즉 '아니마 모트릭스(anima motrix)'가 행성들을 반대 방향으로 밀어낸다고 생각했다. 또 그는 태양계의 모든 행성과 별들은 같은 영향을 받는다고 생각했다. 그리고 질량과 크기에 따라 어떤 자력이 태양과 행성 사이에 작용한다고 믿었다. 태양이 행성을 밀어내는 힘 '아니마 모트릭스'와 그 반대되는 힘인 어떤 자력이 서로 작용하여 균형을 이루게 되므로 행성들을 궤도에 붙들어 놓는 것이라고 생각했던 것이다. 이처럼 케플러는 태양계를 물리학적으로 설명하려고 한 천체역학의 창시자였다고 할 수 있다.

그의 주장은 약 50년이 지난 후에 뉴턴에 의해서 이론적으로 증명되어 태양과 행성 사이에 작용한 자력이 중력임이 밝혀지게 되었다.

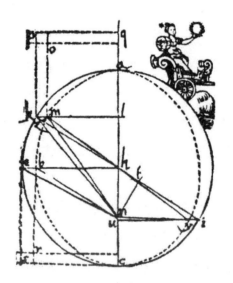

케플러의 '신 천문학'에 실린 그림
태양이 타원(점선으로 나타낸 곡선)의 초점 n에 있고 화성이 m에 있으면
제 2법칙에 의해서 반지름 n과 m은 같은 시간에 같은 넓이를 덮는다.

최초의 공상 소설가

천문학에 흥미를 가진 케플러는 망원경의 작동 원리도 연구했다. 때마침 갈릴레오가 자신이 만든 망원경 한 대를 케플러에게 보내 주었다. 케플러는 그것을 가지고 천체를 골고루 관측했으며 특히 목성 주위의 달들을 관찰하여 위성이란 이름을 붙이기도 했다.

케플러는 망원경의 원리를 연구했을 뿐만 아니라 그것을 개량하는 구상도 했다. 그리고 망원경의 원리 연구가 계기가 되어 사람의 시각까지 연구하기 시작했다.

당시의 천문학자들은 천체를 연구하면서 점성술도 겸업했다. 케플러도 예외는 아니어서 점성술의 수입으로 생활비를 충당할 정도로 유명한 점성술사가 되었다. 그는 점성술을 토대로 《솜니움(달의 천문학)》이라는 공상 과학 소설을 썼는데 이 소설은 창작품이라기에는 너무나도 과학적인 내용이었다. 케플러가 죽은 뒤에 출판된 이 소설은 최초의 공상 과학 소설이라고 할 수 있다. 그러나 우화의 수법을 빌린 그의 소설은 공상이라기보다는 과학성에 입각한 것으로서 그 내용 중에는 수백 년이 지난 뒤에서야 인정받은 것도 있다.

그의 작품을 살펴보면 우주 비행의 어려움을 '최초의 운동이 가장 괴롭고 위험하다. 화약의 힘을 빌려 날리듯 몸이 하늘로 던져 오르기 때문이다.'라는 표현이 있으며 성층권에 들어서면 '혹독한 추위가 닥치고 호흡할 공기가 없어진다.'라고도 기록하고 있다. 이 얼마나 과학적인 추리인가? 또 달의 표면도 사실 그대로 표현되어 있다.

케플러는 만년에는 점을 쳐 준 대가를 받아 쓸쓸한 생활을 했다. 《솜니움》의 원고는 현재 러시아의 풀코보 천문대에 보관되어 있다. 케플러는 국제 회의가 열리고 있던 레겐스부르크에 머물렀다가 심한 질병에 걸려 1630년 11월 15일에 58세의 나이로 세상을 떠나고 말았다.

혈액 순환을 발견하여 의학을 발전시킨
윌리엄 하비

15세에 대학에 입학한 수재

윌리엄 하비(William Harvey, 1578년 4월 1일~1657년 6월 3일)는 영국의 켄트 주 포크스턴에서 부유한 상인의 9자녀 중 맏아들로 태어났다. 그의 아버지 토마스 하비는 사업가로 알려져 있었다. 그는 열 살이 되던 해에 캔터베리 왕립 학교에 입학하여 라틴어와 그리스어를 공부했고 1593년 열다섯 살

윌리엄 하비의 초상

이 되던 해에 케임브리지의 케인즈 대학에 입학하여 의학 과정을 장학금으로 공부한 수재였다. 윌리엄 하비는 1597년에 대학을 졸업하고 학장의 권유로 이탈리아의 파도바 대학에서 해부학자로 유명한 파브리키우스 교수의 연구실에서 공부했다.

당시에는 실험대에서 사람의 몸을 해부하는 것을 종교적, 법적으로 금하고 있었기 때문에 사람의 실제 구조와 조직을 알기 위해서

는 사람 대신 다양한 동물을 해부할 수밖에 없었다. 그러한 까닭에 인체에 대한 정확한 조직과 구조는 알기 어려웠다.

사람의 해부를 가장 먼저 허락한 사람은 12세기에 이탈리아를 통치했던 독일의 황제 프리드리히 2세였다. 이러한 이유로 이탈리아는 그 어느 나라보다도 해부학이 빠르게 발전할 수 있었다. 그래서 이탈리아로 가서 공부하게 된 윌리엄 하비도 시설이 잘 갖추어진 연구실에서 인체의 수많은 신비를 풀어 나가는 데 전심전력할 수 있었다.

유학 생활을 마친 윌리엄 하비는 런던에서 제일 역사가 깊고 유명한 '세인트 바솔로뮤' 병원에서 근무하였다. 그는 1623년에 제임스 1세와 이어서 찰스 1세의 주치의가 되었다.

심장 연구에 심혈을 기울이다

그 당시에는 희랍의 의사 갈레노스의 학설이 믿겨졌다. 동물의 대정맥이나 대동맥을 끊으면 혈액이 흘러나온다는 것을 알고 있었기 때문에 갈레노스는 심장은 왼쪽과 오른쪽으로 나뉘고 그 벽 사이에 작은 구멍이 뚫어져 있다고 보았다. 그리고 정맥혈이 그 작은 구멍을 통해서 심장의 왼쪽 부분에 들어간 다음, 폐에서 오는 생기를 받아들여 맑고 분홍색을 띄는 동맥혈이 된다고 주장하였다.

그러므로 혈액은 정맥과 동맥 모두를 통해서 몸의 각 부분에 흘러가 영양과 생기를 공급한다고 보았다. 그 후에는 베살리우스가 죄수의 시체를 훔쳐 해부 실험을 한 다음,《인체의 구조에 대하여》라는 책을 발간하여 갈레노스의 학설에서 말하는 심장 벽의 작은 구멍은 존재하지 않는다고 발표했다. 그는 폐정맥은 동맥혈을 포함하고 있을 뿐 생기라는 것은 포함하고 있지 않다고 밝혔다. 또 하비의 선생이었던 파도바 대학의 파브리키우스 교수는 갈레노스의 이론을 반박하며 정맥의 혈액은 모두 몸의 여러 곳에서 심장을 향해 흘러가며 반대로 거슬러 흐르지 않도록 곳곳에 마개가 붙어 있다는 것을 밝혔다.

해부학의 수업 광경
하비는 무엇보다도 실제 해부를 중시했다

하비는 살아있는 동물의 심장과 동맥 및 정맥의 혈액을 관찰하는데 몰두하였다. 그는 '심장의 참다운 기능은 과연 무엇인가?', '혈액을 한쪽으로만 흐르게 하는 마개의 수수께끼는 무엇인가?' 등의 의문을 풀어나가기 시작했다. 그는 개구리와 병아리를 비롯하여 달팽이, 뱀장어 등 여러 형태의 동물들의 혈관 계통을 해부하여 비교했다. 그는 수많은 관찰과 연구를 통해 어떤 방법으로 심장이 수축하고 피를 혈관으로 밀어내는가를 알아냈으며 심장 근육의 성질과 수축하는 성질도 알게 되었다.

동맥과 정맥 혈액의 순환을 발견

하비는 자기의 팔을 구부려 보고 동맥이 맥박 치는 사실을 알아냈다. 그는 노끈으로 팔뚝을 묶었더니 묶여 있는 팔 아래 부분 동맥의 혈액이 흐르지 않아 살갗이 파랗게 변하는 것을 알았다. 그것은 동맥혈이 흐르지 않기 때문임을 알았고 또 파브리키우스 교수가 밝힌 정맥의 혈액이 심장으로 흘러들어가기 위해서는 정맥판이 심장 쪽으로 열려 있을 것이라고 생각했다.

그렇다면 그 많은 혈액은 어디서 만들어지는 것일까? 갈레노스는 혈액은 간장에서 만들어진다고 주장하였지만 그 많은 혈액이 간장에서 만들어진다는 것을 하비는 믿을 수 없었다. 하비는 그것을 밝히기 위해서 토끼의 심장을 해부하여 실험하였고, 사람의 시체까지 해부하여 관찰하였다. 그 결과 맥박이 한 번 뛸 때 혈액이 동맥을 통하여 흘러나가는 양이 약 600그램 정도 된다는 사실을 알아냈다. 이에 따르면 1분 동안에 72회 맥박이 뛴다고 했을 때 1시간의 맥박 수는 4,320회가 되고, 1시간 동안 심장에서 흘러나오는 혈액의 양은 무려 259킬로그램이 된다는 계산이 나온다. 이것은 어른 체중의 약 3~4배에 해당한다. 이런 식으로 계산해 보니 하루에 약 6천 킬로그램의 막대한 양의 혈액이 체내를 흐르는 셈이 되었다. 이 막대한 양의 혈액이 몸에서 만들어진다고는 생각하기 어려웠다.

하비는 맥박이 한 번 뛸 때마다 나오는 혈액의 양과 1분간 맥박 수를 계산하였다. 실험 결과 심장이 반시간이면 몸 전체에 있는 혈액 전부를 동맥에 보내야 한다는 것과 같은 시간 안에 이와 같은 양의 혈액이 보충되어야 한다는 것을 알게 되었다. 그는 의문을 갖게 되었다. '혹시 동맥의 혈액과 정맥의 혈액은 서로 같은 것이 아닐까?', '몸 안에는 일정한 양의 혈액이 있어서 그것이 항상 몸에서 돌고 있어야 이치에 맞는 것은 아닐까?' 생각했다.

하비는 이와 같은 자기의 생각을 증명하기 위하여 무수히 많은 동물 실험을 계속하였다. 하비는 실험 노트에 다음과 같이 적었다.

"심장에서 동맥을 통하여 손끝으로 흘러나오는 혈액은 어디선가 정맥의 혈액으로 바뀌어 심장으로 다시 흘러들어간다. 이와 같은 일은 손가락뿐만 아니라 손과 발에서도 일어나고 온몸에서 일어난다고 믿어진다. 사람의 온몸에는 일정한 분량의 혈액이 있어서 그것이 심장을 중심으로 언제나 몸을 돌고 있음을 알 수 있다."

드디어 혈액 순환의 새로운 학설이 나온 것이다. 하비는 이 놀라운 학설을 발표하기 위해서 살아 있는 동물을 해부하여 실험했고 사람의 시체를 해부하여 관찰하는 등 셀 수 없이 많은 실험을 거듭하였기 때문에 이 논문을 발표하는 데 13년이란 긴 세월이 소요되었다. 하비는 1628년에 '동물(사람 포함)의 심장 및 혈액의 운동에 대한 해부학적 연구'란 52페이지에 달하는 혈액 순환에 대한 논문을 발표하였다.

행복하지 못했던 만년

하비는 자기의 학설을 매우 조심스럽게 발표했다. 교리에 위배되어 교회의 강력한 반대에 부딪힐 것과 갈레노스의 학설을 신봉하는 많은 학자들에게 반발을 살 것을 예측했기 때문이었다. 하비는 그의 논문에서 '혈액의 순환에 관해서 내가 발표한 내용은 너무나 신기하고 이전에는 없었던 새로운 사실이기 때문에 나는 이 학설에 반대하는 사람으로부터 해를 당하지 않을까 걱정되며 전 인류가 나의 적이 되지 않을까 두렵기까지하다. 대다수의 사람들은 잘못된 인습과 무지로 인하여 마음의 문을 닫고 있으며 이미 뿌려진 교리는 깊이 뿌리 박고 있고 옛것을 숭상하는 사상은 전 인류를 지배하고 있다. 그러나 나는 나의 진리에 대한 정열과 결백성을 확신하고 있다.'라고 기록하고 있다.

하비는 찰스 1세의 주치의였기 때문에 찰스 1세가 처형되자 그의 집은 물론 연구 논문들도 모두 불타 없어졌다. 하비는 66세의 노령으로 모든 공직을 버리고 한적한 곳에서 조용한 생애를 보냈다.

뛰어난 재능과 끈질긴 연구와 실험, 그리고 관찰로 동물의 심장과 혈액 순환에 관한 연구를 통해서 의학 및 생물학에 커다란 업적을 남긴 위대한 과학자 윌리엄 하비는 1667년 6월 30일에 80세의 나이로 생을 마쳤다. 오늘날 심장병을 고치는 인공 심장 이식 수술도 하비의 뛰어난 업적이 없었더라면 불가능했을 것이다. 사람들은 하비의 위대한 업적과 생애를 추모하게 될 것이다.

수은 기압계 발명으로 대기압을 측정한
에반젤리스타 토리첼리

갈릴레이의 조수가 되다

에반젤리스타 토리첼리(Evangelista Torricelli, 1608년 10월 15일 ~ 1647년 10월 25일)는 이탈리아 북부에 있는 파엔자에서 부유한 명문 집안의 아들로 태어났다. 그는 기독교 계통의 학교를 우수한 성적으로 졸업한 다음 로마의 사피엔자 대학에 입학하여 수학과 과학을 전공했다.

에반젤리스타 토리첼리

그의 지도 교수였던 베네디토 카스텔리는 갈릴레이의 친구로, 토리첼리에게 갈릴레이의 학문을 가르쳤다. 토리첼리는 갈릴레이의 저서 《두 개의 신과학(新科學)에 관한 의의와 수학적 논증》을 읽고 과학적인 영감을 바탕으로 갈릴레이를 지지하는 자신의 논문 '투사체의 운동에 관하여'를 발표했다. 그 논문은 카스텔리 교수를 통해 즉시 갈릴레이에게 전달되었으며, 그 논문을 읽고 매우 깊은 감명을 받은 갈릴레이는 그를 불렀다.

토리첼리는 토스카나 대공의 후원을 받고 있던 갈릴레이를 만나기 위해 1641년 로마를 떠나 피렌체로 갔다. 갈릴레이는 토리첼리에게 비서 겸 조수로 일해 줄 것을 요청했고 토리첼리는 이 요청을 흔쾌히 승낙했다. 그는 진공은 자연 속에 존재할 수 없다고 한 아리스토텔레스의 주장이 그릇된 것임을 증명하는 갈릴레이의 연구에 참여하게 되었다.

토리첼리는 비비아나라는 젊은 과학도와 함께 갈릴레이의 조수로 열심히 일하기 시작하였으나 갈릴레이는 지병으로 이미 시력을 완전히 잃어가고 있었다.

진공을 싫어하는 자연?

17세기 중엽까지 사람들은 자연은 진공을 싫어한다고 생각했다. 과학자들은 펌프를 예로 들었는데 긴 관으로 된 펌프는 퍼 올리고자 하는 물속에 관의 한쪽 끝을 담구고 다른 한쪽 끝은 통이나 둥근 관에 연결한 다음 펌프의 핸들을 위아래로 움직이면 둥근 관 안에 부분적으로 진공이 생기게 마련이다. 그러나 옛 사람들은 자연은 진공을 싫어하기 때문에 그 진공을 없애기 위해서 곧 물을 관으로 올려 보내서 빈곳을 채우게 되는 것이라고 생각했다.

이탈리아의 대부호인 토스카나 대공의 일꾼들이 그의 궁전 뜰에

깊고 큰 우물을 파기 위해서 약 13m 정도 파 내려갔을 때 물이 나오기 시작하였다. 그래서 펌프를 박아 관의 끝이 지하수에 잠기도록 하고 펌프의 핸들을 위아래로 움직였지만 이상하게도 물은 올라오지 않았다. 펌프에 이상이 없었고 모든 것이 정상이었다. 토스카나 대공은 이상하게 생각하여 자신이 후원하고 있었던 갈릴레이에게 원인을 밝혀 달라고 요청했다.

갈릴레이는 펌프에서 물이 나오지 않는 이유를 "물은 펌프의 약 10m 높이까지는 올라오지만 그 이상은 올라오지 않는다. 그 이유는 자연은 진공을 싫어하지만 물이 관을 10m 높이만큼 올라오면 싫어하는 마음이 풀리기 때문이다."라고 설명했다.

갈릴레이는 일단 그렇게 설명하였지만 자기 자신도 이 설명에 대해 석연치 않았다. 그래서 갈릴레이는 이것에 대해 좀 더 연구하고 싶었으나 이미 시력을 잃고 병들어 노쇠하였으므로 새로 들어온 젊은 조수인 토리첼리에게 이것에 대해 연구할 것을 지시했다.

'물이 왜 13m 높이까지 올라오지 않는 걸까?', '왜 자연은 진공을 싫어하는 걸까?' 토리첼리가 이 문제를 파고들기도 전에 천문학과 역학의 권위자이며 위대한 과학자인 갈릴레이는 세상을 떠나고 말았다. 토리첼리가 갈릴레이의 조수로 들어온 지 불과 3개월만의 일이었다. 토리첼리는 갈릴레이의 죽음을 애통해 하고 그가 해결하지 못한 이 연구를 계속하기로 결심했다.

토리첼리의 진공

갈릴레이가 세상을 떠난 후 토리첼리는 토스카나 대공의 전임 수학자인 동시에 피렌체 아카데미의 수학 교수로 임명되어 진공에 대한 연구를 시작했다. 그리고 젊은 과학도인 비비아니(Vincenzo Viviani, 물리학자이며 갈릴레이의 제자)도 함께 이 연구에 참여했다. 토리첼리는 물보다 13.5배나 더 무거운 수은 같은 액체로 시험해 보아도 같은 현상이 나타날 것인가 하는 의구심이 생겼다.

펌프는 가벼운 액체만큼 무거운 액체를 빨아올리지 못할 것이라는 생각이 든 그는 물 대신 수은을 써 보기로 하였다. 그는 한쪽이 막힌 1m 정도의 유리관을 여러 개 준비했다. 그리고 유리관에 수은을 가득 채운 다음 열려 있는 쪽을 엄지손가락으로 막고 수은이 들어 있는 그릇에 거꾸로 세운 다음 막고 있던 엄지손가락을 떼어 보았다. 그러자 관에 가득 들어 있던 수은은 약 76cm만 남고 밑으로 흘러내린 후, 그 이상은 내려가지 않았다. 이로 인해 윗부분에는 아무것도 채워지지 않은 진공 상태의 공

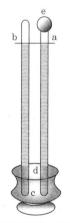

토리첼리의 진공
두 관의 빗금 부분과 밑의 그릇에는 수은이 들어 있다. e의 높이를 변화시켜도 a, b의 같은 높이까지 수은이 내려간다.

간이 생겼다. 이것은 나중에 '토리첼리의 진공'이라고 불린다.

진공보다도 더 중요한 것은 왜 수은 기둥이 76cm 정도만 내려가고 더 이상 내려가지 않는가 하는 것이었다. 토리첼리는 그 이유를 다음과 같이 설명하였다. "수은이 관에서 흘러내리는 것을 막아 주는 것은 공기의 압력 때문이다. 즉, 관에 남아 있는 수은의 무게와 그릇에 있는 수은 면을 누르는 공기의 압력은 같기 때문에 수은이 그릇으로 빠져 내려오지 못한다. 마찬가지 이치에 의해서 우물물이 나오지 않는 것이다"라고 토스카나 대공에게 이유를 설명했다.

토리첼리의 책
《De Sphaera》(1644)의 표지

수은 기압계를 발명

토리첼리는 이 분야의 연구를 계속했다. 대기의 압력이 물리학에서 중요한 역할을 한다는 것을 알고 기류와 압력을 관련시키는 대기의 운동에 대하여 연구하였다. 토리첼리는 기압의 분포에 착안하여 기류를 설명하려고 한 최초의 과학자였다. 그는 대기권에서 공기가 희박한 지역과 농밀한 지역 사이에는 기압의 차이가 있다고 주장했다. 그 차이를 없애려고 기류가 일어나며 우리는 보통 그것을 바람이라고 한다고 했다.

토리첼리는 또한 유체가 운동하는 경우 역학적으로 어떤 결과를 가져오는가에 대해서도 실험하여 '토리첼리의 정리'를 발표했다. 그는 공기의 압력을 측정하는 수은 기압계를 만들었다. 압력의 단위 토르(Torr)는 토리첼리(Torricelli)의 이름에서 따온 것이다.

토리첼리는 물리학뿐만 아니라 수학에서도 뛰어난 두각을 나타냈다. 그는 훗날 뉴턴과 라이프니치 등에 의해서 발견된 미분학과 적분학의 기초에 큰 도움을 주었다.

토리첼리는 많은 분야에서 독창적인 연구를 하였고, 특히 대기에 관하여 깊은 연구를 하였다. 그는 1647년 10월, 39세의 아까운 나이에 세상을 떠나고 말았다.

진공에 관한 실험으로 대기의 압력을 확인한
블레즈 파스칼

수학의 천재 청소년 시절

블레즈 파스칼(Blaise Pascal, 1623년 6
월 19일 ~ 1662년 8월 19일)은 프랑스 오베
르뉴 지방의 클레르몽페랑 시에서 세무 공
무원인 아버지 에티엔 파스칼과 어머니 앙
트와네트 베공 사이의 3남매 중 외아들로
태어났다.

블레즈 파스칼

블레즈 파스칼과 그의 누이 질베르트 및
누이동생 자클린은 모두 머리가 명석했고 예민한 감수성을 지니고
있었다. 그러나 불행하게도 파스칼이 3살이 되던 해에 어머니가 세
상을 떠나고 말았다. 그래서 파스칼의 아버지는 3남매의 가정 교사
몫까지 하면서 그들을 길렀다.

아버지는 파스칼에게 라틴어와 그리스어를 익히도록 했고, 지리
와 역사를 중점적으로 지도했다. 어려운 수학은 나중에 교육할 계

획이었다. 그러나 수학 천재였던 파스칼은 수학 교육도 제대로 받지 못하였지만 12살 무렵에 이미 혼자의 힘으로 유클리드 기하학을 터득하였고 직선과 원에 대해서도 혼자 공부했다.

파스칼이 8살이 되던 해에 그의 아버지는 세무 공무원을 사임하고 파리로 이사를 하였다. 당시 파스칼은 매일 공부에만 열중했다. 그리고 11살에 '음향에 관하여'라는 글을 써서 주위 사람들을 놀라게 했다.

계산기를 고안하여 제작

파스칼은 16살에 '원뿔의 곡선에 관하여'란 논문을 발표하여 당시의 수학자들의 주목을 받았다. 파스칼의 아버지는 1640년에 루앙 지방의 세금 징수 책임자로 임명되어 일하게 되었다. 그러나 그 업무가 너무 힘겨워 밤잠을 이루지 못하는 때가 많았다.

파스칼은 힘겨워 하는 아버지의 모습을 보고 쉽고 간편하게 계산할 수 있는 기계를 만드는 방법을 생각했다. 그리하여 1645년에 훌륭한 계산기의 모델을 만들어 특허를 신청했으며, 1652년에는 이를 생산 가능한 표준형 계산기로 만들었다. 그는 자신이 제작

파스칼의 계산기
오늘날 금전 등록기의 원조

한 계산기 한 대를 크리스키티나 여왕에게 증정했다.

파스칼은 갈릴레이의 제자인 토리첼리가 연구한 대기압의 측정에 관한 논문을 관심 있게 읽었다. 토리첼리가 젊어서 세상을 떠났기 때문에 진공에 대한 이론은 더 이상 발전되기 못하였었다.

파스칼은 토리첼리의 실험을 재연해 보기로 결심했다. 다행히 루앙 지방에는 유리 공장이 있어 쉽게 유리관을 확보할 수 있었다. 파스칼은 다양한 실험을 시도했다. 그는 수은뿐만 아니라 기름이나 포도주 등 다른 액체를 가지고도 실험하였다. 이를 바탕으로 유리관의 윗부분이 진공이라는 것을 더욱 확신하게 되어 논문으로 발표했다.

퓨이드돔 산정(山頂)의 실험

1647년 파스칼은 심한 병에 걸려 치료를 위해 파리로 거처를 옮겼다. 그때 파스칼은 자신을 방문한 데카르트에게 자신의 실험에 관해서 상세하게 설명했다. 그러나 데카르트는 완고한 편견과 선입감으로 그의 진공에 관한 설명을 믿으려 하지 않았다.

파스칼은 새로운 실험을 구상하고 있었다. 그는 공기에 무게가 있다면 우리 머리 위에 있는 공기의 높이가 낮을수록 공기의 무게도 적을 것이라고 생각했다. 따라서 토리첼리의 기압계의 유리관을 높은 언덕의 탑 꼭대기로 가져가서 실험한다면 관의 수은주의 높이가 줄어들 것이라고 여겼다. 즉, 그는 높은 곳에서 실험할 때와 낮은 곳에서 실험할 때의 수은주의 높이가 다를 것이라고 믿었다. 그것을 증명한다면 고집스러운 데카르트를 이해시킬 수 있을 것이라고 생각했다.

파스칼은 우선 마을 교회의 탑 꼭대기에서 기압계로 실험해 보았다. 그러나 수은주의 높이가 약간 줄어든 정도였기 때문에 데카르트를 설득시키기에는 미약했다. 그래서 그는 자기 고향인 클레르몽페랑에 있는 높이 1,000m나 되는 퓨이드돔 산의 정상에 올라가 실험한다면 큰 차이가 날 것이라고 생각했다.

건강 상태가 좋지 않았던 파스칼은 그의 처남인 페리에에게 산 정상에 올라가 실험을 하도록 지시했다. 페리에는 5명의 친구와 함께 유리관과 수은 6.3kg을 가지고 산으로 올라갔다. 우선 산 밑에서 수은주를 측정해 보았더니 높이가 67cm이였다. 그들 일행은 1,000m나 되는 산 정상에 올라 역사적인 실험을 진행하였다. 그 결과 산 정상에서의 수은주의 높이는 60cm로 나타났다. 두 번, 세 번 실험을 반복했으나 높이는 마찬가지였다. 산 아래에서 실험한 것에 비하면 7cm나 낮은 수치였다.

그들은 엄청난 차이에 놀라면서 대기의 압력을 확인했다. 그리고 산을 내려오면서도 계속 실험을 했다. 그 결과 수은주는 60cm에서 62cm로, 64cm로 점점 올라갔고, 다 내려와서 실험한 결과는 처음과 같은 67cm이였다. 이 실험을 통해 공기도 무게를 갖는다는 갈릴레이의 주장과 토리첼리의 이론이 정확했음을 알 수 있었다.

파스칼의 원리를 발견

1651년에는 파스칼의 부친이 세상을 떠나고 여동생 자클린도 포르르와얄 수도원으로 들어갔다. 파스칼은 그 후 수학에 관심을 쏟아 수삼각형론(數三角形論)에 대한 논문을 발표하였으며 수학적 귀납법을 도출하기도 했다. 수의 순열(順列), 조합(組合), 확률(確率)과 이항식(二項式)에 대한 수삼각형의 응용을 설명하였을 뿐만 아니라 물리 실험의 결과를 정리하여 '유체의 평형에 대하여'와 '대기의 무게에 대하여'란 두 편의 논문도 발표했다.

논문 '유체의 평형에 대하여'에는 밀폐된 유체(액체, 기체)의 일부에 압력을 가하면 그 압력이 유체 내의 모든 것에 같은 크기로 전달된다는 파스칼의 원리가 포함되어 있다. 1653년에 발견된 이 파스칼의 원리는 수압기에 응용되어 왔다. 그 뿐만 아니라 유압기, 공기 제동기, 증기 해머, 압축 공기, 해머 등에도 응용되었다.

파스칼은 수학자이자 물리학자이며 철학자이자 종교 사상가였다. 그러나 20세기에 들어와서는 교과서에 과학자로서의 파스칼의 업적만이 소개되고 있다.

어릴 때부터 놀랄만한 재능을 보이며 훌륭한 업적은 남긴 17세기의 천재 파스칼은 1662년 8월 19일, 39세의 젊은 나이에 세상을 떠났다.

원소의 개념을 확립한
로버트 보일

영리하고 뛰어난 재능을 가진 소년

로버트 보일(Robert Boyle, 1627년 1월 25일 ~ 1691년 12월 30일)은 영국 아일랜드의 맨체스터 주 리스모어에서 코크 백작의 14번째 아들로 태어났다.

로버트 보일

보일은 어려서부터 머리가 영리하여 뛰어난 재능을 보였다. 그는 라틴어와 프랑스어 등의 외국어를 배웠으며 외국을 여행하며 예의 범절을 배우고 견문을 넓혔다. 특히 제네바 등지에서는 2년여 간을 머물렀다.

보일은 1641년 이탈리아에 체류하는 동안 유명한 천문학자 갈릴레오의 저서인 《위대한 천문학자의 페러독스》를 읽고 크게 감명을 받아 일생동안 과학 연구에 열중할 것을 결심하였다. 그의 모든 업적은 정열적인 탐구와 실험에 의한 것이었고 그것은 곧 갈릴레이의 저서에서 비롯된 것이었다.

보일은 물려 받은 많은 유산으로 자신의 집에 연구실을 꾸몄다. 보일은 실험 과학을 더욱 발전시키고 이에 헌신할 수 있는 영국 과학자들의 모임을 만드는 데 주도적인 역할을 했다. 그 모임을 신 철학을 주도하는 '보이지 않는 대학(Invisible College)'이라 명명하였으며 이 모임에는 영국의 유명한 학자들은 대부분 참가했다. 그들은 과학에 대한 여러 가지 토론을 즐겼고 진리를 탐구함에 있어 실험의 중요성을 강조한 베이컨의 사상에 동조했다. 그들은 과학은 실험을 통해서만 진실을 밝힐 수 있고 실제 경험과 실험을 통해서만 진실을 얻을 수 있다는 데 공감했다.

그 모임은 1663년에 영국 학술원으로 이름을 바꾸었으며 '권위만으로는 아무 것도 이룩되지 않는다'는 보일의 철학이기도 한 학술원의 표어는 과학 발전은 실험을 통해서만 가능하다는 사상을 암시한 것이었다.

보일의 실험실 모습

끈질긴 실험으로 보일의 법칙을 발견

과학과 진리는 실험으로만 이루어진다는 투철한 정신으로 보일은 계속 실험에 열중했다. 그는 길이 3m가 넘는 유리관을 만들어 수은을 부어 넣는 방법으로 대기 압력에 대한 연구와 실험을 했다. 그는 한쪽 유리관을 막고 위에서 수은을 쏟아 부으면 수은이 밀려들어가 공기가 압축되는 것을 알았다. 그는 반복해서 며칠이고 이 실험을 계속했다. 그리고 대기의 압력에서 수은 기둥의 높이를 측정했다. 그 결과 꽉 막힌 유리관 속의 공기의 압력을 2배로 하면 그 부피가 본래 부피의 절반이 된다는 것을 알게 되었다. 그는 기체에 압력을 가하면 언제나 같은 비율로 부피가 줄어드는 것을 확인했다.

그는 보일의 법칙을 발견한 것이다. 보일의 법칙에 의하면 온도가 일정할 때 기체의 압력과 부피를 곱한 값은 언제나 일정하다. 즉, 압력이 2배가 되면 그 부피는 2분의 1이 되고, 3배가 되면 그 부피는 3분의 1이 된다. 이처럼 보일의 법칙은 기체의 부피와 압력은 반비례 관계를 나타내고 있다.

보일은 공기와 그 밖의 다른 기체의 압축을 증명하는 실험도 했고, 특히 피스톤을 만들어 기체가 절반의 공간으로 압축된다는 사실을 실험으로 보여 주기도 했다. 이로서 피스톤 실험은 증기 기관과 내연 기관의 기본 원리가 되었으며, 오늘날 기체를 이용한 기관의 원리에도 모두 사용되고 있다.

우리가 살고 있는 지구 표면 압력은 보통 1기압이고 이 압력을 대기압이라 한다. 이 압력 하에서는 물이 99.975℃(최근 국제 도량 위원회 발표)에서 끓는다. 그런데 공기는 무게가 있으므로 높은 산에 올라가면 올라갈수록 압력이 낮아지게 되고, 물은 빨리 끓게 된다. 이러한 이치로 기압이 낮아지는 높은 산일수록 물이 빨리 끓어 밥이 설익게 되는 것이다. 이것을 방지하기 위해 냄비에 무거운 돌을 얹어 놓기도 한다. 이러한 원리를 밝힌 최초의 사람이 바로 보일이었다. 이처럼 보일의 원리는 실생활에도 유용하게 적용되고 있다.

모든 물질의 분자의 개념 예시

보일의 법칙은 오늘날에도 기체의 압력과 부피의 변화를 계산할 때 널리 사용되고 있다. 그는 이 발견을 더욱 발전시켰다. 보일은 '공기가 압축이 가능하다는 것은 공기가 작은 알맹이로 되어 있다는 것'이라고 가정했다. 그는 이 개념을 발전시켜 모든 물질은 흙, 공기, 불, 물의 4원소의 결합으로 되어 있다는 아리스토텔레스의 사상을 믿지 않았다. 그리고 모든 물질은 주요 입자로 되어 있고 그 입자들이 모여서 소구체를 형성한다는 자신의 의견을 제시했다.

보일이 주창한 '모든 물질은 주요 입자가 모여 소구체를 이룬다'는 개념은 고대 이후에 원자론에 관해 처음으로 언급한 것으로 원자들이 서로 모여 분자를 이룬다는 현대 화학자들의 개념을 미리 알린 것이었다.

로버트 보일은 일생 동안 여러 방면의 연구를 통해 수많은 중요한 발견을 했다. 그는 열이라는 것은 분자의 운동 때문에 생기는 것이라고 최초로 예언했다. 기체 분자는 가열하면 운동이 활발해지고 분자들이 계속 충돌하여 열이 발생하게 되는데 보일은 그 당시 이미 그것을 주장했었다.

공기의 중요한 역할을 증명

로버트 보일은 당시 유럽 대륙에서 사용하던 진공 기구를 개량하여 실험하기 편리한 진공 펌프인 보일 후크를 만들었다. 개량된 진공 펌프는 지구처럼 생긴 둥근 용기가 있고 시멘트로 공기가 새지 않도록 마개가 달려 있었다. 그는 진공 펌프를 사용하여 공기에 관한 여러 가지 실험을 했다.

공기의 물리적 성질을 알아보기 위해 그는 둥근 유리 그릇 속에 큰 소리를 내는 자명종을 넣었다. 처음에는 똑딱똑딱하는 소리가 명확하게 들렸으나 공기 펌프로 유리 그릇 속의 공기를 다 뽑아냈더니 소리가 들리지 않았다. 보일은 이 연구를 통해 소리가 공기에 의해 전달된다는 것을 입증했다.

그는 또 촛불을 유리 그릇에 넣어 보았다. 처음에는 잘 타던 촛불이 공기를 빼자 바로 꺼져 버렸다. 보일은 어떠한 물질의 연소를 위해서는 반드시 공기가 있어야 한다는 것을 증명했다.

이번에는 작은 벌레를 잡아 용기에 넣은 다음 공기를 모두 **빼** 보았다. 그러자 작은 벌레는 버둥거리다가 곧 죽고 말았다. 보일은 모든 동물들이 호흡하기 위해서는 공기가 필수불가결하다는 것을 입증했다. 그러나 그는 연소와 호흡의 본질은 밝혀내지 못했다. 그것은 100년이 지난 다음에야 프리스틀리에 의해서 규명되었다. 프리스틀리가 산소를 발견하고, 라부아지에가 새로운 연소설을 발표함으로써 물질의 연소와 동물의 호흡에 필요한 것이 공기 중의 산소라는 사실이 밝혀졌다.

보일은 일생 동안 모든 명예도 사양하고 연구에만 전념했다. 그는 수많은 발견을 하였고, 화학, 물리학, 천문학 등 많은 분야에 걸쳐 40여 권이 넘는 책을 내기도 했다. 보일은 귀족 집안의 자손으로서 물려받은 많은 재산을 오로지 연구에만 사용하며, 한 평생을 독실한 기독교 신자이자 위대한 영국의 과학자로 살다가 1661년 12월 30일 65세의 나이로 세상을 떠났다.

만유인력의 법칙을 발견한
아이작 뉴턴

발명을 즐긴 청소년

아이작 뉴턴(Sir Isaac Newton, 1642년
12월 25일 ~ 1727년 3월 20일)은 영국의
북쪽에 위치한 울즈소프에서 1642년 크리
스마스 아침에 태어났다. 아버지는 얼마 안
되는 경작지에서 농사를 짓는 평범한 농부
였으나 그가 태어나기 2개월 전 유행성 폐
렴에 걸려 허무하게 세상을 떠나고 말았다.

아이작 뉴턴

뉴턴은 달이 덜 찬 팔삭둥이로 태어나 처음에는 머리는 크지만
몸집이 작은 아이였으나 차츰 건강하고 튼튼한 아이로 자라났다.
뉴턴은 어릴 적부터 그다지 친구들과 사귀려 들지 않았다. 그는 외
톨박이로 어떤 일에 열중하는 성격이어서 공작을 매우 좋아했다.
뉴턴의 손은 아주 작았고 무엇을 만들 때 매우 꼼꼼하고 섬세하여
어른들이 감탄할 정도의 장난감을 만들기도 하였다. 그는 해시계,

물시계, 방아, 수레, 연, 풍차 등 떠오르는 대로 만들었다.

뉴턴이 그랜섬 마을에 있는 왕립 중학교에 다닐 때 자신이 하숙하던 하숙집 지붕 꼭대기에 풍차를 만들어 약방 선전을 할 수 있게 도와 그곳이 풍차집 약방으로 소문이 나서 약이 잘 팔렸다는 이야기도 있다.

그러나 그가 진정으로 과학적인 관찰과 생각을 하게 된 것은 18세 되던 해에 영국에서 명성 높은 케임브리지 대학에 입학하고 나서부터였다.

사색을 좋아하던 청장년시절

그 당시 영국의 학교 교육은 고전을 중시하였기 때문에 대학에 들어가서도 고전 공부만 해야 했다. 그러던 중 1663년에 루커스(H. Lucas)라는 재벌이 남긴 재산으로 수학과에 루커스 강의가 개설되었다. 그 강의의 첫 교수였던 수학자 발로우(I. Barrow)는 수학의 새로운 문제와 광학 강의를 하였는데 뉴턴은 이 강좌를 통해 많은 자극을 받았다. 뉴턴도 발로우 교수의 권유로 케플러의 광학책을 읽게 되었는데 이 책은 광학 연구에 좋은 지침이 되었으며 그를 과학자로 이끌어 준 좋은 계기가 되었다.

뉴턴은 1665년에 케임브리지 대학을 우수한 성적으로 졸업하였다. 졸업 후 얼마 안 되어 그는 '이항정리(二項定理)'와 '무한급수(無限級數)' 이론을 발표했다.

당시 영국에는 전염병인 페스트가 만연하여 흑사병으로 죽어가는 사람이 많았기 때문에 대학은 휴교 조치가 내려졌고 정부에서는 대학의 연구원들까지도 등교를 금지하라는 명령을 내렸다. 이로 인해 대학 연구실에 남아 있던 뉴턴도 고향으로 돌아가게 되었다.

뉴턴의 생가

뉴턴은 고향으로 돌아와 약 2년 동안 시골에 살면서 사색에 잠겼다. 번거로운 바깥 세상과 단절된 벽촌에서 과학적 눈이 움트기 시작하였다. 뉴턴은 '만유인력, 미분법, 적분법' 등을 발견하고, 광학의 여러 발견의 실마리를 찾았다. 그러나 뉴턴은 자기가 한 일에 대하여 남에게 자랑하거나 선전하는 것을 싫어하는 성격이었기 때문에 이것들을 즉시 발표하지는 않았다.

뉴턴은 수학이나 광학을 연구하기 보다는 사색하는 것을 좋아했다. 전염병이 수그러지자 그는 케임브리지로 다시 돌아와 연구원으로 공부를 계속하였고, 약 2년 정도 지난 26세에 제 2대 루커스 교수가 되었다.

뉴턴이 만유인력을 발견하게 된 것은 고향집 뜰에서 사과가 떨어지는 것을 보고 깨달아서 라는 이야기가 전해지고 있다. 이 소문은 프랑스의 유명한 계몽 학자인 볼테르가 영국에서 지낼 때 뉴턴의 조카딸로부터 들은 이야기를 어떤 책에 서술한 것에서 유래한 것이다. 이 이야기는 다른 기록에서는 아무 것도 확인할 수 없는 것으로 보아 뉴턴이 사색을 좋아했다는 것에서 이 이야기가 기인한 이야기일 것으로 짐작할 수 있다.

만류인력의 법칙 발견

뉴턴의 업적은 참으로 다양하고 방대하다. 첫째로 그는 천체 관측에 쓰는 뉴턴식 반사 망원경을 고안하였고 '뉴턴의 고리'라 불리는 빛의 간섭 줄무늬를 발견하였으며 빛이 공간에서 전달되는 방법으로써 호이겐스(C. Huygens)의 파동설에 대항하여 입자설을 내세워 광학 관계의 연구에 금자탑을 세웠다. 두 번째로 미분학과 적분학의 토대를 구축하여 수학 연구에 큰 업적을 남겼다. 세 번째로 운동의 법칙을 확립하여 역학의 토대를 세웠으며 만류인력의 법칙을 발견하여 천문학 분야에 커다란 업적을 남겼다.

아이작 뉴턴의 이와 같은 업적이 없었다면 오늘날의 물리학과 같은 성과도 없었을 뿐더러 무엇을 만드는 기술도 지금보다 한참 못미쳤을 것으로 생각된다. 그의 유명한 저서《프린키피아》는 이러한 의미에서 과학의 최대의 고전 중 하나로 손꼽히고 있다.

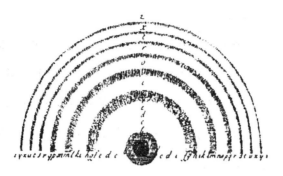

'뉴턴의 고리' 의 실험

만년의 뉴턴

뉴턴이 《프린키피아》를 완성한 것은 1687년의 일이었다. 그의 과학적 업적의 대부분은 이 무렵에 마무리되었으며 그 후로는 연구 자료를 정리하면서 사회적 활동과 종교의 여러 가지 일에 마음을 두어 신학 연구와 저술에 몰두했다.

그 당시 영국에는 의회 제도가 생겨 그는 국회 의원이 되었지만 국회가 해산할 때까지 의정 단상에서 아무런 발언도 하지 않았다. 그것은 그의 겸손하고 소극적인 성격의 탓이기도 했겠지만, 그는 과학자였을 뿐 정치가의 성향은 아니었기 때문일지도 모른다. 1696년에는 대학 교수를 겸임하면서 조폐국의 관리 생활을 하였고 그로부터 3년 후에는 장관직을 오래 수행하였다. 이것은 아마도 뉴턴이 야금술(광석에서 금속을 골라내는 기술)에 조예가 깊었기 때문에 그 당시 영국 화폐의 가치를 높이기 위해 명망이 있는 뉴턴을

앉힌 것으로 판단된다.

뉴턴은 30년간이나 봉직한 루커스 교수직을 1701년에 그만 두고, 2년 후에는 왕립 학회의 회장이 되었다. 그는 과학 연구 측면에서 역사상 드물게 큰 업적을 이룩하고, 사회적 활동도 하였으며, 신앙인으로서도 추앙을 받았다. 뉴턴은 세상을 떠나기 직전 다음과 같은 유명한 말을 남겼다.

"세상 사람들 눈에 내가 어떻게 보일지 모르지만 내 입장에서 보면 나는 마치 바닷가에서 놀면서 가끔은 보통보다는 반들반들한 조약돌이라든가, 예쁘게 생긴 조개 따위를 찾아내곤 하는 어린아이였다고 밖에는 생각되지 않는다. 그런데도 진리의 망망한 대해는 전혀 이해하지 못한 채 내 앞에 가로놓여 있다."

1727년 3월 20일, 84세를 일기로 온순하고, 친절하며, 겸손한 학자이자 물리학자였으며 천문학자인 뉴턴은 영원히 잠들었다. 현재 웨스트민스터 사원에 있는 그의 묘석에는 다음과 같은 말이 새겨져 있다.

"여기에 아이작 뉴턴 경이 잠들어 있다. 그는 스스로 발견한 수학의 방법으로 신과 같은 지혜를 가지고 행성의 운동, 혜성의 궤도, 대양(大洋)의 조석(潮汐)을 밝히고, 아무도 예상 못했던 빛의 차별과 색의 본성을 규명하고, 자연이나 고대의 사물이나 성서를 연구하여 현명하고 확실히 해명하여 만능인 신의 위대함을 그 철학으로 증명하고 복음서와 같은 간소한 생활을 신조로 하였다. 이 자랑할 만한 인물을 가진 것은 전 인류의 영광이 아니고 무엇이겠는가!"

현미경을 만들어 적혈구를 발견한
안톤 판 레이우엔훅

현대적 렌즈를 만드는 데 성공

안톤 판 레이우엔훅(Anton van Leeuwe
nhoek, 1632 ~ 1723)은 네덜란드의 델프
트에서 바구니 제조와 양조업을 하는 집안
에서 태어났다. 그는 포목점의 점원으로 근
무하면서 장사하는 방법과 요령을 배웠으
며, 렌즈를 가지고 포목을 검사하는 일을
맡아 자연스레 렌즈와 친근해졌다.

안톤 판 레이우엔훅

그는 결혼한 후에도 고향에서 포목점을 직접 경영하는 한편 델
프트 시청의 출납 공무원으로 근무했다. 그렇게 경제적으로 안정
을 찾자 그는 평소 취미였던 렌즈 제조에 관심을 갖기 시작했다.

그 당시에는 2개 또는 그 이상의 렌즈를 차례로 갈아 끼워 확대
한 상을 보는 복합식 현미경이 존재했다. 그것은 1590년경에 화란
의 안경 제작자인 잔센에 의해 발명된 것으로 물체의 상이 뒤틀려

보이고 물체 가장자리의 상이 얼룩진 색깔로 보이기도 하는 아주 원시적이고 조잡한 현미경이었다.

레이우엔훅은 렌즈를 연마하기 시작하였다. 그는 밤낮을 가리지 않고 렌즈를 갈고 다듬고 또 갈고 다듬으며 품질이 우수하고 초점거리가 짧은 단일 렌즈를 만드는 데 열중했다. 그러던 중 드디어 지름이 약 19cm인 렌즈를 만드는 데 성공했고 그 렌즈를 고정시켜 관찰할 수 있는 장치도 고안했다.

그는 렌즈 하나를 2개의 얇은 노란 구리판 사이에 설치한 다음 짐승의 털이라든가 식물의 나뭇잎 등을 열심히 관찰했다.

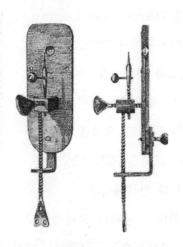

레이우엔훅의 현미경

레이우엔훅의 기술은 매우 훌륭하고 정교하여 그가 만든 렌즈 중 어떤 것은 머리핀 정도로 작은 것도 있었다. 그가 평생 동안 만든 렌즈는 419개나 되었으며 50～300배의 배율을 나타냈다.

자연 발생설을 뒤엎은 레이우엔훅

레이우엔훅이 연구한 기록은 전통적인 과학 방법에 의존하지 않았다는 비난을 받았다. 그가 정규 과정의 교육을 받지 않았기 때문에 주위 사람들은 그를 무시하거나 얕보았기 때문이었다. 그러나 그의 관찰과 기록은 놀랄 만큼 정확한 것이었다.

그 당시에는 일반적으로 생물은 무생물에서 생긴다는 자연 발생설을 믿고 있었다. 예를 들면 그 당시 구더기는 썩은 고기에서 저절로 생긴다고 믿었고 벼룩은 흙이나 먼지에서 바구미는 쌓아 놓은 양곡에서 자연히 생겨난다고 믿고 있었다. 그러나 그는 끈질긴 연구와 관찰로 생물은 무생물에서 생기는 것이 아님을 입증하였다.

또한 레이우엔훅은 세밀한 관찰을 통해 구더기와 바구미도 다른 곤충이 번식하는 방법과 마찬가지로 수컷에 의해 수정된 알을 암컷이 낳고 그 알이 부화하여 번식한다는 사실을 증명함으로써 무성 생식론을 뒤엎었다. 그는 진딧물은 단성 생식에 의해 번식된다는 사실도 규명하였고, 뱀장어는 이슬에서 튀어나오거나 개펄에서 저절로 태어나지 않는다는 사실도 밝혀냈다. 그는 아무리 보잘 것 없는 작은 생명체일지라도 생명은 자연 발생하는 것이 아니라는 것을 밝혀냈다.

레이우엔훅의 또 하나의 중요한 업적은 세균, 즉 박테리아를 발견한 것이다. 그는 어느 날 빗물을 받아 연구하고 관찰하다가 아주 작은 동물들이 우글거리고 있는 것을 발견하였다. 그는 이 생물들이 대기 중에 떠 있는 먼지와 함께 바람에 날려 빗물에 섞인 것이라고 결론지었다.

그는 이전에는 한 번도 본적이 없는 그 이상한 동물을 기록하기 시작했고 그림으로 나타내기도 했다. 그는 그 보잘 것 없는 작은 생물들(박테리아)이 가지고 있는 큰 힘을 미처 알지 못했다. 이 작은 생물들이 인체에 들어가면 해를 끼친다는 것을 알지 못했던 것이다. 그러나 박테리아를 발견한 것은 질병 연구에 매우 중요한 발견이었다.

레이우엔훅은 그 후 사람의 구강과 창자에서 채취한 오물을 관찰하여 여기에서도 비슷한 작은 동물들이 생존하고 있음을 발견하였을 뿐만 아니라 세균도 서식하고 있음을 알게 되었다.

그가 그린 박테리아 그림은 1683년에 런던에서 발간된 영국 학술원의 철학 논문집에 실려 있다. 그는 현미경을 이용하여 다양한 관찰을 계속하였는데 1665년에는 동물의 모세 혈관을 발견하였다. 그리고 모세 혈관을 통해서 동맥과 정맥을 거쳐서 피가 흐르고 있다는 사실을 밝혀냈으며 1674년에는 피를 관찰하여 적혈구를 발견하여 주위를 놀라게 하였다.

세계적인 과학자로 인정받다

레이우엔훅은 연구를 계속하여 처음으로 사람과 개의 적혈구와 창자를 관찰하고 기록했다. 그리고 그 모든 결과는 1673년부터 그가 세상을 떠날 때까지 영국 학술원과 주고받은 370여 통의 서신에 담겨져 남아 있다.

그는 모든 관찰 기록을 친교가 있는 외과 의사인 흐라프 박사에게 상세하게 알려 주었다. 흐라프 박사는 그의 업적을 크게 칭찬하고 왕립 학술원에 보고하도록 권유했다. 그는 그 권유를 받아들여 그동안의 관찰 결과를 정리하여 학술원에 제출했다. 그것을 받아 본 학술원의 과학자들은 크게 놀라고 당황했다. 과학자도 아닌 레이우엔훅이 스스로 발견한 모든 결과를 기록하고 그림까지 첨가하여 설명한 보고서를 편지로 보내왔기 때문이었다.

학술원에서는 레이우엔훅의 실험 결과를 확인하기 위해 명성 있는 과학자를 선임하여 검증 작업을 했다. 그 결과 이 생물은 지금까지 알지 못했던 미생물임을 확인하게 되었다. 1680년 학술원에서는 교육도 제대로 받지 못한 레이우엔훅을 학술원 회원에 추대했다. 이로써 그는 세계적인 과학자로 널리 알려지게 되었다.

레이우엔훅은 그동안의 관찰 결과를 묶어 14권의 논문집을 출판하였다. 그 발견 내용은 당시의 과학자들을 놀라게 했고 그의 명성 또한 세상에 급속히 퍼져 나가 각국의 많은 귀빈들이 그를 만나러

왔다. 영국의 엘리자베스 여왕을 비롯하여 독일과 러시아의 황제까지 그를 찾아왔다.

레이우엔훅은 90세가 될 때까지도 현미경을 떠나지 않았고 관찰에 전념했으며 나중에는 《현미경으로 밝혀진 자연의 비밀》이란 책을 출간하기도 하였다.

레이우엔훅은 1723년 8월 26일에 90세의 나이로 많은 발견과 업적을 남기고 세상을 떠났다. 그는 유언에 많은 도움을 주었고 명예를 높여 준 왕립 학술원에 감사를 표하고, 그 고마움에 보답하기 위해 그가 평생 아끼고 애지중지했던 26개의 훌륭한 렌즈와 현미경을 기증한다고 남겼다. 지금도 델프트의 교회 앞마당에는 다음과 같은 글귀가 적힌 레이우엔훅의 기념비가 세워져 있다.

"스스로 만들어낸 경이로운 현미경을 가지고 부지런하고 끝없는 집념으로 세밀한 연구와 관찰을 통해 발견한 자연의 신비와 비밀을 네덜란드 말로 기록하여 온 세계 과학자들의 동의와 찬사를 받은 영국 왕립 학술원 회원이었던 안톤 판 레이우엔훅을 영원히 기념하며……."

동식물 분류를 체계화한
카를 폰 린네

식물 관찰을 좋아했던 어린 시절

17세기까지만 해도 같은 동식물을 가지고 도 나라마다 그 이름을 다르게 불러 동식 물을 연구하는 학자들에게는 어려움이 많 았다. 오늘날 통용되는 동식물 이름은 스웨 덴의 식물학자인 린네에 의해서 체계적으로 분류되고 명명되었다.

카를 폰 린네

카를 폰 린네(Carl von Linné, 1707년 5 월 23일~1778년 1월 10일)는 스웨덴의 스텐브로홀트에서 아마추 어 식물학자이며 목사인 닐스 린네우스의 아들로 태어났다. 식구들 은 린네가 아버지의 뒤를 이어 목사가 될 것을 바랐으나 린네는 그 에 아랑곳하지 않고 넓은 정원을 뛰어다니면서 각종 식물과 곤충을 관찰하는 데 열중하였다. 특히 꽃과 식물에 관한 책을 즐겨 읽었으 며 학교에서도 새롭고 이상한 식물을 보면 자세히 관찰하여 꼬마

식물학자란 별명이 붙었다. 결국 그의 아버지는 의사인 친구의 권유를 듣고 린네를 목사가 아닌 식물학자로 키우기로 마음먹었다.

청소년이 된 린네의 교장 선생님이었던 다니엘 란네루스는 린네에게 그의 정원을 관리하게 했다. 그리고 의사이며 식물학자인 스몰란드를 소개해 그가 식물과 약학에 관심을 가질 수 있도록 지도하였다.

린네는 성장하여 웁살라 대학에서 의학 공부를 하면서 식물학에 대해서 계속 연구 관찰하였다. 그는 웁살라 대학에서 식물학의 대가인 울프 루트비히 교수를 만나 식물에 대한 토의도 하고 지도도 받으며 더욱 식물에 관심을 갖게 되었다.

린네는 1730년에 웁살라 대학의 식물학 강사가 되었으며, 린네는 1732년에는 학술 조사 차 스웨덴의 랩랜드(Lapland)로 파견되어 그곳에서 많은 식물을 관찰을 할 기회를 얻었다.

새로운 식물 분류 연구

린네는 랩랜드에서 채집한 각종 식물과 자연 관찰 기록을 왕립학회에 보고하였다. 그리고 수많은 채집 동식물을 어떻게 분류할 것인가를 생각하였다. 그는 우선 선배 과학자들의 연구 문헌을 조사하였다. 놀랍게도 각국의 많은 과학자들이 이미 동식물의 분류법을 연구한 사실이 있음을 알게 되었다.

린네는 그들의 연구를 전부 검토하여 많은 힌트를 얻었다. 이미 그리스 시대에 식물을 단자엽식물(외떡잎식물)과 쌍자엽식물(쌍떡잎식물)로 구분하였다는 사실을 알았고 15세기 무렵에는 꽃과 열매를 기준으로 식물을 분류했었다는 것도 알았다.

그러나 린네는 수없이 복잡하고 구분하기 어려운 동식물을 보다 간편하고 확실하게 구분할 분류 방법은 없을까를 곰곰이 생각하였다. 그는 랩랜드에서 식물을 채집할 때 식물에 있어서는 암술과 수술이 매우 중요하다고 느꼈던 사실을 상기하였다.

린네는 암술과 수술을 자세히 관찰하고 그것을 기준으로 종자식물을 23강으로 분류하고 포자식물을 1강으로 분류하여 '린네의 24강'이라는 연구 논문을 발표하였다. 그러나 문제는 또 있었다. 동식물의 명칭이 나라마다 다르고 같은 나라에서도 지방마다 다르다는 것이었다. 그래서 그는 세계에서 공통으로 사용할 이름을 짓기로 하였다.

린네는 사람에게도 성과 이름이 있듯이 두 개의 단어를 가지고 공통 특징을 찾아 동식물의 이름을 붙이기로 마음먹었다. 그리고 이름을 붙이는 기준을 정했다. 이름은 반드시 라틴어를 사용하고 속명과 종명을 나란히 붙이는 2명법을 택하였다. 또 종명 다음에는 반드시 동식물에게 최초로 이름 붙인 사람의 이름을 쓰기로 하였다. 이것이 오늘날까지 국제적으로 통용되는 동식물의 학명이다.

그는 1735년에 연구 결과를 모아 '자연의 체계(Systema naturae)'라고 하는 연구 보고서를 출판하여 큰 인기를 끌었다. 비록 12페이지 밖에 되지 않는 작은 책자이지만 자연의 체계를 다룬 이 연구 보고서는 후세에 엄청난 영향을 끼치게 되었다.

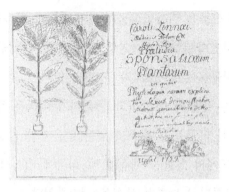

린네의 '식물의 혼례서론'(1720)의 속표지의 삽화

2년 후인 1737년에는 《일반 식물학》이란 책자를 출판하였다. 린네는 그의 연구 보고서와 식물학 책자의 출판으로 전 세계에 알려지게 되었다.

식물학 교수로 활약

린네는 1742년에 웁살라 대학의 의학 교수로 임명되었고 1년 후에 다시 식물학 교수가 됨으로서 그는 은사였던 울프 루트비히 교수의 뒤를 이어 식물학 강의를 하게 되었다.

그의 강의는 인기가 좋아 강의에 수백 명씩 모였고 주말이면 함께 식물 채집을 나서기도 하였다. 또한 학생들과 함께 꾸준히 채집 여행을 다녔던 그의 쾌활하고 유머러스한 감각은 학생들에게 큰 호감을 주었다. 주말이면 약 150여 명이 되는 학생들을 인솔하여 스웨덴의 산과 들을 누비면서 동식물을 채집하였다. 누구든지 처음 보는 동식물이나 희귀한 표본을 발견하였을 때에는 깃발을 흔들고 트럼펫을 불어 환영하고 환호성을 울렸다.

날이 어두워져 그들이 돌아갈 때에는 더욱 요란하였다. 한 학생은 깃발을 날리고 다른 학생은 트럼펫을 불고, 어떤 학생은 드럼을 치기도 하였다. 이와 같이 학생들은 주말이면 즐겁게 린네 교수와 같이 채집 여행을 다녔다.

린네의 소장품은 영국에

린네의 평생 소망은 스웨덴에 자랑스러운 식물원을 꾸미는 일이었다. 린네는 읍살라에 식물원을 만들기로 하고 그가 일생 동안 모은 식물 표본 등 3,000여종 이상을 전시하였다.

식물원을 만든다는 소식을 들은 러시아의 여왕은 물론, 멀리 떨어져 있는 아프리카의 여러 나라에서 수백 종에 이르는 꽃씨와 희귀 식물 표본 등을 보내왔다. 식물원에서는 새와 짐승 등 희귀 동물들을 기르기도 하였다. 린네가 바라던 훌륭한 동식물원이 되었다.

린네는 70세에도 건강하여 동식물에 관한 책을 많이 썼다. 그러나 1778년에 뇌출혈로 쓰러져 그 해에 72세의 나이로 영원히 세상을 떠나 그는 읍살라 성당에 안치되었다. 위대한 과학자 한 사람을 잃은 국왕과 국민은 모두 깊이 애도하였다.

린네가 사망하자 식물원과 연구 논문집도 모두 주인을 잃고 말았다. 식물원은 폐허가 되었고 수많은 표본 역시 관리하는 사람이 없어 파손되어 갔다. 그때 영국 사람인 스미스 경(Sir J. E. Smith)이 린네의 연구 논문집과 수많은 식물 표본, 그리고 곤충과 조개류의 각종 희귀 표본 일체를 구입하여 영국 선박에 실었다.

스웨덴 국왕은 그제야 린네의 논문과 귀중한 수집품들이 영국 상선에 실려 해외로 유출된다는 소식을 듣고 노발대발하여 급히 군함을 파견하여 영국 상선을 추적하였으나 상선은 이미 멀리 떠난 뒤였으므로 보물보다 더 귀중한 표본들을 끝내 회수하지 못하였다.

스웨덴의 과학자가 일생 동안 수집하고 연구한 보고서 등 귀중한 소장품들은 영국으로 유입되어 영국 과학자들에 의해 지금 런던의 린네 학회(Linnean Society) 전시관에 전시되어 있다. 유명한 식물 분류학자인 린네가 세상을 떠난 지 200여년이 지났지만 그의 업적은 2명법으로 지어진 수많은 동식물의 학명에 남아 있으며 이 세상이 다하는 날까지 그의 업적은 길이 빛날 것이다.

수소를 발견하여 물의 성분을 규명한
헨리 캐번디시

귀족 출신의 과학자

헨리 캐번디시(Henry Cavendish, 1731
년 10월 10일~1810년 2월 24일)는 프랑
스의 니스에서 아버지 찰스 캐번디시와 캔
트 공작의 딸인 어머니 앤 그레이 사이에서
전통 명문 귀족으로 태어났다.

그 당시는 산업 혁명의 물결이 유럽을 휘
몰아치던 시대여서 귀족 제도는 점차 퇴색

헨리 캐번디시

해 가고 있었다. 그러나 귀족 출신의 과학자 캐번디시는 이런 풍조
에 관심을 두지 않고 오직 과학 연구에만 몰두하였다. 그는 케임브
리지 대학교의 피터하우스 대학에 입학하여 과학 공부를 하였으나
재래 형식에 관심이 없었기 때문에 학위를 받기도 전에 학교를 그
만 두었다. 그는 극도로 내성적인 성격이었기 때문에 다른 사람과
만나는 것을 싫어했고 말하는 것도 싫어해 사람들의 모임에는 잘

끼지 않았다. 더욱이 여자는 더 싫어해 혼자 있기를 좋아했다. 그는 하녀도 주변에 얼씬도 못하게 하였으며 저녁 식사는 무엇을 먹겠다는 메모를 적어 책상 위에 올려 놓았다. 이러한 강박 관념에 사로잡힌 캐번디시의 즐거움은 오로지 과학을 공부하는 것이었으며 과학책 읽기와 연구와 실험에만 몰두했다.

전심전력한 기체 연구

캐번디시는 괴팍스럽고 내성적인 성격의 소유자였음에도 불구하고 뉴턴 이후 가장 훌륭한 영국의 과학자로 손꼽힌다. 그러나 캐번디시는 많은 사람들이 모여 있는 곳에서 발표하는 것을 싫어했기 때문에 그 당시에는 사람들은 그의 진가를 알지 못했고 후세에 와서야 그가 남긴 연구 노트와 논문으로 그의 업적이 평가되었다.

캐번디시가 가스를 연구하던 시기는 탄산 가스를 발견한 브랙과 산소 가스를 발견한 프리스틀리도 함께 활약하고 있던 때였다. 캐번디시는 광산을 찾아다니면서 금속과 여러 가지 가스를 조사해 보는 동시에 제임스 와트의 증기 기관도 살펴보는 등 다방면에 관심을 가지고 연구했다.

그는 런던에 있는 그의 저택 2층을 천문 관측소까지 차릴 수 있을 정도로 꾸미는 등 연구하는 데 필요한 모든 과학 장비 및 실험 기구를 갖춘 훌륭한 연구실을 마련하였다.

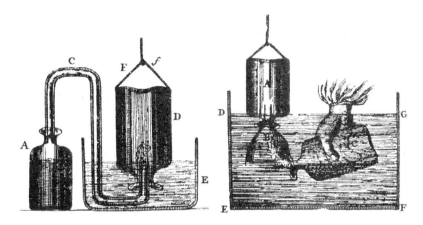

인공적인 기체에 대한 캐번디시의 실험
기체의 수집(좌), 그 기체를 저장 그릇에 옮겨 담는 모습(우)

과학자 브랙은 석회석을 가열해서 탄산 가스를 만들어냈지만 캐번디시는 석회석을 가열하지 않고도 탄산 가스를 발생시킬 수 있는 연구와 실험을 계속하였다. 그는 석회석에 염산을 첨가하면 부글부글 끓어오르면서 거품이 일어나 가스가 나오는 것을 발견했다. 그는 그 가스를 시험관에 넣고 촛불을 켜 보았다. 촛불은 시험관에 들어가자마자 꺼져 버리고 말았다. 이를 통해 그 가스가 탄산 가스라는 것을 알 수 있었다.

캐번디시는 또 석회석에 황산을 부어 보았다. 황산도 염산과 마찬가지로 부글부글 끓어올라 거품을 내며 가스가 발생했다. 그 가스도 같은 방법으로 실험해 본 결과 탄산 가스였다. 그는 석회석을 가열하지 않고서도 석회석에 염산이나 황산을 주입하면 화학 작용을 일으켜 탄산 가스가 발생한다는 사실을 발견했다.

수소 가스의 발견

캐번디시는 연구를 계속하였다. 그는 30년 전에 과학자 마우드라가 철에 황산을 부었더니 이상한 기체가 발생하였고 그 기체에 불을 붙여 보았더니 펑하는 소리와 함께 불꽃이 났다는 기록을 적은 것을 읽었다. 또 4년 전에 다른 과학자가 탄광의 광부들이 불의 증기라고 부르는 기체를 모아 불을 붙여 보았더니 파란 불꽃을 내면서 타들어 갔다는 기록을 읽은 후에는 그 기체의 정체를 밝히려고 노력했다. 캐번디시는 철, 아연 등의 금속에 염산을 첨가해 나오는 가스는 수소 가스라고 이름을 붙였다.

캐번디시는 수소 가스에 대한 성질을 연구하기 시작하였다. 옛날 과학자들은 이상한 가스가 불에 잘 탄다는 사실만 알았을 뿐 그 성분은 알아내지 못하였다. 그는 우선 수소 가스의 무게를 알아내기 위해 실험을 하였다. 그는 수소 가스를 모아서 무게를 측정한 결과 산소보다 훨씬 가볍다는 사실을 알았다.

수소에 불을 붙이면 어떤 때는 불이 잘 타지만 어떤 때는 큰 폭음을 내면서 폭발하였다. 캐번디시는 위험을 무릅쓰고 실험을 계속하였다. 그래서 이는 수소와 공기의 결합 비율에 관계가 있다는 사실을 밝혀냈다. 그는 수소와 보통 공기의 비율이 3 : 7이라는 사실을 밝혀내 발표하였다. 그러나 그는 보통 공기 속의 산소와 결합하면 폭음을 낸다는 사실까지는 알아내지 못했다.

캐번디시는 그의 생애의 황금기를 기체에 대한 연구에 온전히 쏟았으며 그 결과 처음으로 수소를 공기 중에서 분리한 기체 상태로 발견해냈다. 그리고 수소의 성질을 연구 조사하여 수소가 기체 중에서 가장 가벼운 기체임을 알아냈다.

그는 또한 수소와 산소를 전기 불꽃으로 결합시키면 소량의 물이 생긴다는 사실도 발견했다. 그는 이 실험으로 고대 그리스 이래 원소라고 생각했던 물이 원소가 아니고 화합물이라는 것을 증명했고 지구상에 가장 많이 존재하는 화합물인 물은 수소가 화학적으로 결합한 것이라는 사실을 밝혀냈다.

그 외의 많은 업적

캐번디시는 오늘날 전기 이론에 꼭 필요한 많은 현대적 개념을 정립하였다. 그는 2개의 하전된 물체 사이에 존재하고 정전기에서 중요한 역할을 하는 전기적 인력과 반발력의 성질을 정의했다. 또한 오늘날 전압이라 부르는 전기 전위차의 개념을 소개하였고 전기에서 가장 기본적인 법칙의 하나가 된 '흐르는 전류량은 전기 도체에서도 그 구성 물질에 따라 다르다'는 사실을 증명하기도 했다.

캐번디시는 2개의 작은 물체 사이에 작용하는 중력을 처음으로 측정하였다. 그의 연구 결과 지구의 질량은 약 $6.5 \times 1,018$톤이고, 밀도는 물의 약 5.5배가 된다는 사실을 알아냈다. 놀랍게도 이 수치는 오늘날의 과학으로 얻어진 수치와 거의 비슷하다.

귀족 출신인 캐번디시는 산업 혁명이라는 격동 시대를 맞아 귀족들의 몰락을 체험하면서도 홀로 외롭게 연구에만 몰두하여 훌륭한 화학자가 되었다. 그는 런던 별장의 응접실은 실험실로, 2층은 천문대로, 그리고 거실은 도서관으로 만들었다. 그는 많은 업적을 남겼지만 남겨 놓은 사진이 1장밖에 없을 정도로 내성적인 성격이었으므로 끝내 외로울 수밖에 없었다. 극도로 수줍음을 많이 탔던 괴짜 헨리 캐번디시는 과학의 많은 업적을 남기고 1810년 2월 24일에 79세의 나이로 세상을 떠났다.

질량 보존의 법칙을 확립한
앙투안 로랑 라부아지에

법학도가 과학자로 변신

프랑스 파리에서 한 법률가의 아들로 태어난 앙투안 로랑 라부아지에(Antoine Laurent Lavoisier, 1743년 8월 26일 ~ 1794년 5월 8일)는 근대 화학의 아버지라 불릴 만큼 근대 화학의 개척자였다. 라부아지에는 법률가인 아버지의 권유로 법학을 전공하여 법학사가 되

라부아지에와 그의 부인

었으나, 자연 과학 연구에 더 열정을 쏟아 대학 졸업 후에도 자연 과학 연구에만 열중하였다.

라부아지에가 20세 때 게타르(J. E. Guettard)라는 지질학자를 사귀게 되어 지질학 및 화학 등을 함께 연구하고 토의할 기회가 있었는데 이는 그를 화학자의 길로 이끌었다. 그는 프랑스 아카데미

에서 실시한 조명용 램프 개량에 관한 현상에 대한 연구 논문 모집에서 수석을 차지하여 두각을 나타내기 시작했다.

공기와 불의 성분을 연구

라부아지에는 계속 게타르의 연구를 보좌하면서 열심히 연구하여 차츰 프랑스 학자들의 관심의 대상이 되었으며 26세에 프랑스 과학 아카데미의 회원이 되었다. 그 당시 프랑스에는 국민들로부터 세금을 거둬 들이는 국왕 직속의 징세 청부인 제도가 있었다. 라부아지에는 과학 아카데미 회원이 된 해에 징세 청부인직을 맡게 되었다. 징세 청부인은 징수한 수수료를 떼기 때문에 돈을 벌기에는 좋았지만 국민들로부터 원성의 대상이 되었다.

과학 아카데미 회원이 된 후부터 라부아지에는 눈부신 활동을 하였다. 그 예로 우선 물의 성분에 대한 연구와 실험을 들 수 있다. 물을 증발 접시에 담아 졸아 없어질 때까지 가열하면 수분은 전부 증발해 없어지고 소량의 흰 찌꺼기가 남는 것을 볼 수 있다. 그 당시의 과학자들은 그 남은 찌꺼기를 흙이라고 설명했다. 즉, 물에 불을 가하면 물이 흙으로 변한다고 생각하였던 것이다. 그 당시에는 물, 흙, 불, 공기 등의 정체를 몰랐기 때문에 그것들을 원소라고 생각하고 있었다. 따라서 원소 물에 불이라는 원소가 가해짐으로써 흙으로 변하는 것이라고 해석하였다. 그러나 라부아지에는 전해 내려오는 현상이나 학설을 배재하고 오로지 실험을 통하여서만 확인하고 입증하려고 노력하였다.

그는 의심이 가는 것은 계속 실험하였다. 그래서 유리 그릇 안에 증류수를 넣고 마개를 잘 막은 다음 계속 가열해 보았다. 그랬더니 물은 뿌옇게 흐려지기 시작하고, 나중에는 흰 찌꺼기 같은 것이 남았다. 그는 찌꺼기를 긁어 따로 보관하여 모아 두었다. 그리고 가열한 유리 그릇을 달아 보았더니 유리 그릇의 무게가 줄어들었다. 그다음 모아둔 찌꺼기의 무게를 달아 보았더니 놀랍게도 유리 그릇의 줄어든 무게와 같았다.

그래서 라부아지에는 물을 불로 가열하면 남는 것은 흙이 아니라 유리가 녹아서 생긴 흰 찌꺼기라는 것을 실험으로 입증하였다. 물을 불로 가열하면 흙이 된다는 잘못된 생각을 실험으로 입증하였기 때문에 과학자들은 크게 놀랐다.

화학 실험은 물질의 변화를 연구하는 것이기 때문에 항상 물질의 무게를 정확히 측정해야 한다. 라부아지에는 이를 명확하게 인식하고 있었기 때문에 실험을 훌륭하게 할 수 있었다.

질량 보존의 법칙을 확립

그의 두 번째 업적은 연소(燃燒)에 관한 연구와 실험이다. 공기 중에서 물질이 열을 받아 변화하는 현상은 자연계의 화학 현상 가운데 가장 두드러진 현상이다. 공기 중에서 물질을 가열하면 타서 재가 된다. 그 당시의 과학자들은 물질이 타서 재가 되는 것은 물질 속에 불에 타는 근원이 되는 '플로지스톤(연소)'이 들어 있어서 물질을 가열하면 플로지스톤이 도망치는 것이라고 생각하였다.

그러나 플로지스톤을 확실히 규명한 사람은 없었으며, 그저 하나의 상상의 물질이었다. 라부아지에는 이 연구를 위해서 오랜 시간을 투자하였다. 그 결과 그는 공기 중에서 물질이 연소될 때 공기 중의 어떤 물질이 결합한다는 것을 알았다.

연소를 연구하기 위해 라부아지에가 사용한 실험 기자재

라부아지에가 연구에 열중하고 있을 때 영국의 프리스틀리라는 화학자가 산소 가스를 발견하였다. 수은을 공기 중에서 가열하였더니 붉은 재가 되고 그 붉은 재를 더 가열하였더니 가스와 본래의 수은이 남았는데, 프리스틀리는 이 가스 속에서는 물질이 매우 잘 탄다는 것을 발견한 것이다. 라부아지에는 물질이 연소하는 것은 이 산소 가스가 근원이 되는 것이라고 생각하였다.

질량을 중요시하는 라부아지에는 재빨리 프리스틀리의 실험을 인용했다. 플라스크 안의 공기의 부피를 정확하게 측정한 다음 수은을 플라스크 안에 넣고 밀봉했다. 그리고 밖으로부터 공기가 들어가지 않게 한 다음 강하게 가열해 보았다. 그랬더니 플라스크 안의 공기의 부피는 5분의 1로 줄었고 수은은 붉은 재로 변하였다. 이번에는 붉은 재를 모아 무게를 단 다음 플라스크에 넣고 밀봉하여 가열해 보았다. 그 결과 프리스틀리가 실험한 결과와 마찬가지로 가스와 수은이 생겼다. 그 가스의 분량은 처음 실험에서 줄어든 공기의 부피와 거의 같았다. 또한 새로 생긴 수은의 무게와 새로 생긴 공기의 무게를 더한 결과 이 무게는 재의 무게와 같았고 새로 생긴 가스와 처음 실험에서 5분의 1로 줄어든 남은 가스를 혼합시켰더니 진짜 공기와 똑같은 것이 되었다. 따라서 수은이 재가 된 것은 수은과 공기 중의 산소가 결합하였기 때문이라는 것을 입증한 셈이 되었다.

라부아지에는 수은뿐만 아니라 여러 가지 다른 물질에 대해서도 연구하여 물질이 타거나 금속이 재가 되는 것은 플로지스톤이 달아나는 것이 아니라 공기 중의 산소와 화합하는 것이라는 것을 증명했다. 따라서 물질은 화학 변화를 일으키기 전과 후에 전체의 무게(질량)에는 변화가 없다는 것을 많은 실험을 통하여 입증하였다. 이것이 바로 유명한 질량 보존의 법칙이다.

라부아지에는 또한 재는 원소가 아니고, 금속이 원소라는 사실을 규명했다. 재는 원소이고 금속은 원소가 아니라는 그 당시의 잘못된 이론을 뒤집은 것이다. 재는 금속과 산소가 화합한 것임이 실험에 의해 증명되었기 때문에 원소일 수 없고 금속은 더 이상 다른 물질로 나눌 수 없기 때문에 원소라는 사실을 밝혀냈다.

라부아지에는 산소의 역할을 발견하고 연소라는 귀중한 현상을 밝혀 화학 명명법을 개혁하였으며 화학의 연구 방법을 근본부터 다시 체계를 세웠기 때문에 화학은 완전히 그 면모를 새롭게 했다. 그는 항상 다음과 같이 역설하였다.

"나는 언제나 알려져 있는 것을 토대로 알려지지 않은 사실을 개척하려 했고 실험과 관찰의 결과로 결론을 맺는 것을 연구의 원칙으로 삼았다."

실험 장치와 실험 방법을 개발

라부아지에는 근대 화학의 아버지라고 불릴 만큼 큰 업적을 남겼을 뿐만 아니라 개량된 실험 장치와 실험 방법을 개발하였다. 그는 생애의 마지막 4년간 프랑스에서 그램과 미터법을 마련하여 도량형기의 체계를 확립하는 일에 참가하였다. 또 농업 문제에도 남다른 관심을 가져 파리의 농업 협회 창립자 중 한 사람으로 활약하기도 했다. 그리고 지방 의회의 의원으로 부모 없는 어린이와 미망인을 돕는 원호 사업과 실업자를 위한 공공 사업, 의무 교육 사업, 저축 은행 설립 등 수많은 공적을 쌓았다.

그러나 그의 종말은 참으로 비극적이었다. 이 위대한 과학자가 단두대의 이슬로 사라지고만 것이다. 1789년에 들어선 프랑스 혁명 정부는 라부아지에를 벼락 출세한 귀족, 징세 청부인 등 반인민적 행위로 고발하여 단두대에 서게 하였다. 그때가 1794년 5월 8일 라부아지에가 51세 되던 해였다.

라부아지에의 죽음은 전 세계 과학자들에게 큰 충격을 주었으며, 혁명으로 이룩된 프랑스의 새 공화국이 프랑스의 위대한 천재 과학자 라부아지에를 처형한 것은 세계적으로 커다란 손실이요, 역사에도 큰 오점을 남긴 것이라는 비난을 받았다.

생명의 원소인 산소를 발견한
조지프 프리스틀리

독립성이 강하고 책 읽기를 좋아한 어린 시절

조지프 프리스틀리(Joseph Priestley, 1733년 3월 13일 ~ 1804년 2월 6일)는 잉글랜드 북부 필드해드의 작은 마을에서 의류 제작자인 조너스 프리스틀리와 아내 메리 사이의 4남 2녀 중 막내로 태어났다. 그는 7세에 일찍 부모를 잃어 부유한 고모의 집에서 교육을 받았다. 그는 매우 허약하여 학

조지프 프리스틀리

교도 제대로 다니지 못할 정도였다. 그래서 그는 어릴 때부터 책읽는 것과 토론하는 것을 즐겼다.

그는 특히 어학에 뛰어나 희랍어, 라틴어, 프랑스어, 독일어 등 다양한 언어에 능통했으며 신학, 논리학, 정치학, 철학에 남다른 재능을 보였다. 그는 청소년 시절부터 자신의 독립성을 키워 나갔는데 그것은 후에 그를 종교와 정치 철학에 도전하게 하는 원동력이 되었다.

프랭클린의 강연에 감동 받아

프리스틀리는 목사가 되어 가난한 사람들을 상대로 설교를 했다. 그러나 그는 선천적으로 말을 약간 더듬었기 때문에 설교에 어려움을 겪었다. 프리스틀리는 결국 살림을 꾸려 나가기 위해 영문법을 가르치는 일까지 해야만 했다.

그러던 어느 날, 프리스틀리는 유명한 과학자 벤저민 프랭클린을 만나 생의 분기점을 맞이하였다. 벤저민 프랭클린은 그 당시 영국의 식민지였던 미국의 순회 대사였다. 그는 미국의 독립을 호소하기 위해 영국을 방문하였고, 과학자로서 과학 강연도 하게 되었다.

그날 프랭클린은 전기에 관한 강연을 했다. 청중에 끼여 강연을 경청한 프리스틀리는 프랭클린의 강연에 흠뻑 빠져 들었다. 강연이 끝난 후 목사였던 프리스틀리는 프랭클린에게 전기에 관해 좀 더 알고 싶은 소망을 전했다.

그 후 프리스틀리는 프랭클린과 수시로 전기에 관해서 토론했고 프랭클린은 그가 할 수 있는 모든 도움을 프리스틀리에게 제공했다. 프랭클린의 정치관에 공감하여 그를 따르려고 마음먹은 프리스틀리는 그와 자주 이야기를 나누었으며, 잦은 토론을 통해 점차 그의 과학 연구에도 관심을 갖기 시작했다.

전기의 역사를 편찬하다

프리스틀리는 곧 전기에 관한 연구에 열중하게 되었고 그 다음 해에는 전기에 관한 현황과 미래의 발전 분야까지를 설명한 《전기 과학 역사》를 편찬했다. 전기에 관한 그의 역사책은 이미 알려진 사실만을 수집하여 수록한 것이 아니라 자기 자신의 독창적인 실험 결과까지도 밝힌 책이었다. 그 책의 발간으로 프리스틀리는 일약 유명인이 되었다. 그는 그 공적으로 1766년에 런던의 왕립 학회 회원으로 추대되었다. 그리고 미국 독립의 정당성을 공감하는 추종자가 되었다.

이를 계기로 프리스틀리는 전 생애를 통해서 크게 도움을 받은 프랭클린과의 우정을 더욱 확고히 하였고, 목사인 동시에 유명한 과학자로 성장했다. 유럽과 북아메리카의 과학자들이 그의 업적을 칭송하는 사이에 프리스틀리는 화학, 특히 기체 연구에 심혈을 기울였다.

17세기까지만 해도 기체의 정체를 밝히기 위해 많은 과학자들이 연구에 열을 쏟고 있었다. 그러나 기체는 보이지 않고 손으로 만져지지도 않을 뿐만 아니라 그릇에 잘 담겨지지도 않기 때문에 연구하는 데 어려움이 많았다. 기체를 포집하다가 폭발하기 일쑤였고 실험하다 다치기도 하여 어려움이 중첩했다. 이런 이유로 기체의 정체를 밝히는 화학 실험은 크게 발전하지 못했다. 그럼에도 불구하고 그는 화학에 관한 많은 책을 읽어 가며 열심히 기체 실험을 했다.

프리스틀리가 일찌감치 발견한 것 중 하나는 오늘날 이산화 탄소로 불리는 기체이다. 그가 이산화 탄소를 발견하게 된 것은 마을에 있는 양조장에 간 것이 계기였다. 그는 어느 날 양조장에 들렸다가 발효 중인 커다란 양조 통에서 많은 거품이 부글거리며 고약한 냄새가 진동하는 것을 보았다. 그는 고약한 냄새가 나는 양조 통을 세심하게 관찰했다. 프리스틀리는 곡물이 발효하는 과정에서 이상한 성질을 가진 기체가 발생하는 것을 발견했고 그 기체는 공기보다 무겁고 불을 끄는 성질이 있음을 확인했다.

프리스틀리는 그 기체를 물에 녹여 보았다. 그 결과 거품이 났으며 이렇게 해서 만든 액체는 매우 상쾌한 거품을 내는 물이 되는 것을 알았다. 그 기체가 바로 이산화 탄소인데, 그는 이것을 거품을 내는 물이라고 일컬었지만 오늘날에는 이것을 소다수라고 부른다. 우리가 즐겨 마시는 사이다나 콜라도 이 기체를 높은 압력으로 물에 녹여 만든 음료수이다.

프리스틀리는 기체에 관한 연구에 재미가 붙자 기체를 연구하기 위한 새로운 기술을 발명했다. 그 당시의 과학자들은 기체를 연구하기 위해 물로 봉한 유리관으로 기체를 분리하였다. 이 방법은 기체가 물에 녹지 않을 때만 가능했으므로 프리스틀리는 기체를 물 대신 수은으로 봉하여 수집했다. 이렇게 하여 그는 암모니아와 염화 수소처럼 물에 잘 녹는 기체가 있음을 발견하게 되었다.

생명의 원소인 산소 발견

프리스틀리는 1774년에 과학사에 새로운 기원을 이룩한 일대 발견을 했다. 그것은 수은을 사용한 연구에서 수은의 몇 가지 성질을 조사함으로써 이루어졌다.

수은을 가열하면 오늘날 산화 제이수은으로 알려진 단단한 고체 물질이 형성된다. 그는 산화물을 가열하면 다시 수은이 생기고 놀라운 성질을 갖는 기체가 발생한다는 사실을 알았다. 프리스틀리는 양조장에서 발효 때 생기는 기체에 촛불을 넣으면 꺼지는 사실을 떠올리며 그 새로운 기체에 촛불을 넣어 보았다. 그 결과 촛불은 새로운 기체 속에서 더욱 세찬 기세로 타올랐다. 그는 깜짝 놀랐다. 그 순간은 도저히 말로 표현할 수 없을 만큼 놀라웠고 경이로웠다고 그는 후에 회고했다.

이 기체를 프리스틀리는 '플로키스톤을 잃어버린 공기'라고 이름 지었다. 훗날 이 기체는 나중에 프랑스의 화학자 라부아지에에 의해 오늘날 불리는 산소라고 칭해졌다. 프리스틀리는 새롭게 발견한 기체의 생리학적인 측면도 연구했다. 그는 이 기체를 들이마시면 상쾌한 효과가 있다는 것도 발견했다. 프리스틀리는 산소의 발견으로 세계적으로 유명해졌다. 그러나 마냥 영광스럽고 즐거운 일만 찾아온 것은 아니었다.

그의 집은 그가 프랑스 혁명과 미국의 혁명을 찬양했다는 이유로 보수적인 영국 국민들에 의해서 불태워지기까지 했다. 그래서 프리스틀리는 결국 영국을 떠나 새로 독립한 미국으로 옮겨 갔으며 펜실베이니아 주 노섬벌랜드에서 목회 활동을 하다가 세상을 떠났다.

불태워지는 프리스틀리의 집

금속의 산화, 동물의 호흡, 연소, 그리고 생명의 과정 등 산소의 역할을 규명하는 일은 화학 연구에 있어서 가장 중요한 과제였는데 가난한 가정의 목사였던 프리스틀리의 집념에 의해서 그것이 해결되었다.

우리는 단 10분도 공기 없이 살 수 없다. 사람뿐만 아니라 이 지구상에 존재하는 모든 생명체는 산소가 없이는 단 한 순간도 살 수 없다. 우리는 공기 중의 산소를 최초로 발견하는 등 많은 업적을 남긴 위대한 과학자인 프리스틀리를 잊어서는 안 될 것이다.

천문학에 금자탑을 쌓은
윌리엄 허셜

천체에 관심 많았던 어린 시절

윌리엄 허셜(Sir William Herschel, 1738년 11월 15일 ~ 1822년 8월 25일)은 독일 하노버에서 군악대 대원의 둘째 아들로 태어났다. 그당시의 그의 이름은 빌헬름이었으나 영국으로 귀화한 후 윌리엄 허셜으로 개명하였다.

다섯 형제 중 둘째였던 허셜은 어렸을 때부터 매우 총명하였고, 별에 관심이 많아 밤하

윌리엄 허셜

늘의 반짝이는 별에 관해 내려오는 이야기에 흥미를 느꼈다.

군악대의 대원이었던 그의 아버지는 허셜이 음악에 소질이 많다고 생각해 그를 14세에 학교를 중퇴시키고 아버지가 근무하는 군악대에 입대시켰다.

어떤 일에나 열중하는 허셜은 군악대에 들어가서 악기의 연주뿐만 아니라 작곡하는 법과 악사가 갖추어야 할 것 등을 열심히 익혔

다. 그러나 허셜은 군대를 싫어했고 그 당시 독일과 프랑스의 7년 전쟁으로 적군이 하노버를 점령하고 있었으므로 군대에서 나와 영국으로 건너가 새로운 생활을 시작했다. 허셜은 처음에는 헬리팩스에서 살다가 바닷가에 위치한 바스로 옮겨 살았다. 그는 악기를 다루는 솜씨가 뛰어나 옮겨 간 마을의 교회 성가대에서 오르간을 연주하기도 했다.

허셜은 12살이 된 막내 누이동생 캐롤라인과 같이 살았다. 그들의 아버지와 형제들은 7년 전쟁에서 모두 전사하였다. 그래서 허셜은 낮에는 극장에 나가서 연주를 하고 밤에는 연회장이나 무도회장을 돌아다니며 오르간을 연주하여 생기는 수입으로 생활을 어렵게 이어 나갔다.

대형 망원경을 제작

허셜은 남의 곡을 받아 연주만 하던 악사였으나 어느덧 어엿한 지휘자가 되어 직접 새로운 곡을 작곡도 하는 위치에까지 이르렀지만 살림은 여전히 윤택하지 못했다.

가난에 허덕이면서도 허셜은 항상 별을 관측하는 것에 심혈을 기울였다. 별을 자세히 관찰하려면 성능이 좋은 큰 망원경이 꼭 필요하였기 때문에 그는 세월이 흐를수록 성능 좋은 망원경을 마련하는 것을 소원하게 되었다. 그러던 어느 날 동생 캐롤라인이 생활비를 조금씩 저축한 돈으로 아주 작고 조잡한 망원경을 빌려 왔다. 허셜은 매우 초라한 망원경이었지만 육안으로 보는 것보다 훨씬 관측하기에 좋아 기뻐했다. 허셜은 거의 매일 초저녁부터 새벽까지 별을 열심히 관측했고 그 결과는 동생 캐롤라인이 노트에 기록했다.

허셜은 더 큰 욕심이 생겼다. 그 망원경은 작고 조잡하였기 때문에 깨끗한 영상을 얻을 수는 없었다. 그래서 허셜과 캐롤라인은 망원경을 손수 만들기로 결심했다. 그들은 약 1세기 전에 아이작 뉴턴이 발명한 망원경과 같은 것을 설계하였다. 허셜의 머릿속에는 꼭 천체에 대한 수수께끼를 풀고야 말겠다는 생각이 떠나지 않았다.

망원경을 만드는 데 있어 가장 어려운 작업은 반사 망원경을 만드는 작업이었다. 반사 망원경은 그것을 반짝거리게 만들어 빛을 많이 반사하도록 해야 했기 때문에 구리와 주석의 합금을 녹여 만든 원반을 금강사로 수없이 문질러서 갈아야만 했다. 그런데 그 일련의 작업이 보통 힘든 일이 아니었다. 허셜은 한 가지 일에 집중하면 밤낮을 가리지 않았다. 작업 도중 손을 다치기도 하고 구리와 주석을 녹이는 용광로가 폭발하기도 하였지만 허셜은 그에 굴하지 않고 작업을 계속하였다.

허셜과 동생 캐롤라인의 피나는 노력으로 1775년 드디어 렌즈의 지름이 16.5cm이고, 초점 거리가 2m나 되는 대형 망원경을 완성하였다. 그들은 옥상에 이 망원경을 설치하였고 망원경을 통해 샛별의 크기가 달만큼이나 크게 보이는 것을 보고 부둥켜안고 감격의 눈물을 흘렸다.

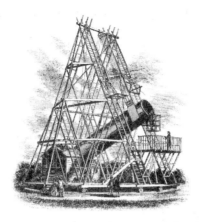

허셜이 만든 거대한 반사 망원경

허셜은 음악을 포기하고 오직 천문학에만 그의 일생을 바치기로 결심했다. 그는 집 옥상에 천체 관측소를 만들고 매일 밤마다 별자리를 관측했다.

한편 허셜이 망원경을 만들었다는 소문은 계속 퍼져 나가 망원경을 만들어 달라는 주문이 쇄도했다. 허셜은 음악 연주를 그만두고 크고 작은 망원경을 만들어 사람들에게 보급하기 시작했다. 그의 생활은 음악 연주 때보다 한결 윤택해졌다.

천왕성의 발견

별을 계속 관찰하던 1781년 3월 13일 밤이었다. 허셜은 토성 궤도 앞 근처에서 별 무리를 가로질러 일정하게 움직이는 녹색의 고리를 발견하였으나 그저 새로운 어떤 혜성일 것으로만 생각했다. 그러나 자세히 관측한 결과 혜성이라고 생각하기에는 그 별의 궤도가 너무 둥글다는 사실을 발견했다. 그래서 그는 새로운 행성을 발견한 것으로 생각하고 그 별의 이름을 그 당시의 통치 군주였던 조지 3세 왕의 이름을 따서 조지의 별이라고 명명했다.

허셜은 왕립 학회를 찾아가 그가 발견한 별에 대해서 구체적인 보고를 했다. 그는 지금까지 수많은 천문학자들의 관측 결과 태양의 둘레를 돌고 있는 행성은 지구를 비롯해서 수성, 금성, 화성, 목성, 토성 등이 있는 것으로 밝혀졌고 그 이외는 알려진 것이 없었으나 자신의 관측한 것은 새로운 행성이 틀림없다고 보고했다.

허셜의 보고를 받은 왕립 학회는 새로운 별에 대한 관측을 실시했다. 그 결과 그 별은 지금까지 알려진 행성보다 태양으로부터 가장 멀리 떨어져 있는 새로운 행성이라는 것을 확인했다. 그리고 조지의 별을 신비스러운 이름을 사용하는 천문학자들의 전통에 따라 천왕성이라 명명하였고, 윌리엄 허셜의 이름은 전 세계에 알려져 유명해졌다.

왕실 천문학자로 취임하다

천왕성의 발견으로 일약 유명인이 된 허셜은 국왕 조지 3세의 총애를 받았다. 남달리 천체에 관심이 많았던 조지 3세는 허셜을 왕실 천문학자로 임명하고, 해마다 천문학 연구비를 지원해 주었다. 허셜과 동생 캐롤라인은 풍요로운 생활 속에서 천문학 연구를 계속하게 되었다.

별 관측에 기초를 둔 그는 별을 헤아리는 기술을 발명함으로써 별의 분포를 계산할 수 있었고, 은하계의 외형을 연구할 수 있었다. 또한 그들은 렌즈의 지름이 120cm나 되고, 초점 거리가 12m인 초대형 망원경을 5년에 걸려 완성했다.

천체를 체계적으로 연구한 그는 1,500개 이상의 새로운 성운을 찾아냈다. 그때까지 천문학자들은 성운에 대하여는 별로 아는 것이 없어 어리둥절할 뿐이었다. 그는 이들 신비로운 성운이 태양계 밖에 있는 독립된 은하일 것이라고 생각했다.

허셜의 그러한 추측은 처음으로 우주의 무한함을 암시한 것이었고, 그 후 1세기가 훨씬 지나서야 비로소 허셜의 주장이 확인되었으며, 별과 별 사이의 우주에서 은하와 은하 사이의 우주로 천문학의 한계가 확대되었다.

가난에 시달리며 고생하였지만 고집스러운 집념과 피나는 노력 끝에 국왕이 인정하는 천문학자가 되고, 수많은 연구 실적을 남긴 윌리엄 허셜은 1822년 84세의 나이로 생을 마쳤다. 윌리엄 허셜의 집은 현재 허셜 천문학 박물관으로 보존되고 있다.

볼타 전지를 발명한
알레산드로 주세페
안토니오 아나스타시오 볼타

과학의 흥미를 가진 청소년 시절

알레산드로 주세페 안토니오 아나스타시
오볼타(Alessandro Giuseppe Antonio
Anastasio Volta, 1745년 2월 18일~1827
년 3월 5일)는 이탈리아 북부 코모라는 마
을의 가난한 집안에서 태어났다. 어렸을 때
에는 문학에 흥미를 가졌으나 청소년이 되 **알레산드로 주세페 안토**
면서 점차 과학에 흥미를 가져 두각을 나 **니오 아나스타시오 볼타**
타냈다. 그는 초등학교를 우수한 성적으로 졸업하고 과학자의 꿈을
가지고 학업에 열중했다.

1774년에는 코모 마을에 있는 고등학교의 물리학 교사가 되어,
학생들을 가르치며 전기에 관한 연구와 실험을 시작했다. 볼타는
영국의 과학자 프리스틀리가 쓴 《전기의 역사》를 읽고, 더욱 과학

에 심취했다. 그 결과 볼타는 1775년에 전기 전하를 저장하는 장치인 '기전반(起電盤)'을 발명했다. 그 당시 전기 저장용으로 가장 많이 사용되던 '라이든 병'은 기전반의 발명으로 무용지물이 되었다.

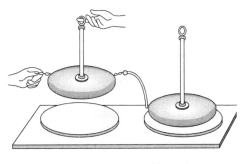

볼타가 발명한 기전반(起電盤)

볼타의 기전반은 에보나이트를 입힌 하나의 금속관과 절연된 손잡이가 달린 또 하나의 금속판으로 구성된 간단한 장치였다. 에보나이트를 건조한 천에 비비면 음전하가 발생한다는 사실은 오래 전부터 알려져 있었다. 그는 절연된 손잡이를 잡고 금속판을 하전된 에보나이트 위에 놓으면, 에보나이트의 음전하가 금속판 밑면의 양전하를 끌어 당겨, 윗면을 음전하로 만든다는 사실을 발견한 것이다.

볼타는 또 금속판의 윗면을 전깃줄을 사용하여 땅과 연결시키면 음전하는 지면으로 흘러 들어가고, 금속판은 모두 양전하로 된다는 사실도 알았다.

그는 이 과정을 계속 반복하여 많은 양의 양전하를 축적할 수 있었다. 기전반은 전하를 저장하는 최대의 장치가 되었고, 기전반은 오늘날 전기 회로에서 전기를 저장하는 데 사용하는 장치인 콘덴서의 기초가 되었다. 볼타의 솜씨가 매우 훌륭하여, 기전반은 오늘날에도 볼타가 발명한 상태 거의 그대로 실험실에서 사용되고 있다.

볼타 전지의 발명

볼타는 기전반의 발명으로 유명인이 되었다. 그 후 그는 전기학 연구에 도움이 되는 다양한 장치를 많이 고안했고, 1794년에는 오늘날 전기 배터리로 알려진 전류 발생 장치를 발명했다.

1780년에 이탈리아 볼로냐 대학의 생물학자인 루이지 갈바니 교수는 개구리의 다리에 흐르는 신경과 근육에 관해 실험하였다. 죽은 지 얼마 안 된 개구리의 다리 근육을 외과용 메스로 충격을 주었더니 놀랍게도 이미 생명이 없는 개구리의 다리가 움찔하고 움직였다. 그것을 지켜보던 주위 사람들은 모두 깜짝 놀랐다. 갈바니 교수는 계속 여러 곳을 찔러 보았으나 결과는 마찬가지였다.

그로부터 11년이 지난 뒤 갈바니 교수는 그동안의 연구와 실험 결과를 토대로 논문을 발표했다. 그는 죽은 개구리의 뒷다리가 움직인 것은 동물의 체내에 있는 전기 때문이라고 했다. 전기뱀장어가 적들에게 전기 충격을 주어 위험에서 벗어나는 것처럼, 개구리도 전기를 지니고 있다고 생각하였던 것이다.

그러나 볼타는 갈바니 교수의 주장을 믿지 않았다. 그는 동물 체내에 전기가 있는 것이 아니라, 어딘가 다른 곳에서 전기가 오는 것이라고 생각했다. 그래서 볼타는 자신이 직접 개구리를 실험했다. 그는 실험을 통해 금속의 한쪽만 근육에 닿거나, 금속이 아닌 다른 것이 닿으면 개구리의 근육이 움직이지 않는 것을 발견하였다.

볼타는 동물의 근육 조직이 아니더라도 전류를 발생시킬 수 있다고 믿고, 그 가정을 입증하기 위해 실험을 시작했다. 그는 계속 연구 실험을 하여 마침내 성공을 거두었다.

볼타는 두 개의 다른 금속을 소금 용액 안에서 접촉시키면 전류가 흐른다는 놀라운 사실을 발견했다. 이것은 실용 배터리(전지)의 시초가 되었다. 볼타는 소금 용액이 담긴 여러 개의 그릇에 전깃줄을 담고, 하나씩 차례로 소금 용액 그릇을 연결시켰다. 그리고 전깃줄 한쪽 끝은 구리판에, 또 다른 쪽은 아연판에 연결하여 두 끝을 접촉시키면 전류가 흐르는 것을 발견했다.

그는 그것을 작은 원판으로 만들어 모양을 다듬었고, 소금 용액에 담긴 두 개의 다른 금속판을 판지 원판으로 분리시켜 세계 최초의 편리한 전류원을 만들었다. 그 전지는 나중에 볼타의 이름을 따서 '볼타 전지'라고 불리게 되었다. 볼타는 전기를 발생시키고 저장하는 전기 저장고, 즉 전지를 세계 최초로 발명함으로써 인류에 지대한 공헌을 하였다.

그의 이름을 딴 전압의 단위, 볼트(Volt)

1800년에 볼타는 영국 왕립 학회에서 이제까지의 연구 결과를 발표했다. 그리고 볼타는 그 중요한 발견은 위대한 생물학자인 갈바니의 업적에 힘입어 이루어진 것이라는 감사의 말도 잊지 않았다.

당시 프랑스의 황제 나폴레옹 2세는 나라 안의 과학, 특히 물리학 발전을 진작시키기 위해 국내 유명한 과학자들을 왕궁에 초청하여 후하게 대접하였다. 볼타는 황제와 귀족 및 과학자들이 모인 프랑스 파리 연구소에서 강연회를 가졌다. 볼타는 그의 빛나는 업적으로 수많은 갈채를 받았다. 황제 나폴레옹은 그에게 남작의 작위를 내리고 프랑스의 최고 훈장인 '레지옹 에르' 훈장을 수여했다. 유럽을 지배했던 프랑스의 황제 나폴레옹이 이탈리아의 과학자 볼타에게 분에 넘치는 존경과 상을 내린 것이다. 또한 롬바르디아 왕국은 볼타에게 백작 작위와 함께 롬바르디아 왕국의 원로원 위원 직위를 주었으며 큰 상금도 주었다.

볼타는 75세가 되어서야 교수 생활을 청산하고 고향인 코모 마을로 돌아와 편안하게 여생을 보낼 수 있었다. 그러나 볼타가 학교를 떠난 후에도 그의 후진들은 연구를 계속했다. 특히 윌리엄 니콜슨은 볼타 전기가 널리 활용되도록 노력하였으며 물이 수소와 산소로 분해될 수 있다는 발견은 전기 화학의 발전에 결정적인 기여를 하였다. 그리고 볼타 전지를 이용하여 나트륨과 칼륨을 발견하는 큰 공을 세우기도 하였다.

볼타가 얻은 최고의 명예는 전위차를 나타내는 전압의 단위를 그의 이름을 따 볼트(Volt)로 사용하게 된 것이다. 1881년 국제 전기학회는 볼타를 기념하여 전기를 일으키는 힘의 단위를 '볼트'로 명명하기로 선포했다. 볼타는 인류에게 볼타 전지를 선물하고 1827년 3월 5일 고향인 코모에서 조용히 세상을 떠났다.

종두의 발견으로 무서운 질병을 퇴치한
에드워드 제너

자연을 좋아한 청소년

에드워드 제너(Edward Jenner, 1749년 5월 17일 ~ 1823년 1월 26일)는 영국의 버클리에서 목사의 셋째 아들로 태어났다. 그는 어려서부터 생물을 관찰하는 것을 매우 좋아해서 의사가 되기 위해 열심히 공부했다. 그 당시에는 어려서부터 경험이 풍부한 의사 밑에서 수습 생활을 해야만 의과 대학에 진학하여 공부를 할 수 있었다.

에드워드 제너

제너는 런던의 존 헌터라는 유명한 의사 밑에서 공부했는데 그가 종두를 연구하게 된 재미있는 일화가 있다. 그가 헌터에게 의학을 배우러 가기 전인 1766년 그의 나이 17세에 어떤 외과 의사 밑에서 수습 생활을 하고 있었다. 마침 우유 짜는 한 여자가 진찰을 받으러 왔다. 그는 여자가 천연두 이야기가 나오자 "아 저는 절대로 천연두에 걸릴 염려가 없어요. 우두에 걸려 있으니까요."라고 하는 말을 들었다. 우두는 암소의 유방에 생기는 병으로, 소의 젖을 짜는 사람에게 잘 옮는다. 소의 젖을 짜는 그 여자는 팔과 손에 천연두의 곰보와 비슷한 사마귀 같은 종기와 부스럼이 돋아 있었다. 우두에 걸리면 죽지는 않고 가볍게 병을 앓고 일어나는데, 이상하게도 그 병을 앓고 난 사람은 천연두에 걸리지 않는다는 것이다. 그 여인이 한 말은 제너의 머릿속에 늘 새겨져 있었다.

종두의 발견

의학 공부를 마치고 고향인 버클리로 돌아온 제너는 병원을 개업하여 많은 사람을 만나게 되었다. 그는 17세에 들었던 이야기를 사람들에게 들려 주었더니 모두들 경험으로 체득하여 이미 알고 있다고 했다. 그래서 제너는 이에 더욱 깊은 관심을 가지고 차분히 연구하기 시작했다.

제너가 살고 있는 버클리 부근에는 많은 목장이 있었다. 이곳의 젖 짜는 여인들을 조사해 보았더니 손에는 우두가 걸려 있으나 얼굴이 곰보인 여인은 한 사람도 없었다. 또한 그는 우두에 걸렸던 여인들은 전염병인 천연두가 만연하여도 좀처럼 천연두에 걸리지 않는다는 사실을 알게 되었다. 그는 실험을 해 보기로 결심했다. 그는 한 소년에게 일부러 우두를 옮긴 다음, 진짜 천연두를 앓게 하는 대담하고 놀라운 실험을 시도했다.

제너는 우두에 걸린 여인의 손에서 고름을 채취한 다음 제임스 핍스라는 18살이 된 남자 아이의 팔에 상처를 내고 고름을 조금 묻혔다. 그 역사적인 실험은 1796년 5월 14일에 실시되었다. 보통 사람 같으면 이미 천연두에 걸려 병을 앓고 있어야 했지만 핍스는 아무렇지도 않았다. 우유 짜는 여인의 말이 옳았다. 제너는 확신을 더욱 굳히기 위하여 수개월 후에 또 다른 환자에게 고름을 채취하여 핍스에게 주사해 보았으나 역시 병에 걸리지 않았다. 이 실험은 한 번 우두에 걸린 사람은 천연두에 걸리지 않는다는 것을 밝힌 최초의 실험이었다.

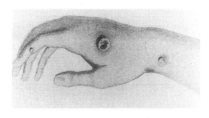

우두에 걸려 있는 젖 짜는 부인의 손목
제너는 그 부인의 손목에 있는 물집에서 최초의 백신(Vaccine)을 만들었다.

그 후 몇 해 지나지 않아서 우두의 고름을 접종하는 것을 '예방접종'이라 불렀고 수백 명의 사람들이 천연두에 대한 면역을 얻고자 접종을 받았다.

제너는 더 많은 경험을 쌓은 다음 논문을 써서 1798년에 발표하였으나 과학자들은 이를 좀처럼 믿으려 하지 않았다. 제너의 종두법은 오히려 많은 사람들로부터 공격을 받았다. 어떤 사람은 암소는 하등 동물이기 때문에 그 생명 과정은 사람과 전혀 다르다고 하였고, 신성한 인간의 몸에 짐승의 물질을 주입한다는 것은 구역질 나는 더러운 짓일 뿐만 아니

어린이에게 종두를 접종하는 제너

라 신의 섭리에 역행하는 짓이며 정상적인 자연의 진행에 뻔뻔스럽게 도전하는 행위라고까지 공박했다.

의학에 종사하는 사람들까지도 짐승의 물질을 인체에 주입하면 나중에 무서운 결과가 따라올 것이라고 경고하였다. 또 어떤 사람은 "내가 확인은 못하였지만 어떤 아이는 우두를 접종한 다음 태어날 때부터 갖고 있던 성질이 완전히 변하여 짐승같이 되었으며 황소처럼 네 발로 뛰어 다녔다."라고 거짓말을 유포했다. 그러나 이러한 웃기는 반론은 일거에 제거되었다.

제너는 이에 굴하지 않고 연구와 실험을 계속하였다. 제너의 끈질긴 연구와 노력으로 얼마 지나지 않아 종두는 인정되어 매우 좋은 성과를 거두었으며 명성도 얻었다.

다른 많은 나라에서도 인정되어 보급되었으므로 그의 위대함이 전세계에 알려지게 되었다. 네덜란드와 스위스에서는 일부 교회에서는 목사들의 설교를 통하여 모든 사람들이 종두를 맞도록 적극

권유하였고, 영국 의회에서는 제너의 위대한 공적을 높이기 위해서 큰 상을 주기로 의결하였다. 제너는 세계 여러 나라 사람들에게 생명의 은인으로 존경받게 되었다.

지석영이 우리나라에 도입한 종두법

제너의 공적은 천연두를 예방하여 그 무서운 전염병으로부터 인류를 구원한 것도 있지만 이것을 계기로 여러 가지 전염병을 예방할 수 있는 예방 접종을 발견하는 시발점이 되었다는 것에 더욱 의의가 있다.

제너의 종두법이 우리나라에 들어온 것은 종두법이 발견된 이후 반 세기 정도 지난 후였다. 지석영은 1876년(고종 13) 수신사(修信使)의 수행원으로 일본에 갔던 스승 박영선(朴永善)으로부터 《종두귀감》을 전해 받고 종두에 관심을 갖기 시작하여, 1879년 부산에 있는 제생 의원에서 종두법을 배웠다. 그리고 같은 해 겨울 충주 덕산 면에서 우리나라 최초로 종두를 실시했다. 1880년에는 수신사 김홍집(金弘集)의 수행원으로 일본에 가서 두묘(痘苗)의 제조법과 독우(犢牛)의 채장법(採漿法) 등을 배우고 귀국한 후에 서울에서 적극적으로 우두를 실시하기 시작했다.

그때까지만 해도 천연두(天然痘)는 '마마'라고 하여 어린이들을 잡아가는 무서운 병이라고 여겨졌으며 한 마을에 환자가 발생하면 무섭게 번져 수많은 어린이들이 희생되는 끔찍한 병이었다. 이처럼 천연두는 가장 무서운 전염병 중 하나였다. 천연두에 걸리면 고열이 나고 온몸에 고름이 생겨 대부분은 죽었다. 간혹 살아남는다 해도 얼굴이 패는 곰보 자국이 남아 보기 흉하였다. 이 병은 전염도 빨라 한 번 병이 돌았다 하면 수천 명이 순식간에 감염되었기 때문에 아주 무서운 병으로 알려져 왔다.

이 병은 한 번 앓고 나은 사람은 두 번 다시 걸리지 않는 것이 특징이다. 그래서 옛날 중국에서는 이 병에 걸린 사람의 고름을 젊고 건강한 사람의 콧구멍 속에 일부러 넣어 앓게 하는 일이 성행하였다. 그래서 죽는 사람은 어쩔 수 없지만 살아 남은 사람은 다시는 이 병에 걸리지 않으므로 더욱 귀중한 존재로 생각되었다.

예전에는 천연두를 '마마' 또는 '손님'이라고 하여 살아서 마마를 앓지 않으면 죽어서라도 앓기 때문에 뼈가 빨갛게 반점이 생긴다고까지 하였다.

하지만 지금은 어떠한가? 1979년 12월에 '천연두 종식' 전문가 서명을 하였고, 1980년 5월 8일에 마침내 세계 보건 기구(WHO)는 '천연두 박멸'을 선언하였다. 따라서 지구상에서 그 무서운 천연두는 이제 완전 사라졌다. 이제는 종두조차 맞을 필요가 없게 되었지만 만약 종두법이 발견되지 않았더라면 어떻게 되었을까? 에드워드 제너는 헤아릴 수 없는 인명을 죽음으로부터 구원하고 1823년 1월 26일 74세의 나이로 세상을 떠났다. 우리는 제너의 공적을 잊어서는 안 될 것이다.

증기선을 실용화하고 잠수함을 개발한
로버트 풀턴

영리하고 매력적인 소년

로버트 풀턴(Robert Fulton, 1765년 11월
14일~1815년 2월 24일)은 미국 펜실베이니
아 주의 리틀 브리튼에 있는 아담한 마을에
서 농부의 아들로 태어났다. 미남형인 풀턴은
그림에 뛰어난 재주가 있었으며 사교에 능하
고 재치도 있었다. 또한 예술에 능할 뿐만 아
니라 기계와 수학 등에도 조예가 깊었다.

로버트 풀턴

아버지를 잃은 그는 그림을 더 공부하기 위해 1787년에 고향인
펜실베이니아를 떠나 영국으로 건너갔다. 그리고 영국의 화가 위스
트 밑에서 조수로 일하면서 열심히 그림을 공부했다.

영국에서 미술 공부를 하던 풀턴은 미술보다는 과학에 더 흥미를
갖기 시작했다. 특히 시대의 변천에 민감했던 그는 그 당시 사람들
이 많이 연구하고 있던 증기 동력의 새로운 응용 방안을 연구하는

것에 관심이 많았다.

마침 그는 영국 최초의 내륙 운하 항만의 건설자인 브리지워터 공작과 과학자인 스타노프를 알게 되어 그들과 함께 운하 항해에 대하여 논의하게 되었다. 이 일이 계기가 되어 그는 운하 방식을 개량하고, 배에 동력을 이용하는 방법을 연구하기로 결심했다.

그는 수문 대신에 비탈진 면을 이용하여 크기가 다른 여러 종류의 배를 통과시킬 수 있는 운하 방식을 연구하는 데 몰두했다. 이윽고 풀턴은 1796년에 '운하 항해의 개량론'을 발표하였고 그것이 파리에 알려지자 파리에서는 그 계획을 활용하기 위해 1797년에 그를 초청하였다.

배 발달의 역사

배는 인류의 역사와 함께 시작되었다고 볼 수 있다. 원시인들은 통나무를 잡고 강을 건너가거나 통나무 여러 개를 엮어 뗏목을 만들어 타고 물고기를 잡기도 했다.

석기 시대에는 돌 도끼를 사용하여 통나무에 넓은 홈을 파서 통나무배를 만들어 사용하였는데 통나무배는 지금도 이집트의 나일 강이나 남미의 밀림 지역에서는 원주민들이 가까운 곳에 다닐 때 사용되고 있다.

나무 껍질이나 버들가지 등으로 바구니를 만들어 그 위에 말린

짐승 가죽을 씌워 만든 가죽배도 있었다. 가죽배는 가볍기 때문에 이동이 쉽고 사용하기도 편리했다. 지금도 아프리카나 남미 지역의 호수와 작은 강에서는 낚시할 때 가죽배를 사용하고 있다.

또한 아프리카에서는 갈대 다발로 엮어 만든 배로 땔감 등 필요한 물건을 운반하였다. 이처럼 배는 교통 수단으로써는 가장 일찍 발달되었다.

이집트에서 발굴된 꽃병에 그려져 있는 갈대로 만든 배의 기록이 배에 관한 기록 중 가장 오래된 것으로 알려져 있다. 이 꽃병에 그려져 있는 배에는 많은 노와 키가 그려져 있다.

처음에는 사람의 힘으로 노를 저었으나 세월이 지나면서 바람의 힘을 이용한 돛단배로 발전하였다. 약 1,000년 전에는 북유럽의 해적들이 사용한 바이킹이라는 배가 있었는데 노와 돛을 달고 대서양을 돌아다니며 다른 배를 습격하기도 하였다.

이렇듯 사람의 힘이나 바람의 힘으로 움직였던 대형 범선이 동력선으로 발전하게 된 것은 스코틀랜드의 과학자 와트가 증기 기관을 발명한 것이 계기가 되었다.

세계 최초의 잠수함

풀턴은 프랑스에서 나폴레옹을 알게 되었고 사교성이 능한 그는 쉽게 나폴레옹의 신임도 얻었다. 그 당시 프랑스와 영국은 전쟁 중이었으므로 풀턴은 군함 밑에 화약 기뢰를 장진한 원시 형태의 잠수함을 고안하게 되었다.

1801년에 풀턴은 원시 형태의 잠수함을 최초로 고안하였는데 그 배는 철로 된 골격에 구리를 입힌 배로 4명의 승무원이 물속에서 3시간 동안 머물 수 있었다. 처음으로 추진 장치로 스크루를 사용하였는데 이 스크루는 동력이 아닌 사람의 힘으로 돌려서 전진하는 것이었다. 원시 형태의 사령탑도 있는 이 잠수함을 그는 '노틸러스(Nautilus)호'라 명명하였다.

노틸러스호는 3시간 동안 잠수하는 데는 성공하였으나 수동식이었기 때문에 속도가 너무 느려 군용으로 쓰기에는 적합하지 않았다. 나폴레옹은 이 사실을 알고 크게 노하여 원조를 중단하였다고 한다.

풀턴은 때마침 프랑스 주재 미국 대사였던 리빙스턴을 알게 되었다. 리빙스턴은 증기선을 이용하는 운항 사업에 큰 관심을 가지고 있어 두 사람은 쉽게 마음이 맞았다. 풀턴은 리빙스턴이 자금을 지원하여 연구를 계속할 수 있었다.

풀턴은 와트의 증기 기관을 이용하여 증기선을 제작했다. 그는 배 옆에 외륜(물레방아)을 달고 8마력의 기관이 설치된 선체 길이 20m의 선박을 만들어 1803년에 센 강에 띄웠으나 선체가 너무 약해서 부서져 물에 가라앉고 말았다. 하지만 풀턴은 좌절하지 않았다. 그는 계속 설계를 개량하고 더욱 연구하여 새로운 선박을 만들었고, 사람을 태우고 센 강을 항해하게 되었다. 그러나 전쟁 중이었던 프랑스는 풀턴의 동력 증기선의 성공에 관심을 갖지 않았다.

증기선의 실용화시켜 여객선으로 활용

풀턴은 1806년에 고국인 미국으로 돌아와 리빙스턴의 지원을 받아 계속 증기선을 연구했다. 그리하여 1807년, 드디어 '클러몬트(Clermont)호'라는 증기선을 완성하여 허드슨 강에서 물에 띄웠다. 배는 길이가 45m, 폭이 5.5m, 굴뚝의 길이는 9m나 되는 대형 선박이었다. 굴뚝 밑에는 와트가 발명한 증기 기관이 설치되었고 배 양쪽에는 대형 외륜이 달려 있었다. 이 동력 증기선은 역사상 처음으로 영업을 시작한 여객선으로 기록되고 있다.

클러몬트(Clermont)호

풀턴은 클러몬트호가 성공하자 그것을 더욱 개량하고 연구하여 새로운 증기선을 건조하였으며 미국의 여러 강에서 배를 운행하여 많은 수익도 올렸다. 풀턴은 전쟁 기간인 1812년에서 1814년 사이 영국의 봉쇄에 맞서 뉴욕항을 방어하기 위해 역사상 최초의 증기 동력의 군함 '데모로고스(Demologos)호'를 진수했다.

위대한 미국인의 전당에 잠들다

풀턴은 어릴 적 그를 매혹시켰고 평생의 꿈이었던 잠수함의 발전과 실용화를 위하여 많은 노력과 자본을 투입하였다. 그는 미국 의회를 설득하여 증기로 추진되는 100인용 잠수함 건조에 재정 지원을 받기로 승인받았으나 결국 완성하지 못하고 1815년 50세의 젊은 나이에 폐렴으로 세상을 떠나고 말았다.

풀턴은 대형 증기선을 건조하여 사람과 짐을 운반하는 데 성공하였고 그가 고안한 원시적인 잠수함은 잠수함 발전의 터전을 마련하였다. 풀턴이 건조한 잠수함 노틸러스호는 추리 과학 소설인 《해저 2만 리》에 나오는 잠수함의 이름에 인용되기도 하였고, 최초의 원자력 잠수함에 그 이름이 붙여지기도 하였다.

풀턴의 무덤은 1900년에 걸립된 묘지 '위대한 미국인의 전당'에 옮겨져 그의 위대한 업적을 기리고 있다.

전기와 자기의 이론을 확립한
앙드레 마리 앙페르

어린 천재 소년

앙드레 마리 앙페르(André Marie Ampère, 1775년 1월 20일 ~ 1836년 6월 10일)는 프랑스 리옹에서 가까운 플레미우라는 마을에서 대마상을 하는 부유한 가정의 아들로 태어났다. 그의 아버지는 비록 상인이었으나 그 지방의 유지였으며 학식과 덕망이 있어, 아들인 앙페르를 어렸을 때부터 열심히 교육시켰다.

앙드레 마리 앙페르

앙페르의 아버지는 처음에 라틴어와 그리스어를 가르쳤으나 앙페르는 고전어보다 수학에 소질이 있어 어렸을 때부터 수학에 천재적인 두각을 나타냈다. 그의 뛰어난 기억력과 예리한 판단력은 매우 비범하여 이미 12살에 대수학과 기하학을 거의 터득하여 수학 계산에 어려움이 없을 정도였으며, 라틴어도 완전히 정복하였다.

갑자기 찾아온 불행

1789년 프랑스에서는 대혁명이 일어나 반대파에 대한 숙청이 이루어졌다. 조금이라도 왕당파에 가깝다고 인정되면 사정 없이 처형하는 공포 정치가 시작된 것이었다. 앙페르가 18세가 되던 1793년에 리옹 마을에도 숙청이 일어났다. 그들은 부유한 지방 유지였던 앙페르의 아버지도 왕당파라고 생각하여 아들인 앙페르가 보는 앞에서 아버지를 처형시켰다.

이 끔찍한 사건이 있은 후 앙페르의 가정도 몰락하기 시작했다. 그러나 앙페르의 충격과 분노는 그를 더욱 공부에 열중하게 하였다. 가정이 몰락한 후 그는 가정 교사를 하면서 공부를 계속했다.

앙페르가 충격을 받고 실의에 빠져 있을 때 그에게 희망과 용기를 주어 다시 소생케 한 사람은 그의 부인 쥘리 카롱이었다. 그들의 사랑은 남달랐다. 앙페르의 연구와 실험에는 항상 그의 사랑하는 부인 쥘리 카롱이 함께하며 뒷바라지는 물론 그에게 용기를 불어 넣었다.

앙페르의 생활은 리옹 북쪽에 있는 고등학교 교사로 부임하고부터 안정되기 시작했다. 그는 1802년에 그동안 열심히 연구한 결과를 발표했다. 그 당시 저명한 수학자였던 장 들알브르는 앙페르가 파스칼과 페르미의 연구를 기초로 하여 게임 이론과 확률의 법칙을 발표한 논문을 읽고 젊은 학자인 앙페르를 크게 칭찬하고 그를 지원해 주었다.

그러나 앙페르에게 또 다시 불행이 찾아왔다. 1803년 가장 사랑하던 그의 부인이 아들 장 자크와 자신을 남겨 두고 세상을 떠난 것이다. 그는 다시 실의에 빠져 한때는 모든 연구를 포기하려고까지 했었다. 그리고 그는 정신 없이 멍하게 종종 무엇인가를 생각하기도 했다.

아카데미 회원에 선출되다

실의에 빠져 있던 앙페르에게 길이 열리기 시작했다. 그의 능력을 높이 평가한 황제 나폴레옹이 앙페르를 불러 그를 황제가 설립한 파리 공과 대학의 교수로 임명했다. 그는 파리 공과 대학에서 수학과 역학 교수가 되어 점차 명성을 얻기 시작했다.

천재적인 두뇌를 가진 앙페르는 교수가 되면서 다시 진가를 발휘하기 시작했다. 그의 명석한 두뇌와 왕성한 연구 욕구는 변수의 계산법, 역학, 전기와 자기, 기체 이론, 분자 물리학, 지구론, 심지어는 동물 생리학 분야까지 다양하고 깊게 연구했다.

왕성하고 다양한 활동과 연구의 업적으로 그는 학자로서 최고의 명예인 과학 아카데미 회원으로 선출되었다. 훗날 그의 아들 장 자크도 아버지의 두뇌와 지구력을 닮아 사학가와 문학가로 명성을 날려 프랑스의 아카데미 회원이 되었다.

1820년 9월, 파리에 있는 프랑스 과학 아카데미에서 덴마크의 과학자 엘스텟이 전기와 자기에 관한 논문을 발표했다. 40대의 젊은 과학자 앙페르 교수는 그 강연을 열심히 청강했다. 그는 엘스텟의 논문을 흥미 있게 읽고, 그의 실험을 확인했다. 그리고 꼭 1주일 만에 앙페르는 자기 나름의 독창적인 이론과 실험을 통해 전기와 자기의 영역을 더욱 넓혔다. 그는 그동안의 연구 결과를 논문으로 발표하여 주위를 놀라게 했다.

수식으로 밝힌 전류의 세기

스웨덴의 학자 엘스텟은 전기가 흐르고 있는 전선에 가까이 가면 나침반의 바늘이 빗나가며 움직인다는 사실을 실험으로 발표하였다. 또 전류가 흐를 때 생기는 자기장의 방향과 원형을 이루는 모습을 설명하고 자기와 작용하는 전선이 항상 오른쪽으로 비뚤어진다는 사실을 밝혀냈다.

앙페르는 자신이 연구한 결과를 발표했다. 그는 전류가 같은 방향으로 흐를 때 생기는 인력과 전류가 두 전선에서 각각 반대되는 방향으로 흐를 때의 밀어내는 힘에 대해 발표하였다. 그는 전류의 세기와 두 전원 간의 거리 및 인력과 반발력 사이의 관계를 수식으로 밝혔으며 이 수식은 오늘날까지도 활용되고 있다.

또 앙페르는 자기 효과의 크기는 사용된 코일이 감긴 횟수에 따라 다르다는 것을 알아냈고 서로 반대되는 두 자극은 코일의 열려진 양쪽 끝에 생긴다는 사실도 발견했다. 자기는 자석이나 쇠막대 없이 단지 전기의 힘만으로도 발생한다는 사실을 발견하여 전기와 자기의 관계를 명확히 밝혀 주었다. 그는 또 솔레노이드를 써서 쇠바늘을 자화시켜 강력한 영구 자석을 만드는 데도 성공했다.

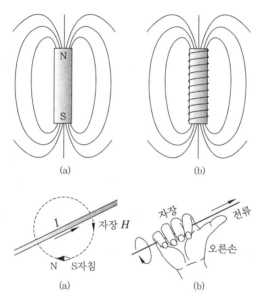

전류에 의해서 발생하는 자장(위), 자석과 전기 코일의 자력선(아래)

그의 이름을 딴 전류의 단위 '암페어'

그는 전류의 흐름에서 비롯된 다양한 발견을 정리하여 1823년에 전기와 자기에 관한 이론을 발표했다. 그 연구에서 앙페르는 영구

자석 안에 있는 자기의 존재는 분자 전류의 결과라고 설명했다. 앙페르의 독창척인 연구와 업적에 뒤이어 나온 새로운 발견과 발명은 그의 명성을 더욱 빛나게 해 주었다.

영국의 제임스 클럭 맥스웰은 두 전류 사이의 역학적 작용에 관한 앙페르의 수학적·물리학적 발견과 연구 업적은 과학 발달사에서 가장 빛나는 것 중 하나라고 극찬하였다.

앙페르의 위대한 업적을 기리기 위해 그가 세상을 떠난 지 60년 후에 후세의 과학자들은 전류의 실용적 단위를 그의 이름을 따서 '암페어'라고 명명하였고, 전류를 측정하는 데 사용되는 기구를 '암페어'라고 이름지었다.

앙페르는 부유한 가정에서 태어났으나 불행하게도 청소년 시절에 아버지가 혁명군의 단두대에서 처형되고 뒤이어 사랑하는 아내마저 세상을 떠나보낸 비운을 경험했다. 그러나 그는 비통과 외로움을 딛고 전기에 관한 수학적 이론을 정립하여 위대한 업적을 남기고 세상을 떠났다. 그래서인지 그의 묘비에는 라틴어로 '마침내 나는 행복했다.'라고 새겨져 있다.

화학 마취제를 발명한
험프리 데이비

가난한 가정에서 태어난 데이비

험프리 데이비(Sir Humphrey Davy, 1778년 12월 17일 ~ 1829년 5월 29일)는 영국 남서 해안에 있는 콘월 주의 펜잔스라는 작은 어촌에서 나무로 조각을 파는 가난한 가정의 아들로 태어났다. 그는 어려서부터 시와 미술에 소질이 있어 시인이나 미술가가 되는 것이 꿈이었다. 그러나 생활이 궁

험프리 데이비

핍한 부모는 그가 의사가 되기를 원했다. 그래서 데이비는 의학을 공부하기 위해 17세에 외과 의사 겸 약제사의 조수가 되었다.

데이비는 나이가 들어감에 따라 의학보다는 화학 분야에 더 관심을 갖기 시작했다. 그는 자기 집에 작은 실험실을 차려 놓고 닥치는 대로 실험을 하기 시작했다.

오늘날에는 의학은 고도로 발전하여 장기의 이식 수술까지 가능

하고, 절단 수술 같은 것도 마취제를 사용하여 통증 없이 수술할 수 있게 되었다. 마취를 전공한 전문 의사가 있어 환자의 환부에 따라 적절한 마취제를 사용하면 의사는 편하게 수술을 할 수 있게 된 것이다.

마취제가 발명되기 이전에는 잔인한 방법으로 수술을 했다. 수술대 위에 환자를 눕혀 밧줄로 꽁꽁 묶은 다음 한 사람은 환자의 가슴을 누르고 다른 한 사람은 환자의 다리를 붙잡아 의사가 톱이나 칼로 환부를 절단하는 동안 환자가 몸부림치지 못하게 했다.

전해 내려오는 옛날 사진들을 보면 수술대 옆 화로에는 불이 벌겋게 피어 있고 그 속에 인두가 꽂혀 있는 모습을 볼 수 있다. 벌겋게 달구어진 인두로 환부를 지져 피를 멎게 하고 세균이 침범하지 못하게 했던 것이다.

또한 아픔을 덜기 위해서 대마초나 아편 등의 마약을 사용한 기록도 있으며, 때로는 술을 환자에게 잔뜩 먹여 환자를 취하게 하여 수술했다는 기록도 있다. 그러나 이런 방법은 환자의 고통의 일부는 덜어 주었을지는 모르지만 근본적인 대책이 되지는 못했다.

18세기 말이 되면서 화학 분야가 급속히 발전함에 따라 새로운 기체가 속속 발견되기 시작했고, 이 기체들이 인간에게 어떤 영향을 미치는가에 관한 연구와 실험도 활발하게 전개되었다. 그러던 중 우연히 소기체라고 하는 웃기는 기체, 즉 아산화 질소가 발견되면서 마취제가 등장하게 되었다.

최초의 마취제 발명

18세기 말에는 화학 분야의 연구가 활발히 전개되어 기체를 다루는 기술이 급진적으로 발전했다. 그 당시 영국의 과학자 프리스틀리는 염화 수소와 암모니아 가스를 처음으로 만들었는데, 그 기체들은 코를 찌르는 고약한 냄새가 났다. 또 산소도 발견하였는데 이 기체는 냄새가 나지 않고 마시면 기분이 상쾌해진다는 것을 밝혀냈다.

새로운 기체의 발견과 아울러, 기체가 사람에게 미치는 영향에 관해서도 점차 관심이 높아지기 시작했다. 그리하여 1798년에는 다양한 기체가 환자에게 미치는 반응을 조사 연구하기 위한 연구소가 영국 보스턴에 설립되었고, 연구소의 초대 소장에 20세의 젊은 청년인 데이비가 임명되었다.

연구소의 책임자로 임명된 데이비는 여러 가지 기체의 의학적인 성질을 조사 연구하기 위해서 자기 자신이 직접 여러 종류의 기체를 들이마시는 실험을 했다. 특히 그는 아산화 질소에 대해 관심을 가지고 실험을 했다.

질소와 산소의 화합물인 아산화 질소를 마신 데이비는 그 기체가 신비의 기체인 것을 확신했다. 그는 그 기체를 마셨을 때 흐뭇한 행복감에 젖었고 웃음이 저절로 나왔으며, 나중에는 눈이 빙빙 돌고 들뜬 기분으로 의식이 몽롱해지는 것을 느꼈다.

데이비는 믿을 수 없었다. 그래서 가까운 친구들에게도 그 웃기는 기체를 마시게 하였다. 그랬더니 그들도 마찬가지로 기분이 좋아져서 실험실을 춤을 추며 돌고 흥분을 억제하지 못하고 웃고 떠들기 시작했다. 그는 이 특수 기체의 성질을 발표하여 인정을 받았고, 나중에는 이 가스가 최초의 마취제로 사용되게 되었다. 데이비는 그 업적으로 1800년에 런던 왕립 연구소의 강사로 초빙되었다.

왕립 연구소에서의 활약

왕립 연구소에 근무하는 동안 데이비는 물을 산소와 수소로 분해할 수 있는 전기 분해의 기법이 발명되었다는 소식을 들었다. 그것은 전극을 유체에 담근 후 전기를 통과시키는 방법이었다. 데이비는 물이 아닌 다른 물질도 전기를 통했을 때 분해되는지를 실험해 보았다.

19세기 초의 전기 분해 기구

데이비는 보다 강력한 전지를 만들어 광물에 대한 실험부터 했다. 먼저 수산화 칼륨에 전류를 흐르게 하였더니 금속 입자들이 나타났다. 데이비는 그것을 칼륨이라 명명했다. 그는 실험을 계속하여 소다로부터 나트륨을 분해했고, 스트론튬, 마그네슘, 칼슘, 바륨 등을 분리하는 데도 성공했다.

데이비의 가장 큰 업적은 전기 분해를 공업 공정에 적용하도록 한 것에 있었다. 이 방법은 아직도 광석에서 금속을 추출하는 데 널리 사용되고 있으며 데이비가 발견한 소다에서 나트륨을 추출하는 방법은 오늘날에도 나트륨을 분리하는 데 사용되고 있다.

광산용 램프의 발명

데이비는 광산용 램프를 발명함으로써 과학자로서 더욱 높은 평가를 받게 되었다. 1812년 지하 180m를 내려간 광산에서 폭발 사고가 발생하여 100여 명이 사망한 사고가 발생했다. 광부들이 사용하는 촛불이나 노출된 램프가 지하 깊숙한 곳에 축적되어 있는 메탄 가스의 발화원이 되어 폭발한 것이었다.

데이비는 폭발의 원인이 램프의 불 자체의 고온 때문인 것을 알아내고 램프의 불 온도가 메탄 가스의 발화점보다 낮아진다면 폭발이 일어나지 않을 것이라고 생각했다. 그는 1815년에 램프의 불꽃을 금속망으로 둘러싸 강한 열을 분산시키는 방법을 고안했다.

이 금속망을 사용하면 많은 양의 산소가 금속망을 통해 금속에 공급되어도 불꽃의 표면은 언제나 메탄 가스의 인화 온도보다 낮게 된다. '데이비의 램프'로 알려진 이 램프는 많은 광부들의 생명을 지켜 주었다. 그는 이 안전 램프를 발명하여 더욱 널리 알려지게 되었고 과학계뿐만 아니라 일반 대중에게도 극찬을 받았다.

그러나 데이비의 만년은 불행했다. 그는 연구와 실험에 몰두하여 자신의 건강 관리에는 소홀했다. 온갖 화학 약품과 가스의 맛을 보거나 냄새를 맡는 방법으로 실험을 하였기 때문에 그의 세포 조직과 장기 등이 크게 손상되었다. 그래서 그는 33세 때 이미 불구의 몸이 되었다. 그는 건강의 회복을 위해 노력하였으나, 51세의 나이에 세상을 떠나고 말았다.

전기와 자기 작용을 발견한
한스 크리스티안 외르스테드

약제사의 아들로 태어난 외르스테드

한스 크리스티안 외르스테드(Hans Christian Örsted, 1777년 8월 14일 ~ 1851년 3월 9일)는 덴마크의 랑겔란드에서 약방을 경영하는 약사의 아들로 태어났다. 외르스테드는 어려서 아버지가 경영하는 약방 일을 도우며 학교에 다녔다. 그 당시 대부분의

한스 크리스티안 외르스테드

사람들은 아버지의 사업을 돕고 그 사업과 관련된 학과를 공부하여 아버지의 사업을 물려받았지만 외르스테드는 화학보다 물리학에 흥미가 있어 물리학을 공부했다. 외르스테드는 코펜하겐 대학을 수료하고 1799년에는 칸트 철학을 전공하여 철학 박사 학위를 받았다. 그리고 1806년에는 모교인 코펜하겐 대학의 물리학 교수로 임명되어 학생들에게 물리학과 화학을 강의했다.

외르스테드의 집안은 수재 집안이었다. 외르스테드보다 한 살 아래인 동생 안데레스는 대학에서 법학을 공부하여 법무 장관을 거쳐 수상까지 지냈다. 그러나 오늘날 수상을 역임한 안데레스를 기억하는 사람은 거의 없다. 반대로 과학자인 그의 형 외르스테드의 이름은 덴마크의 국민이면 모르는 사람이 없고, 전 세계의 과학자들도 모르는 사람이 없을 정도이다. 세상이 끝나는 날까지 그의 이름은 영원히 기억될 것이다.

어느 날 실험하다 깜짝 놀라다

외르스테드가 우연한 실험을 통해서 새로운 발견을 하게 된 것은 그 이전의 많은 과학자들이 연구한 업적이 있었기 때문이다. 당시 볼타는 전지를 발명하였고, 데이비는 1807년에 전지로 화학 물질을 분해하여 처음으로 금속 나트륨을 얻어냈다. 이를 계기로 과학자들은 전류가 여러 물질에 미치는 화학 작용에 관심을 갖기 시작했다. 물리학 교수인 외르스테드 역시 1820년 4월 21일 코펜하겐 대학에서 정전기의 실험을 하면서 볼타 전지의 양극에 긴 선을 연결해서 사용하고 있었다.

그는 전지가 작용하고 있는 곳에 나침판의 자침과 평행하게 도선을 놓고 전류가 통하도록 전지에 연결된 스위치를 누르면 자침이 빙 돌아서 도선과 직각이 되는 방향을 가리키는 것을 발견했다. 그는 뜻밖의 현상에 깜짝 놀랐다. 강의가 끝난 뒤에도 외르스테드는 그 실험을 계속했다. 그는 실험을 하면 할수록 이 현상에 더욱 흥미를 느꼈다.

외르스테드는 전압이 약한 전지 측으로는 실험을 효과적으로 할 수 없었기 때문에 전지를 직렬로 연결하여 전압을 높여서 실험을 하였다.

외르스테드는 실험을 계속하여 새로운 사실을 발견했다. 전류가 같은 방향으로 흐른다하더라도 자침을 도선의 다른 쪽에 놓았을 때는 자침이 움직이는 방향이 다르다는 것을 발견했다.

외르스테드는 1820년에 실험한 결과를 정리하여 '자기와 전기에 대한 실험'이라는 연구 보고서를 발표했다. 외르스테드의 보고서는 베를린에서 라틴어로 출판되었으며, 출판과 동시에 큰 호응을 얻어 다양한 언어로 번역되어 보급되었고 세계 곳곳에서 발행되는 과학 잡지에도 게재되었다.

그 전까지는 자기와 전기는 전혀 다른 것으로 생각되어 자기란 단지 남극과 북극의 자극만 있는 것이라고 생각했었다. 그 당시 프랑스의 과학자 쿨롱은 자석은 전기와 상호작용할 수 없는 것이라고 주장하였다. 쿨롱은 프랑스의 물리학자로서 전기와 자석과의 관계에 있어 쿨롱의 법칙을 발견한 과학자였다. 그러나 외르스테드의 실험을 통해서 전기와 자기 사이에 어떤 관련이 있다는 것이 증명됨으로써 쿨롱의 이론이 틀렸다는 사실이 드러났다.

전기 시대를 열다

외르스테드의 실험은 전기와 자기 사이의 관련 현상을 밝혀냄으로써 이제껏 전기의 화학 작용만을 연구해 오던 과학자들이 전기의 물리적 작용에 큰 관심을 갖게 하였다. 그리하여 프랑스의 과학자 아라고(Arago)는 전류가 흐르는 도선은 가까이에 있는 자성체를 끌어당기는 힘을 가진다는 사실을 발견했고 도선에 전류를 통하게 하면 도선 위에 걸쳐 놓은 금속 바늘이 자성을 띠게 되고 자성을 갖게 된 금속 바늘은 쇠 부스러기를 잡아당긴다는 사실을 증명해 보여 주었다. 또 이와 같은 실험은 험프리 데이비에 의해서도 독립적으로 발견되어 발표되었다.

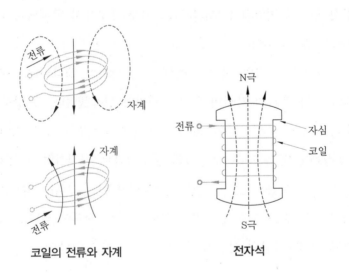

코일의 전류와 자계   전자석

그리고 전선 위에 걸쳐 놓은 쇳조각은 전류가 통했을 때 자기를 띠다가 전류를 끊으면 자기를 잃어버린다. 또 자기를 띤 금속 바늘을 전류가 흐르는 나선형 코일 가운데 놓았을 때 금속 바늘은 코일 속에서 이리저리 움직이기 시작했다. 이 사실은 전동기의 발명에 응용되어 산업 발전의 기틀이 되었다.

산업과 과학 발전의 토대를 세우다

움직이는 자석은 도선을 감은 코일에 전류를 유도한다는 사실이 발견됨으로써 전기 발전에 이용되는 계기가 되었다. 결과적으로 외르스테드가 발견한 전기의 자기 작용은 전자석과 전기 모터 발전기의 발명으로 이어졌으며 전기 통신의 실현에도 결정적인 영향을 미쳤다. 이처럼 전기의 자기 작용에 대한 외르스테드의 발견은 증기 기관의 발명과 함께 산업과 과학 발전에 크게 공헌한 것이었다. 외르스테드가 발견한 전기와 자기의 상호 관계는 전기에 관한 모든 현상의 기초가 되는 전자기학과 전기 역학의 기초가 되었으며 산업과 과학 발전의 토대가 되었다.

과학자 패러데이도 "외르스테드의 발견은 이제까지 캄캄했던 과학의 한 분야에 문을 활짝 열었다."라고 말하며 찬양을 아끼지 않았다. 이것은 외르스테드의 무한한 노력과 실험의 결실이지만, 사실 발견의 직접 계기가 된 것은 우연히 학생들 앞에서 한 실험이었다.

외르스테드는 이 밖에도 그가 연구한 물리학을 총정리하여 《역학요람》이라는 책을 출판하였고 최초로 금속 알루미늄을 만들기도 하였다. 그는 물리학 분야 외에도 화학 철학, 형이상학, 윤리학 등 여러 분야에 걸쳐 폭넓은 연구를 했다.

1850년 외르스테드는 덴마크의 추밀원 고문관으로 임명되었으나 다음 해인 1851년 3월 9일에 코펜하겐에서 74세의 나이로 조용히 세상을 떠났다. 그는 세상을 떠났지만 그의 위대한 발명 발견의 업적은 길이 남을 것이다.

사진기를 발명한
루이 자크 망데 다게르

카메라의 아버지

"말과 글은 달라도 사진을 보면 그 내용을 대략 알 수 있다. 그래서 사진은 세계의 공통어다."라고 말하는 사람도 있다.

사람들은 기쁘거나 슬프거나 감격스러운 일이 생겼을 때에 그 일을 오래도록 간직하고 싶어 한다. 또한 기억 나지 않는 자신의 어린 시절의 모습을 사진을 통해 보고 감격

루이 자크 망데 다게르

하기도 한다. 세계 여러 곳에서 일어나는 사건이나 중요 행사들을 가만히 앉아서 사진으로 생생하게 볼 수 있어 사진의 고마움을 새삼 느끼기도 한다. 요즘에는 사진 기술이 발달하여 거의 그대로의 모습을 볼 수 있으며, 즉석에서 사진을 현상하여 볼 수도 있다.

하지만 신문과 잡지는 물론 우리 생활에 꼭 필요한 사진술이 언제 누구에 의해 발명되었는지 그 내력을 아는 사람은 별로 없는 것 같다.

무대를 장식하는 특수 화가

루이 자크 망데 다게르(Louis Jacques Mandé Daguerre, 1789~1851)는 원래 프랑스의 유명한 화가였다. 화가 중에서도 극장 무대를 장식하거나 배경에 색칠을 하는 풍경화 등을 그리는 특수 화가였다.

다게르는 투명한 화면에 풍경화를 그려 관중에게 보여 주는 투시화를 즐겨 그렸다. 빛의 성질을 교묘하게 이용하여 한 장면의 풍경화를 다양한 모습으로 보이게 하는 것이 그의 장기였다.

그는 반투명한 그림 뒤에서 빛을 비추거나 빨강, 파랑, 노랑 등의 조명을 바꿔 비추어 한 가지 풍경화를 다양한 다른 풍경화로 보이게 하였다. 그 기법은 무대 장치로써는 수명이 짧았지만 입체 효과를 재현하려는 미술관에서는 오랜 세월 동안 활용되었다.

좋은 풍경화를 그리기 위해서는 자연 그대로의 실물 풍경을 많이 그려야 했기 때문에 그는 아름다운 풍경을 찾아 자주 야외로 나갔다. 다게르는 야외 풍경화를 그릴 때 카메라 옵스큐라(어두운 방의 한쪽 벽에 구멍을 뚫고 여기서 들어온 빛이 반대편 벽에 상을 맺어 바깥의 풍경을 그대로 보여 주는 암막 상자)를 사용하였다. 그는 종종 카메라 옵스큐라에 나타난 아름다운 자연의 풍경을 그대로 고정하여 종이 위에 현상할 수 있었으면 하는 간절한 마음을 가졌다.

사진술 개발에 몰두하다

다게르가 사진술 개발에 몰두하고 있을 때, 같은 연구를 열심히 하는 사람이 있었다. 독일의 과학자 슐체 박사인데, 그는 어두운 곳에서 분필 가루와 질산 용액을 섞어 유리병에 넣고, 병 바깥쪽에 글자나 물체 모양을 본떠 종이 위에 붙인 후에 얼마간 햇볕에 쪼인 다음 종이를 떼어 보았다. 그 결과 종이를 붙였던 곳만 희고 그 밖의 부분은 모두 까맣게 변한 것을 발견했다. 사진을 연구하는 여러 발명가들은 슐체의 실험 결과를 간과하지 않았고, 얼마 후에는 사진 발명에 처음으로 성공한 사람이 나타났다. 그는 프랑스 사람인 조제프 니엡스(Joseph Niepce)였다.

1822년 니엡스는 은으로 도금한 금속판에 헬리오그래피를 칠해서 세계에서 처음으로 지워지지 않는 사진을 찍는 데 성공하였다. 그러나 햇볕에 굳어지는 시간이 오래 걸리는 헬리오그래피를 사용해서 사진을 찍기 위해서는 노출 시간이 무려 8시간 이상 필요했다. 다게르는 재빨리 니엡스에게 편지를 보내 공동 연구를 제안했다. 니엡스는 다게르가 유명한 특수 화가임을 이미 알고 있었기 때문에 흔쾌히 승낙했다.

8시간 이상 걸리는 노출 시간을 단축시키는 것이 공동 연구의 과제였다. 그러나 불행하게도 함께 연구를 시작한 지 4년 만에 니엡스는 세상을 떠나고 말았다. 혼자 남은 다게르는 포기하지 않고 니엡스와 함께 연구하던 사진 기술을 계속 연구했다. 하늘은 스스로 돕는 자를 돕는다는 격언이 있듯이 노력하는 다게르에게 행운이 오고 있었다.

1837년 다게르가 50세가 되던 해, 어느 날이었다. 다게르는 실험하던 책상 서랍을 열다가 깜짝 놀랐다. 책상 서랍 속에는 수은이 든 조그만 병밖에 없었는데 은판에 상이 찍혀져 있었다. 그는 그것은 수은의 증기가 은판에 작용하여 상이 나타난 것임에 틀림없다고 생각했다. 이때부터 그의 연구는 급속도로 진척되었다.

드디어 그는 세계에서 처음으로 눈에 보이지 않는 은판의 상을 수은 증기을 사용하여 나타나게 하였고, 또 상이 지워지지 않는 방법을 발명했다. 다게르는 드디어 "해냈다!"라고 소리쳤다. 그리고 그는 즉시 특허를 신청했다.

다게르는 아주 우연히 수은 증기가 상을 현상하는 데 결정적인 역할을 한다는 것을 알아낸 것이다. 그리고 그는 더욱 연구하여 티오황산나트륨의 진한 용액에 노출되지 않는 은을 씻어 내어 고정할 수 있다는 것도 발견하게 되었다. 은판 사진술의 발명으로 상은 아주 섬세하고 명료해졌으며 노출 시간도 20~30분으로 단축되었다.

정부에서 종신 연금을 지급

  1839년 프랑스 정부는 그의 발명 업적을 높이 찬양하여 종신 연금을 지급하기로 하였다. 그러나 다게르는 이미 고인이 된 니엡스와의 공동 연구의 결과였다는 것을 정부에 간청하여 니엡스의 후손도 연금의 혜택을 받도록 하였다.

  1839년 8월 어느 날 프랑스의 과학 학사원과 예술원의 합동 회의에서 그는 사진 기술 발명에 대해 설명하며 시범을 보였다. 그는 "은판을 닦아서 요오드의 증기를 쏘인다. 그러면 은판 표면에 요오드의 얇은 막이 생기게 된다. 그 후 은판을 사진기의 상이 있는 곳에 약 20분간 놓아 두면 눈에는 보이지 않지만 은판에 상이 찍히게 된다. 그리고 수은의 증기를 사용하면 명확한 상이 나타나게 된다."라고 설명했다.

스튜디오에서 오랫동안 표준형으로 군림한
1840년에 만든 다게르의 카메라

그 후 몇 해 동안 용액의 감도가 높아짐에 따라 사진 기술은 더욱 발전하였고 카메라의 렌즈도 개량되었다. 노출 시간도 20분에서 30초 이내로 단축되면서 더욱 널리 활용되며 보급되었다.

그러나 은판 사진 기술을 실용화 하는데는 몇 가지 결점이 있었다. 한 번의 노출에 하나의 금속판을 사용해야 하기 때문에 사진 값이 매우 비싸다는 것이었다. 그리고 은판 사진 기술은 실제의 대상물에서만 상이 만들어지고 은판 하나에 하나의 상만 만들어지기 때문에 재생이나 복사가 되지 않는다는 결점이 있었다.

그러던 중 1850년에 영국의 발명가 텔봇이 음상에서 양상을 얻는 비교적 융통성 있는 방식을 발명하면서 급진적으로 사진 기술이 발전하게 되었다. 또 은판이나 종이뿐만 아니라 셀룰로이드로 만든 필름이 개발되어 오늘날에는 우리의 모습과 자연을 그대로 컬러로 찍어 보관할 수 있게 되었다.

이제 현대인에게 카메라는 안경이나 시계처럼 중요한 필수품 중 하나이다. 카메라만큼 생활 속에 깊숙이 들어와서 특별한 의미를 부여 받는 기계는 없을 것이다. 사진을 보고 과거를 회상하거나 감격스러운 장면을 담아 기뻐할 때, 한 평생 사진 기술을 노심초사 연구한 프랑스의 발명가 다게르를 잊어서는 안 될 것이다.

전자기 유도 현상을 발견한
마이클 패러데이

책 읽기를 즐긴 청소년 시절

런던 외각의 어느 조그마한 제본소의 한 모퉁이에서 이미 오래 전에 일을 끝낸 마이클 패러데이(Michael Faraday, 1791년 9월 22일~1867년 8월 25일)는 시간 가는 줄 모르고 독서에 열중하였다. 패러데이는 영국 런던에 인접해 있는 조그마한 노잉턴 시골 마을에서 대장장이의 4명의 자녀 중 셋째 아들로 태어났다.

마이클 패러데이

그 당시는 증기 기관차가 발명된 후여서 말(馬)을 이용하는 사람이 급격히 줄어들어 말발굽 주문이 줄어들었기 때문에 그의 대장간 수입도 갈수록 적어졌다. 가난한 집안에서 태어난 패러데이는 어릴 때부터 고용살이를 할 수밖에 없었다. 패러데이는 처음에는 문방구의 심부름꾼으로 들어갔다. 늘 명랑하고 부지런하였으며 매우 총명하였던 그는 곧 주인의 눈에 들어 서점에서 경영하는 제본소의 견습공으로 일하게 되었다. 제본소는 많은 종류의 책을 제본하였기 때문에 책 읽기를 즐기는 패러데이에게는 절호의 기회였다.

패러데이는 틈틈이 제본소의 구석에 앉아 닥치는 대로 책을 읽었다. 공장의 일이 끝나고나서도 다른 동료들은 집으로 돌아갔지만 패러데이만은 피곤함을 잊은 채 공장에 남아 책을 읽었다.

그리고 집에 가서는 전기의 실험이나 화학 실험을 계속하였다. 패러데이가 읽은 책은 주로 마아셋 부인이 지은 《화학의 대화》라든지 브리태니커 대백과사전의 전기에 관한 부분이었다. 그는 책을 읽는 것에서 끝나는 것이 아니라 그 내용을 옮겨 쓰기도 하고 얼마 안 되는 주머니를 털어 재료를 구입해 실험을 하기도 했다.

그 무렵에 과학자 타이탐 교수의 자연 과학 이야기를 회비 1실링으로 들을 수 있게 되었다. 패러데이는 주인의 허락을 받고 회비를 준비하여 강의를 들어 전기와 기계에 관한 지식을 배웠다. 더욱이 그는 그곳에서 좋은 친구를 많이 사귀게 된 것을 큰 기쁨으로 생각했다.

패러데이는 주인의 소개로 왕립 연구소의 수강생으로 가게 되었다. 왕립 연구소는 1800년에 과학 연구를 위해서 세계에서 가장 유명한 학자들이 모여 가난한 사람들의 생활 개선이라든가 요리법, 난방법 같은 것을 연구하는 곳이었다.

왕립 연구소의 조수로 발탁되다

페러데이는 왕립 연구소에서 책 《화학의 요소》의 저자로 유명한 데이비 교수의 화학 강의를 듣게 되었다. 그는 그 무렵 전에 근무하던 제본소를 그만 두고 다른 제책소로 옮겨 일을 하게 되었는데 새 주인은 먼저 주인과는 판이하게 달라 자유도 주지 않았고 쉴 틈도 없었다. 패러데이는 다시 다른 직장으로 옮기기로 마음 먹고 이곳저곳을 찾아다니며 직장을 구해 보았으나 신통한 자리가 없었다.

패러데이는 데이비 교수에게 장문의 편지를 띄웠다. 마침 데이비 교수실의 조수가 일을 그만 두게 되어 패러데이는 그의 조수로 들어가 연구를 돕게 되었다. 이것은 패러데이에게 절호의 기회였다. 패러데이의 기쁨은 이루 말할 수가 없었다. 항상 강의와 실험 준비에 빈틈이 없도록 하였다. 그리고 실험 기구와 기계 등을 철저하게 손질하였고 손에 상처를 입으면서도 화학 실험을 하였으며 틈만 있으면 책을 읽었다.

그 후 1813년 10월에 데이비 교수가 유럽 여행을 떠날 때 패러데이도 조수로서 그를 수행하게 되었다. 그는 프랑스, 이탈리아, 스위스를 돌면서 외국의 학문의 모습과 발전상을 보게 되었고, 많은 과학자와 대화도 나눌 수 있었다.

여행에서 돌아온 패러데이는 여행의 충격과 흥분으로 가득 차 있었다. 패러데이는 데이비 교수의 연구를 돕는 한편 자기 연구에도 몰두하였다. 그리고 데이비 교수로부터 연구 과제를 받아 최초의 연구 발표회도 가졌다. 생석회 분석이라든가 특수 강의 연구, 염소와 액화 벤젠의 발견 등에 대한 것이었다. 그는 1825년에 왕립 연구소의 실험실 주임이 되었으며 알기 쉬운 공개 강의에 강사로서 강의도 하게 되었다. 패러데이는 샌더매니언 집회의 회원이 되었으며, 자신보다 아홉 살이 어린 소녀와 결혼했다.

전자기 유도의 법칙을 발견

패러데이는 처음에는 화학 연구에 몰두하였으나 차츰 전기 분야에 관심을 갖고 연구하기 시작하였다. 1820년에 덴마크의 엘스뎃이라는 학자가 전기가 흐르고 있는 철사 가까이에서는 자침이 붙는다는 것을 발표하였고 프랑스의 암페르라는 학자는 전기가 흐르고 있는 2개의 철사 사이에는 힘이 작용한다는 것을 발표하였다. 패러데이는 이 이론을 토대로 전기와 자기에 대해서 골똘히 연구하여 1831년에 '전자기 유도(電磁氣誘導)'를 발견하였다.

패러데이는 철선을 여러 겹으로 감은 고리 양쪽에 절연된 철사를 감은 다음 그 한쪽을 전류계에, 다른 한쪽을 전지에 연결하였다. 그 결과 전지 쪽을 연결하는 순간 또는 전지에서 떼는 순간에 바늘이 움직이는 것을 발견했다. 다시 말해서 직접 전지에 연결되어 있지 않은 쪽의 철사에 전류가 흐른다는 것을 발견한 것이었다. 이것이 유도 전류이다.

패러데이는 이 현상을 더욱 다양하게 조사하여 자석으로도 유도 전류가 일어난다는 것을 발견하였다. 이것들은 똑같은 원리가 작용하는 지배되는 것임을 확신하고 합리적으로 내용을 정리하였다. 그는 이것을 '자장(磁場)의 변화가 있으면 유도 전류가 일어난다.'라고 표현하였다. 이것이 '전자기 유도의 법칙'이다. 이 원리는 전기 모터(전기 발전기), 변압기에 응용되어 우리 생활에서 다양하게 사용되고 있다.

전기 분해의 법칙을 발견

패러데이는 또 전기 분해의 이론을 연구하였다. 그는 일정한 전기량에 의해서 분해되는 물질의 양은 그 물질의 당량(當量)에 비례한다는 법칙을 발견하였다. 이 외에도 그는 다양한 실험 및 연구를 하여 '패러데이 효과, 반자성, 복빙(復氷)의 현상' 등 헤아릴 수 없는 다양한 업적을 이루었다.

패러데이는 드디어 과학자로서 최고의 영예인 왕립 학회의 회원이 되었다. 이로 인해 그는 여유 있는 생활도 할 수 있었으며 어떠한 제약도 받지 않고 마음대로 실험도 할 수 있었다. 그가 왕립 학회 회원이 된 후 처음 연구한 것은 가스등이었다. 가스를 가열하고 증발시켜 벤젠을 만들고, 다시 기체화시켜 유리 안에서 빛을 내는 가스등을 발명하여 영국을 광명의 나라로 만들었다.

패러데이의 연구는 화학에 관한 것도 있었지만 전기와 자기에 관한 것이 대부분을 차지하고 있었다. 그의 연구로 전기와 자기 분야의 학문은 크게 발전하였다. 그는 실험을 통해 연구를 해나갔는데 여러 가지 연구와 실험은 단편적으로 끝나는 것이 아니라 서로 관련을 가지고 있었다. 맥스웰이 후에 이것을 수학적으로 정리하여 오늘날의 전자기(電磁氣)의 학문의 기초를 세웠다.

왕립 연구소의 패러데이 연구 실험실

그는 대학 교수로 초빙되기도 했으나 사양하고 계속 왕립 연구소에서 연구에 몰두하였고, 왕립 학회로부터 회장으로 추대받았으나 정중하게 사양했다. 그러한 지위와 명예는 그의 연구에 아무런 도움도 되지 않는다는 것이 사양의 이유였다. 그는 다만 평범한 학자로서 연구에 열중하고 싶어했다. 만년에 패러데이는 빅토리아 여왕으로부터 아름다운 정원이 있는 집 한 채를 하사 받았다. 그는 71세 되는 해에 기억력과 정신력이 쇠약해져 모든 공직에서 물러났

다. 물론 한 평생 몸담아 연구를 해 왔던 왕립 연구소의 정식 회원
직도 사임했다.

대장장이의 셋째 아들이었던 그는 놀랄 만큼의 많은 귀중한 발견
의 결과를 세상 사람들에게 남겨 주었다. 패러데이는 76세 되던 해
인 1867년 8월 25일에 숲속의 아늑한 집에서 세상을 떠났다.

전신기의 발명으로 통신 수단을 개척한
새뮤얼 핀리 브리즈 모스

초상화의 대가로 알려진 모스

새뮤얼 핀리 브리즈 모스(Samuel Finley
Breese Morse, 1791년 4월 27일 ~ 1872
년 4월 2일)는 미국 매사추세츠 주의 찰
스 타운에서 캘빈교의 목사이며 명성 높
은 지리학자의 아들로 태어났다. 그는
1810년에 예일 대학에서 물리와 화학을
공부했지만 젊은 시절에는 그림에 소질을
보였다.

새뮤얼 핀리 브리즈 모스

모스는 20세가 되던 해에 영국으로 건너가 그림 공부를 하고 4년
뒤에 귀국하여 초상화를 그렸다. 프랑스 라파에트 후작과 발명가
엘리 윗트니의 초상화를 그리기도 하면서 미국 미술사상 가장 유명
한 초상화가로도 기록되어 있다.

그는 그림에 관한 새로운 정보도 얻고 미술품을 감상하기 위해 두

번째 유럽 여행을 떠났다. 그리고 1832년 귀국하기 위해 프랑스에서 미국행 여객선을 탔다. 그 배에서 우연히 어느 의사의 여행담을 엿듣게 되었다. 의사는 프랑스 여행 중에 직접 목격한 것이라면서 전자기 개발에 관한 이야기를 재미있게 설명하는 것이었다. 그 당시의 여행은 오늘날의 여행과는 달리 항해에 많은 시일이 걸렸으므로 항해하는 동안 여러 승객들은 서로 잡담도 나누며 지루함을 잊었다.

전기에 관해 남다른 호기심을 가지고 있던 모스에게 전자기 실험에 관한 이야기는 큰 흥미와 호기심을 자아냈다. 그는 의사의 목격담에 크게 감동하여 장차 전신기를 연구하여 인류에 크게 공헌하는 발명가가 되겠다고 결심했다.

전신기 발명의 역사

1824년에 러시아의 외교관이었던 실링은 전류에 의해서 자침이 움직이는 원리를 이용하여 전신기를 고안했다. 그가 고안한 전신기는 5개의 자침으로 신호가 전달되도록 되어 있었다. 전류가 전달되면 전류의 방향에 따라 오른쪽 또는 왼쪽으로 움직였다. 그래서 이 5개의 자침의 움직임을 조합하여 알파벳을 나타내게 하여 신호를 보내는 것으로 만들었다. 또 1833년에는 독일 괴팅겐 대학의 수학자 가우스와 물리학자 베버도 같은 원리를 응용하여 실험을 하였다. 그러나 실링과 가우스 베버 등의 전신기는 신호를 정확하게 보내고 받는 기능이 미흡하여 실용화되지는 못했다.

1838년에 가우스의 제자인 시타인하일은 스승인 가우스가 고안한 전신기를 개량했다. 가우스의 전신기는 전류가 송신기와 수신기 사이를 왔다갔다 함으로써 2개의 전선이 필요하였으나 시타인하일은 접지를 이용하면 한 개의 전선으로도 가능한 것을 발명하였고 또 지침이 흔들리는 횟수를 기호로 하여 신호를 보내는 장치를 고안했다. 시타인하일은 자침이 종이테이프 위에 점을 찍어서 신호를 전달하고 식별할 수 있는 인쇄식 전신을 처음으로 완성하였다.

전신기 연구를 시작하다

항해 중에 전신에 대한 이야기를 듣고 전신기를 발명해야겠다고 결심한 모스는 미국으로 돌아온 후 화가로서의 창작 활동을 계속하는 한편 전신기를 연구하기 시작했다. 그러나 그는 유럽의 과학자들이 생각한 것과는 다른 원리로 움직이는 전신기를 구상했다. 뉴욕 대학에 재직하는 동안 전기의 권위자인 게일 교수를 알게 되었고 게일 교수를 통하여 미국에서 저명한 과학자 헨리를 소개 받아 전기에 관한 실험 등 여러 가지 도움을 받았다.

헨리는 강력한 전자석을 발명한 저명한 학자로, 전신에 관해서도 연구하는 중에 있었다. 그는 모스가 전신기에 대하여 연구한다는 말을 듣자 서슴지 않고 자기의 연구 결과를 자세히 알려 주었다. 모스는 헨리의 도움을 받아 전류를 끊었다 흘렸다 할 수 있고, 전류를 멀리 보낼 수 있는 릴레이식 장치를 발명했다.

그리고 1838년에는 '톤(•)'과 '스(—)'의 신호를 보내는 방법을 고안하여 전신기를 더욱 개량 발전시켰다. 그는 이 부호를 모스 부호라고 명명했다.

모스의 전신기

모스의 이 두 가지 발명은 이전에는 없었던 훌륭한 발명이었다. 모스의 전신기는 자침 대신 전자석을 사용하였고, 신호는 멀리까지 ' • '과 '—'의 부호로 전달되는 것이었다. 그의 발명은 곧 특허를 취득했다. 그리고 16km나 되는 먼 거리까지 전선을 가설하여 대통령을 비롯한 국회 의원들과 과학자들이 지켜 보는 가운데 실험했다.

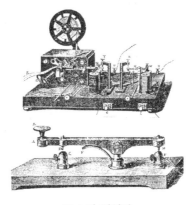

모스의 전신기

그는 정부로부터 3만 달러의 지원을 받아 전신기의 최종 시험까지 마친 다음 드디어 1844년 5월 24일 볼티모어에서 워싱턴까지 약 60km의 거리에 전선을 가설하고 역사적인 개통식을 가졌다. 그는 많은 사람들은 환성을 들으면서 '하나님이 무엇을 만드셨는가?'라는 내용의 첫 번째 전보를 보냈다. 주위의 사람들은 만세를 부르면서 극찬하였다.

전신 회사를 설립하다

전신기에 대한 뉴스는 즉각 국내는 물론 전 세계로 보도되어 그는 하루아침에 유명인이 되었다. 그는 많은 자본가들의 투자를 받아 전신 회사를 설립했고, 모스 회사의 새 제품은 미국은 물론 영국, 프랑스, 독일 등 유럽 각국에 셀 수 없이 많은 양이 팔려 회사는 큰 규모로 성장하였고 모스는 일약 부자가 되었다.

모스는 만년에 자선 사업에도 공헌하였고, 교육 사업에도 많은 투자를 하여 명성을 떨쳤다. 그리고 그의 이름을 본떠 명명된 전신 방식은 전 세계 사람들의 입이 되고 귀가 되었다. 모스가 1837년에 만든 전신기는 워싱턴 D.C에 있는 미국 국립 역사 기술 박물관에 보존되어 있다.

현대 실험 생리학의 창시자
클로드 베르나르

풍부한 상상력을 타고난 베르나르

클로드 베르나르(Claude Bernard, 1813
년 7월 12일~1878년 2월 10일)는 프랑스
의 셍 줄리앙이라는 작은 마을에서 포도주
를 생산하는 농민의 아들로 태어났다. 그러
나 그의 가정은 매우 불운하여 중도에 학교
를 그만 두어야만 했다. 그래서 그는 리옹의
약국에서 약제사의 조수로 일하게 되었으며
온갖 힘들고 지저분한 일을 도맡아 하였다.

클로드 베르나르

베르나르는 수의(동물 의학) 학교에 심부름을 다니면서 가축을
해부하고 수술을 하는 장면을 자주 목격했다. 그때마다 그는 열심
히 보고, 돌아와서 본 것을 기록하고 그에 대해 토론도 하였다.

그러나 베르나르가 관심을 가진 분야는 동물 해부가 아니라 연극
이었다. 그는 저녁이 되면 극장으로 달려가곤 하였다. 선천적으로

풍부한 상상력을 지닌 베르나르는 연극에 심취하여 극작가가 되려고 다짐했다. 그는 밤마다 글을 쓰느라 밤을 자주 설쳤다. 그는 결국 단편 희곡 작품을 완성했고 지방 극장에서 공연을 하여 어느 정도의 성공도 거두었다. 이에 힘을 얻은 베르나르는 약제사 조수직을 그만 두고 본격적으로 희곡을 쓰기로 결심했다.

그가 21살이 되던 해였다. 그는 노심초사 끝에 장편 희곡 작품을 완성한 다음 부푼 희망을 가지고 파리행 열차를 탔다. 그는 유명한 배우가 혜성처럼 나타난 젊은 극작가 베르나르를 소개하는 황홀한 광경과 이에 열광하는 관중들의 모습을 꿈꾸며 소르본느 대학의 유명한 연극 평론가 생 마르크 지라르뎅 교수를 찾아갔다.

그는 어떤 때는 밤을 새우며 또 어떤 때는 밥 먹는 것까지 잊으며 혼신을 다하여 쓴 작품을 흥분된 마음으로 생 마르크 지라르뎅 교수 앞에 내 놓았다.

교수의 충고를 받고 약학과에 입학

결과는 충격적이었다. 베르나르는 땅이 꺼지는 듯한 좌절감과 실망을 안고 돌아서야만 했다. 작품을 받아 검토해 본 평론가 지라르뎅 교수는 "그동안 고생이 많았네. 그러나 미안하네, 이 작품은 문학적으로나 예술적으로 좋게 평가할 수 없네! 전에 약사 밑에서 일을 했었다니 얻은 바가 많았을 걸로 믿네. 그러니 약학을 공부하는 편이 좋겠어. 그리고 글은 약학을 공부하면서 시간 나는 대로 틈틈이 쓰는 것이 좋겠네."라고 충고했다. 베르나르는 자존심을 버리고 지라르뎅 교수의 충고를 받아 들여 파리에 있는 콜레즈 드 프랑스 대학의 약학과에 입학하여 열심히 공부하기 시작했다.

그러던 어느 날 그는 콜레즈 드 프랑스 대학의 유명한 마장디 생리학 교수의 강의를 듣고 감명을 받고 삶이 바뀌게 되었다. 마장디 교수는 베르나르를 보는 순간 자신을 이을 제자가 될 것이라고 생각했고, 베르나르를 자신의 실무 조수로 일할 수 있도록 하였다. 마장디 교수는 아무런 기초도 없는 학생들에게 이론만을 주입하는 교육을 하지 않고 실험 위주의 교육을 해야 한다고 주장하면서 의과 대학에 실험실을 설치하여 교육의 일대 변혁을 시도하였다.

콜레즈 드 프랑스 대학의 실험실에서 실험을 하는 베르나르

마장디 교수의 교수법은 첫째 실험의 각 단계는 신중히 계획되어야 하고, 둘째 관찰하는 것은 꼼꼼하고 정확하게 기록해야 하며, 셋째 결론은 사실적인 결과에 근거해서 명확히 해야 한다는 것이

핵심이었다. 베르나르는 그 교수법에 곧 적응하여 마장디 교수를 열심히 보좌했고 자신도 실험을 겸한 연구에 몰두했다.

실험 생리학의 연구 논문 쏟아져 나와

베르나르는 여러 가지 생리학 실험에 탁월한 솜씨를 발휘하여 마장디 교수로부터 두터운 신임을 받았다. 1843년에는 그 노력이 결실을 맺어 처음으로 한 편의 연구 논문을 발표하여 주위를 놀라게 했다.

그의 논문은 안면 신경과 맛과 소화액에 대한 상관 관계를 연구한 것이었는데 치밀하고 섬세한 관찰과 해부, 그리고 발표력에 이르기까지 그의 실험 능력에 동료들은 물론 교수들까지 감탄하였다. 곧이어 베르나르는 위액과 소화 기능이라는 연구 논문도 완성했고, 그 다음에는 지방과 탄수화물 그리고 전분의 소화 과정을 연구하기 시작하였다.

베르나르는 실험 동물에게 지방이 많이 들어 있는 음식물을 먹인 다음 정밀 해부하여 지방질의 소화 과정을 자세하게 살펴보았다. 지속적으로 연구한 결과 췌장에서 췌장액(인슐린)이 나와 지방질을 글리세롤과 지방산으로 갈라 놓는다는 사실을 알아냈다. 베르나르는 그것을 정리하여 '지방을 소화하는 데 있어 췌장액의 기능'이란 연구 논문을 발표하였다.

그는 바로 새로운 실험에 착수했다. 그 결과 실험 동물에게 탄수화물이 들어 있지 않는 음식물을 먹었을 때에도 그 동물의 간에서 포도당을 계속 내 놓았으며 며칠 간 음식물을 하나도 먹이지 않는 동물의 간에서도 포도당이 계속 분비된다는 사실을 알게 되었다. 그는 이 실험을 반복하여 포도당은 간에 들어가면 다른 물질로 바뀌는데 그 물질이 바로 글리코겐이라는 것을 알아냈다. 그리고 간에서 계속 포도당을 내 놓는 것은 어떤 신경에 의해서 조절되는 것이라 생각했다.

간의 글리코겐 기능의 발견은 베르나르가 성취한 가장 위대한 발견이었으며 이것으로 그는 실험 생리학의 창시자라고 불리게 되었다.

간은 화학 실험의 작은 공장이라고 표현한 베르나르는 우리 몸의 모든 균형 조절 및 통합 등은 신경계의 상호 작용의 역할뿐만 아니라 몸의 내분비계에 의해서도 이루어진다고 주장하였다.

《실험 의학 방법서설》 발표

1855년에 마장디 교수가 세상을 떠나자 베르나르는 콜레즈 드 프랑스 대학의 실험 의학 교수가 되었다. 그는 학생들에게 실험 생리학의 실험을 필수로 가르쳤다. 그러나 환경이 좋지 않은 지하 실험실에서 생활한 베르나르의 건강은 악화되기 시작했다. 그는 고향인 셍 줄리앙으로 돌아와 휴양을 하면서 그동안 실험하고 경험을 쌓은 것을 집대성하여 1865년에 《실험 의학 방법서설》이란 책을 내 놓았다. 《실험 의학 방법서설》은 의학책으로 뿐만 아니라 문학책으로도 사상계에 큰 영향을 주었다. 베르나르는 아무리 저명한 과학자가 유명한 말을 하였다 하여도 실험으로 확인되지 않은 이론은 버려야 한다고 주장하였다.

위대한 과학자 파스퇴르는 "매우 어려운 과학적 실험 방법 및 원리에 관해 이보다 더욱 명확하게, 더욱 완전하게, 더욱 깊게 쓴 책은 아직 없었다."라고 《실험 의학 방법서설》을 극찬하였다.

1868년에 베르나르는 그의 공적이 인정되어 프랑스 아카데미 회원에 선출되었다. 나폴레옹 황제도 그를 인정하여 상원 의원으로 임명하였고 새로운 연구소도 지어 주었다.

1878년 베르나르가 세상을 조용히 떠났을 때 의학을 현대화한 위대한 과학자에게 전 세계 과학자들이 조의를 표했으며 그의 장례는 프랑스 사상 처음으로 과학자로서 '국장'으로 치러져 그의 공적은 세상에 더욱 널리 알려졌다.

문학가이자 곤충기의 작가
장 앙리 파브르

관찰력과 문학적 소질을 키운 어린 시절

프랑스의 곤충학자이며, 박물학자인 파브르(Jean Henri Fabre, 1823년 12월 22일 ~ 1915년 8월 11일)는 프랑스의 생레옹 마을에서 매우 가난한 농부의 아들로 태어났다. 아버지는 마음이 착하고 유순한 농부였지만 어머니는 마음이 급하고 성질이 있는 사람이었다.

장 앙리 파브르

파브르는 초등학교에 들어가기 직전까지 할아버지의 집에서 자랐다. 할아버지 댁에서는 양, 돼지, 오리 등을 키웠기 때문에 파브르는 어릴 적부터 동물 이름을 외우며 관찰력을 키우기 시작했다. 파브르는 베짱이의 울음 소리를 듣기 위해 숲속 덤불에서 밤을 새우기도 했다고 전해진다.

7살 때 파브르는 고향인 생레옹으로 돌아와 조그마한 서당에서 공부했다. 그를 지도한 리카르 선생은 지주의 농장을 관리하면서 어린이들을 열심히 지도하는 서민 출신 선생이었다. 파브르는 그때부터 동물 이름을 외우는 데만 만족하지 않고 벌, 나비, 쇠똥구리, 풍뎅이, 메뚜기, 달팽이뿐만 아니라 암석, 화석, 광물 등의 수집에도 열중하여 파브르의 양쪽 주머니에는 항상 곤충이나 광물로 가득 차 있었다.

파브르가 초등학교를 졸업할 무렵에 그의 가정 형편은 더욱 어려워져 동생 프레데릭은 친척집에 보내졌고, 파브르는 레몬 장사를 하거나 공사장의 심부름꾼 노릇을 하며 생계를 꾸려 나갔다. 그러나 파브르는 가난 속에서도 독서를 게을리 하지 않고, 문학 서적이나 시집 같은 것을 많이 읽었다. 파브르가 후에 곤충기를 재미 있게 쓸 수 있었던 것은 이때부터 문학적인 소질을 길렀기 때문이었다.

독학으로 이학사 시험에 합격

매우 어려운 생활 속에서도 파브르는 공부를 게을리하지 않았다. 이러한 노력의 결과 그는 16세에 아베이롱 사범 학교의 장학생이 되었고 곧 월반하여 2학년 때 졸업을 했다. 그는 나머지 1년 동안에 그가 취미로 하는 박물학을 공부하였다. 그는 사범 학교에서 고전어와 수학을 배웠고 독학으로 박물학을 공부했다. 아베이롱 사범 학교를 우수한 성적으로 졸업한 파브르는 카르팡트라스의 초등학교 교사가 되었다.

파브르는 학생들을 지도하는 동안에도 박물학, 물리학, 화학 등을 더욱 충실하게 가르치기 위해 독학을 하였다. 그는 독학으로 배운 화학과 물리학을 학생들에게 직접 실험하며 지도했다. 부족한 실험 기자재는 자신이 직접 제작하거나 구입하여 재미 있게 가르쳤기 때문에 파브르의 인기는 대단했다.

파브르는 독학으로 실력을 쌓아 몽펠리 대학에 입학했고 수학과 물리학을 전공하여 이학사의 학위를 취득했다. 그는 21살이 되던 해에 카르팡트라스 초등학교의 교사와 결혼하였지만 여전히 가난을 면치 못했다.

파브르는 1849년에 초등학교 교사를 사직하고 코르시카 섬에 있는 아야치오 중학교의 물리학 교사로 부임하게 되었다. 그는 나폴레옹이 태어난 곳으로 유명한 코르시카 섬에서 식물과 조개 등의 채집에 몰두했다. 코르시카 섬에는 다양한 식물과 수많은 조개가 있어 채집에 좋은 여건을 갖추고 있었다. 거기서 그는 툴루스 대학 식물학 교수인 당통을 만나 식물 채집과 조개에 관한 연구 방법을 배우게 되는 큰 행운을 얻었다.

그러던 중 파브르는 안타깝게도 코르시카 섬에서 열병에 걸려 아내와 함께 프랑스로 돌아와 아베이롱 고등학교 교사가 되었는데, 1854년 어느 날 밤 한 편의 논문을 읽고 큰 충격을 받았다. 그 논문은 자연 과학 연보에 실려 있는 것이었는데 뒤프르가 나나니벌의 변태와 본능에 대한 관찰 결과를 정리한 것이었다. 그는 그 논문이 흥미롭고 재미 있어 밤을 새웠다. 뒤프르의 논문은 파브르의 마음을 완전히 사로잡았다. 만약 파브르가 그 논문을 읽지 못했더라면 아마 교사로 생을 맺었을 것이며 세계의 명작인 파브르의 곤충기도 탄생하지 않았을 것이다. 그는 깊은 감명을 받아 곤충 연구에 일생을 바칠 것을 결심하였다. 그리하여 일요일만 되면 곤충을 좋아하는 학생들과 함께 산으로 바다로 달려가 곤충과 조개류를 채집하여 정리하면서 심혈을 기울여 연구와 관찰을 하기 시작했다.

실험 생리학상을 수상하다

자연 속의 과학자 쇠똥구리, 무자비한 살생자 딱정벌레, 공작 나방의 사랑 이야기, 마취 주사로 사냥하는 땅벌, 바구니 사냥의 명수 노래기벌, 총알처럼 튀는 메뚜기, 그 밖에 바구미 솔잎 풍뎅이, 거품벌레, 버마재비(사마귀) 등을 세밀하게 관찰하고 그 결과를 기록하기 시작했다. 그 중의 일부를 소개하면 다음과 같다.

파브르 집 근처에 있는 벼랑에 노래기벌이 집을 짓고 있었다. 파브르는 그 벌을 관찰했다. 벌이 먹이로 운반해 온 바구미를 날마다 가로채 실험실에 가지고 와서 관찰하였다. 그런데 죽은 줄 알았던 그 바구미가 한 달이 지나도 썩지 않고, 배변까지 하는 것을 관찰했다. 그것은 바구미가 살아 있다는 증거였다. 그는 노래기벌이 먹이인 바구미가 썩지 않도록 방부제를 주사한 것이 아니면 침으로 운동 중추 신경을 마비시킨 것일지도 모른다고 생각했다. 그래서 하루는 노래기벌이 물고 와 실신한 바구미를 살아 움직이는 바구미와 살짝 바꾸어 놓아 보았다. 그랬더니 나갔다 들어온 노래기벌은 바구미가 살아서 설설 기어 다니는 것을 보고 깜짝 놀라 즉시 바구미를 움직이지 못하도록 누르고는 첫째와 둘째 발 사이에 침을 두세 번 꽂았다. 그는 그 순간 바구미가 축 늘어져 실신하는 것을 생생하게 목격했다. 완전히 신경이 마비된 것 같았다.

기도하는 모습의 버마재비는 사마귀라고도 부른다. 아주 옛날 그리스 사람들은 이 벌레를 만티스, 즉 점쟁이 혹은 예언자라고 불렀다. 기도를 하는 듯한 버마재비의 몸짓 이면에는 잔인한 습성이 감추어져 있다. 기도하는 자세의 앞발은 여주알을 굴리는 것이 아니라 지나가는 곤충을 노획하는 무기이다. 버마재비의 먹이는 보통 메뚜기, 나비, 잠자리, 파리, 꿀벌 등이다. 메뚜기는 한 번만 껑충 뛰면 죽기 일보 직전에도 도망칠 수 있는데 도망치지 않는다. 껑충 뛰기의 명수인 메뚜기는 최면에 걸린 듯 그 자리에 멍청히 머물러 있다가 잡아먹히고 만다. 어떤 때는 자기 스스로 어슬렁어슬렁 버마재비 앞으로 기어가는 일조차 있다. 또한 잔인한 늑대도 동족상잔은 하지 않는다고 하는데, 버마재비 암컷은 주위에 맛있는 메뚜기가 있는 경우에도 제 동족인 수컷을 교미 후에 먹는다.

파브르는 관찰 결과를 정리하여 1855년에 자연 과학 연보에 발표했고, 프랑스 학사원은 그에게 실험 생리학상을 수여했다.

파브르 박물관을 건립

파브르는 세리니앙으로 옮겨 곤충기를 계속 써 나갔다. 그는 친구인 식물학자 드라쿠르의 도움으로 그곳에 식물과 곤충의 낙원을 만들었다. 이 파브르 박물관은 현재 프랑스의 사적 천연기념물로 지정되어 있으며, 파브르의 연구실은 이곳의 2층에 있다.

그는 노년기에 왕풍뎅이 시인이라는 시를 발표하기도 했다. 그의 시는 자신이 관찰한 곤충의 생활과 자연의 아름다움 등을 담고 있다. 파브르는 여생 동안 프랑스 남부의 알마스 지역에서 곤충을 연구하며 지냈는데 파브르의 집은 현재 박물관으로 만들어져 있다.

곤충기의 제 1권은 1879년에 출판되었고, 마지막 제 10권은 1907년에 출판되었다. 그러니 파브르의 곤충기는 약 30년이 걸려 완성된 셈이다. 프랑스 정부는 그의 공로를 인정하여, 레종드뇌르 훈장을 수여했다. 곤충의 시인이라는 별명을 가진 파브르는 "땔감이 아무리 많이 마련되어 있다고 해도 거기에 불을 붙이지 않는다면 언제까지나 땔감은 그대로 남아 있다."라는 유명한 말을 남기고 92세의 나이로 생을 마감했다.

집필에 열중하는 만년의 파브르

현대 유기 화학 구조론의 토대를 마련한
프리드리히 아우구스투스 케쿨레 폰슈트라도니츠

수학에 뛰어난 착한 어린이

프리드리히 아우구스투스 케쿨레 폰슈 트라도니츠(Friedrich August Kekule von Stradonitz, 1829년 9월 7일~1896 년 7월 13일)는 독일 다름슈타트의 규율 이 엄격한 군인 가정에서 태어났다.

프리드리히 아우구스투스
케쿨레 폰슈트라도니츠

그는 어릴 때부터 다른 어린이들과는 달리 두뇌가 명석하였고 수학과 그림에 재주가 많은 수재였다. 성격이 매우 온 순하고 박물학에도 흥미를 가지고 있는 소년 케쿨레는 18세 때 고 등학교를 졸업하자 수학과 그림의 소질을 살리기 위해 헨센 주에 있는 기젠 대학에 입학하여 건축학을 공부했다.

그는 기젠 대학에서 건축학을 공부하는 동안 우연한 기회에 유명한 화학 교수인 리비히(J. Von Liebig)의 강의를 듣게 되었다. 그는 리비히 교수의 강의 내용과 인품에 매료되기 시작했다. 유기 화학과 농예 화학에 관한 리비히 교수의 유명한 강의를 들으려고 세계 각국에서 학생들이 모여 리비히 교수의 강의실과 연구실은 항상 만원이었다.

리비히 교수의 강의에 감명을 받은 케쿨레도 건축학 공부를 포기하고 리비히 교수의 지도를 받아 화학자가 되기로 결심하였다. 한편 초기에 기젠 대학에서 배운 건축학 공부는 후에 분자 구조에 관한 이론을 고안하는 데 큰 도움이 되었다.

기젠 대학을 졸업한 케쿨레는 리비히 교수의 권유로 프랑스 파리로 가서 듀마 교수의 지도를 받았고, 영국 런던으로 가서 스텐하우스 교수의 지도도 받는 등 6년 동안 유학 생활을 하였다.

1854년 영국에서 스텐하우스 교수의 조수로 일하는 동안 케쿨레는 줄곧 원자의 결합에 관한 이론을 확립하려고 노력하였다. 그는 그곳에서 밀러라는 친구와 함께 화학에 관해서 밤을 새우며 토론을 하기도 했다.

꿈에서 발견한 그의 영감

1856년에 유학을 마치고 독일로 귀국한 케쿨레는 하이델베르크 대학의 교수로 활약하면서 본격적인 연구를 시작했다.

케쿨레는 어느 날 연구실에서 밤늦게까지 연구를 하다가 집으로 가는 마지막 버스를 탔다. 그리고 그는 자기가 연구하던 원자가 이리저리 뛰며 돌아다니는 꿈을 꾸었다. 여러 개의 원자들이 뛰어다니다가 2개의 원자가 결합하여 짝을 이루고, 또 큰 원자는 2개의 작은 원자를 끌어안고 더 큰 원자는 3개, 4개의 원자를 꼭 붙잡고 있는 듯이 보였다. 원자가 빙빙 돌면서 차례차례 이어져 사슬을 만들고, 그 사슬의 끝에서 작은 원자를 붙들고 있는 것이 보였다. 버스 차장의 안내 소리에 깜짝 놀라 눈을 떠 보니 이 모든 것은 꿈이었다.

원자는 다른 원자와 결합하는 능력, 즉 결합력이 있다. 그리고 원자가 갖는 결합선의 수를 그 원자의 원자가라고 한다. 예를 들면, 수소(H)와 염소(Cl)의 원자가는 1이고 산소(O)의 원자가는 2이다. 수소와 염소의 원자가 각각 한 개씩의 결합선을 잡아 결합하면 염화 수소(CHCl)가 된다. 그리고 산소 원자의 결합선은 2개로 왼쪽에 하나, 오른쪽에 하나의 결합선이 수소 원자에서 나오는 하나의 결합선과 만나 결합하여 생기는 화합물은 물(H_2O)이 된다.

그러나 케쿨레가 이 관계에서 가장 어려워 했던 것은 에탄(C_4H_6)이었다. 에탄 분자는 탄소 2원자와 수소 6원자를 포함하고 있으므로 그 구조 속에 탄소 원자가가 갖는 결합선을 합쳐 모두 8개를 표시하지 않으면 안 된다. 그러나 수소 원자는 모두 6개이므로 결합선이 6개밖에 없다. 케쿨레는 이번에도 역시 꿈의 계시를 받아 에탄 분자의 구조를 밝히게 되었다고 밝혔다.

에탄의 경우에는 2개의 탄소 원자가 하나씩 남은 결합선끼리 결합하여 옆으로 뻗는 탄소의 사슬을 구성한다. 즉, 각각의 탄소 원자로부터 위와 아래로 뻗은 2개의 결합선은 각각 하나씩의 수소와 결합한다는 것이다.

1858년에 케쿨레는 탄소의 원자가는 4가이며 이 원자들이 긴 사슬을 만들어 결합한다고 발표함으로써 '사슬 탄화 수소', 사슬 모양의 유기 화합물 성질을 이해하는 새로운 길을 열었다.

벤젠 고리 구조의 발견

케쿨레는 사슬 모양으로 결합된 유기 화합물의 구조를 설명하였으나 여전히 풀어야 할 많은 문제가 남아 있었다. 특히 에탄(C_4H_6)의 구조식을 밝히는 것은 매우 어려운 문제였다. 어느 날 케쿨레는 연구실에서 노심초사하며 풀리지 않는 수식을 연구하다가 책상에서 깜박 잠이 들었다.

그는 꿈에서 또 다시 눈 앞에 원자가 이리저리 뛰어다니는 것을 보았다. 그리고 많은 긴 열이 서로 꼭 달라붙거나 휘감기면서 마치 뱀처럼 운동하다가 한 마리의 뱀이 자기 꼬리를 물고 고리가 되어 빙빙 도는 기이한 현상을 보았다. 그는 잠에서 깨어나 꿈에서 보았던 뱀의 현상처럼 실제의 원자도 긴 줄을 지어 벤젠을 이룬다고 생각해 보았다.

각각의 탄소 원자에서 4개의 결합선을 할당하려면 탄소 원자 사이의 결합선을 2개씩 그은 것이 3개 있어야 한다. 이렇게 해도 맨 처음의 탄소 원자의 결합선 1개와 맨 나중의 탄소 원자 1개는 서로 짝이 없어 남게 된다.

그는 꿈속에서 뱀이 꼬리를 입에 문 것을 상기시켜, 맨 처음의 탄소 원자의 연결되지 않은 탄소 원자를 맨 나중의 탄소 원자 결합선과 연결지었다. 따라서 꼬리를 물었던 것처럼 사슬을 달아서 6개의 탄소 원자가 모두 손을 잡는 고리를 그릴 수 있었다. 그래서 매우 어려웠던 벤젠의 구조식을 6개의 탄소 원자를 동그랗게 고리로 연결하여 나타낼 수 있었다. 이것을 벤젠핵이라 부르며, 이 계통에 속하는 화합물을 벤젠 고리 화합물 또는 방향족 화합물이라 한다.

만화로 그린 벤젠의 구조식
벤젠 축제(1890)의 프로그램 삽화

1866년에 케쿨레는 '방향족 화합물에 관한 연구'라는 논문을 발표하였다. 방향족 화합물은 지방족 화합물과 생명체의 구성 성분인 유기 화합물로 구분된다. 지방족 화합물은 지방산과 알코올류 등을 포함하고 방향족은 식물성 방향류와 발삼류, 수지류 등이 포함된다.

본 대학에 건립된 웅장한 기념비

케쿨레의 이론은 그 당시에는 정확한 설명이 어려웠으나 훗날 뒤에 엑스선 검사 및 여러 가지 새로운 화학 실험 기기의 발달로 합리적으로 설명할 수 있게 되었다. 그리고 벤젠핵의 존재를 가정한 결과 벤젠과 관계 깊은 많은 물질을 만들 수 있게 되었다.

1867년 많은 업적을 쌓아 올린 케쿨레는 호프만 교수의 뒤를 이어 독일 본 대학의 화학 교수로 임명되었다. 그의 명성은 전 세계에 알려졌고 그의 강의를 들으려고 많은 화학도가 몰려들었다. 또 그의 독특한 학풍은 국내외 도처에서 모여든 청년 학도들을 매료시켜 많은 화학계의 제자들을 배출했다. 유명한 과학자인 네덜란드의 반트호프와 독일의 피셔도 케쿨레의 제자이다.

벤젠 구조식을 발견한 지 25주년이 되는 1890년 5월 1일에는 본 대학에서 성대한 기념식이 열렸다. 케쿨레는 건강을 해칠 정도로 연구를 계속하다가 68세가 되던 1896년 7월 13일에 세상을 떠나고 말았다. 그가 세상을 떠나고 7년 뒤에 본 대학에는 그의 업적을 기념하는 아름답고 웅장한 기념비가 건립되어, 케쿨레의 위대한 업적을 길이 되새기고 있다.

다이너마이트의 발명과 노벨상 제정
알프레드 베른하르드 노벨

가정이 기울어 가난했던 청소년 시절

알프레드 베른하르드 노벨(Alfred
Bernhard Nobel, 1833년 10월 21일 ~
1896년 12월 10일)은 1833년 10월 21
일 스웨덴의 작은 마을에서 태어났다.
건축 기술자이며 발명가이며 기계를 좋
아하던 그의 아버지 임마누엘은 다양한
기계를 발명하였고 이곳저곳에서 돈을
모아 직접 공장도 경영했다.

알프레드 베른하르드 노벨

어느 날 잘 운영되던 공장에 갑자기 불이나 공장이 전부 타버리고
그들은 빚더미에 앉게 되었다. 그나마 남은 재산도 모두 채권자에게
넘겨 주고 그들은 완전히 파산하였다. 노벨은 이런 가난과 불행 속
에서 태어났다. 노벨이 청년기를 맞을 때까지도 빚을 다 갚지 못하
여 아버지 임마누엘은 러시아의 상트페테르부르크로 가서 일을 했

다. 기술자인 아버지 임마누엘은 그곳에서 특별한 장치를 한 지뢰를 발명하여 러시아의 육군으로부터 많은 상금을 탔다. 그 돈으로 그는 공장을 새로 마련하여 노벨의 가족 전체가 러시아로 이사할 수 있었고 함께 생활하게 되었다.

노벨의 삼 형제는 비교적 안정된 생활을 하며 아버지의 공장에서 기계도 만져 보고 시운전도 하며 지냈다. 그러던 중 1854년에 러시아는 영국과 프랑스를 상대로 전쟁을 하게 되었다. 노벨의 공장에도 갑자기 대포와 지뢰 기계 등의 주문이 쇄도했고 주문한 물건을 제작하기 위해서 공장을 늘리고 직원도 더 채용했다.

그러나 노벨은 주문이 늘어 돈은 많이 벌었지만, 많은 군인들이 죽었다는 소식을 듣거나, 부상병들을 목격할 때마다 가슴이 아팠다. 돈을 벌기 위해서 사람들을 죽이는 무기를 만드는 자신의 행위가 잔악하게 생각되었다. 긴 전쟁이 끝나자 정부의 무기 주문은 끊기고 노벨의 공장은 다시 파산지경이 되었고, 그의 아버지 임마누엘은 기력이 다하여 어머니와 함께 스웨덴으로 돌아갔다.

니트로글리세린 화약의 발명 특허 획득

노벨은 좌절하지 않고 열심히 일을 했다. 그러면서 아버지가 이야기한 니트로글리세린 화약에 관심을 가지고 열심히 연구했다. 1847년 이탈리아 화학자 소브레로는 니트로글리세린이란 물질이 무서운 폭발력을 가지고 있음을 발견했다. 이 물질은 질퍽한 액체로 불을 붙이면 잘 타지 않지만, 액체 전체에 한꺼번에 불을 붙이거나 타격을 가하면 무서운 힘으로 폭발했다. 과학자들은 이 물질을 화약으로 쓸 수 있는 방법을 연구했지만 니트로글리세린을 발견한 지 10년이 지났어도 그것을 화약으로 만드는 데 성공한 사람은 없었다.

1862년 5월 노벨은 니트로글리세린이 든 유리병을 흑색 화약을 넣은 금속 깡통에 넣고 도화선을 연결하여 불을 붙여 강물에 던져 보았더니 무섭게 폭발했다.

이 성공적인 실험은 노벨의 생애를 뒤흔드는 계기가 되었다. 그는 연구를 거듭하여 니트로글리세린 화약을 완성했다. 흑색 화약을 넣은 유리병은 기폭 장치 혹은 뇌관으로 큰 폭발을 일으키기 위한 유도 폭발 장치인 셈이었다. 노벨이 31살이 되는 해인 1863년에 앨프레드 노벨은 니트로글리세린 화약의 발명 특허를 획득했다.

고체 다이너마이트의 발명

니트로글리세린 화약을 발명하였으나 실용화하기 위해서는 니트로글리세린을 많이 생산해야만 했다. 훨씬 일찍부터 폭약에 많은 관심을 가지고 있던 그의 아버지 임마누엘은 1860년에 스톡홀름 근처에 대량의 니트로글리세린을 생산하는 공장을 건설했다. 두 아들은 모험적이면서도 위험한 그 사업을 도왔으나 비극이 발생하였다. 1864년 9월 공장을 가동한지 얼마 되지 않아 니트로글리세린이 폭발하여 공장은 산산조각이 났고 실험실에서 연구하고 있던 노벨의 동생인 에밀과 5명의 조수도 사망하는 참변이 발생한 것이다.

그러나 노벨은 이에 좌절하지 않고 연구를 거듭했다. 니트로글리세린은 흔들리면 폭발하였기 때문에 운반할 때 큰 위험이 따랐다. 그래서 운송할 때에는 니트로글리세린이 움직이지 않도록 나무 상자에 꽉 끼우게 하고 빈틈은 톱밥으로 채웠다. 한편 니트로글리세린에는 금속과 반응하는 불순물이 포함되어 있어 가끔 양철 깡통에 작은 구멍이 뚫려 니트로글리세린이 새어 나와 톱밥에 배어 퍼지기도 하고 더러는 물방울처럼 떨어져 도로와 철도를 젖게 하거나 취급자의 옷과 신발에 묻기도 하였다. 이런 이유로 운반 도중에 폭발 사고가 빈번하게 발생했고 많은 사람들이 희생되었다.

산레모에 있는 노벨의 실험실

노벨은 폭발 사건이 일어난 곳을 찾아다니면서 사건의 경위를 조사하고 그 원인을 규명했다. 그리고 각국에서 보고되는 사건의 내용을 검토한 후 다음과 같은 결론을 내렸다.

니트로글리세린이 폭발하는 원인은 그것이 액체이기 때문이다. 그는 액체로 되어 있는 물질을 고체로 바꾸면 안전할 것이라고 확신했다. 노벨은 숯가루, 시멘트 가루, 벽돌 가루 등 여러 물질에 니트로글리세린을 흡수시켜 안전한 폭약을 만드는 실험과 연구를 계속했다. 그는 니트로글리세린을 운반할 때 톱밥을 대신하여 포장용으로 쓰이는 규조토를 가지고도 실험을 했다.

규조토는 흰 가루 같은 물질로 태고에 육지가 바다 밑에 잠겨 있었을 때 매우 작은 생물(규조)의 죽은 사체들이 쌓여 형성된 것이다. 노벨이 실험을 거듭하여 규조토는 다공질이므로 자신의 무게의 약 3배에 해당하는 니트로글리세린을 흡수할 수 있다는 것을 알아냈다. 더욱 신기한 것은 니트로글리세린에 젖은 규조토는 흔들거나 충격을 받아도 폭발하지 않고 심지어는 불에 붙여도 폭발하지 않는다는 사실을 알았다. 그것은 오직 뇌관을 사용해서 기폭할 때만 무섭게 폭발하였다.

이것은 광산이나 터널 굴착, 도로 건설에서 암석을 폭파하기 위해서 다이너마이트로 많이 사용되었으나 여전히 운반의 문제점을 안고 있었다. 노벨은 계속 연구하여 1873년에 손가락을 다쳤을 때 사용하는 약인 콜로디온과 니트로글리세린을 넣어 약간의 가열을 하면 껌과 비슷한 물질이 생기는 것을 알아냈다. 그리고 그 껌과 같은 물질이 다이너마이트보다 더욱 강렬한 폭발력을 가진다는 사실을 알아냈다. 그는 그것을 '다이너마이트 껌'이라고 이름지었다가 나중에 이름을 '폭파 젤라틴(Blasting gelatine)'이라고 이름을 바꾸었다.

노벨상 제정 시상하다

인류에 큰 공헌을 한 그의 더욱 위대한 업적은 그가 죽기 1년 전인 1895년 11월에 작성한 유서에 영원히 기록될 '노벨상' 제정의 뜻을 밝힌 것이다. 노벨은 다이너마이트를 발명하여 문명을 건설하는 공사에 도움이 되는 것은 기뻤으나 이것이 전쟁에 이용되어 수많은 군인이 희생되는 것은 참을 수가 없었다. 노벨은 수백만 파운드의 막대한 재산을 노벨상 기금으로 내놓고 군대의 폐지나 병력의 감소를 위해 노력하거나, 인류 평화에 공헌하거나 국가 간 우호를 증진하는 데 크게 기여한 사람들에게 해마다 수여할 것을 유언했다.

1896년에 59세로 노벨은 세상을 떠났고, 1901년에 노벨상 기금이 적립되어 해마다 수천 파운드의 상금이 국적과 성별, 인종에 관계 없이 인류 평화와 복지 증진에 기여한 사람에게 수여되고 있다.

생리의학상, 물리학상, 화학상, 문학상, 평화상, 경제학상 등 6개 분야의 노벨상은 국적이나 성별에 관계 없이 수여된다. 공동 수상자가 나올 경우에는 상금은 배분한다. 상금은 기금의 이자로 지급되는데 1천만 크로나(약 13억 원)의 상금과 순금 메달 및 상장이 수여된다. 가까운 일본은 노벨 수상자가 25명이나 나왔으며, 그 중 과학 분야에서만 22명이 나왔다. 우리나라는 안타깝게도 아직까지 과학 분야의 노벨상 수상자가 없다.(2017. 06. 현재)

원소 주기율의 발견으로 근대 화학의 기틀을 세운
드미트리 이바토비치 멘델레예프

비운의 가정에서 자란 청소년 시절

드미트리 이바토비치 멘델레예프(Dmitry Ivanovich Mendeleev, 1834년 2월 8일~1907년 1월 20일)는 시베리아 동쪽에 있는 토볼스크라는 작은 마을에서 13명의 형제 중 막내로 태어났다.

드미트리 이바토비치
멘델레예프

멘델레예프의 조부는 시베리아에서 최초로 인쇄소를 차려 신문을 발행했으며, 멘델레예프의 아버지는 덕망 높은 교장 선생님이셨다. 비교적 부유한 유리 공장 주인의 딸로 자라난 그의 어머니 마리아 드미트리부나는 막내로 태어난 멘델레예프를 매우 귀여워했다. 그러나 멘델레예프의 청소년 시절에 그의 가정에는 뜻하지 않은 비운이 찾아왔다.

그의 아버지가 두 눈을 실명하여 교직을 물러나게 된 것이다. 결국 생계를 꾸려나가기 위해 그의 어머니가 생계를 책임지게 되었다. 그의 어머니는 친정으로부터 유리 공장을 인수받았고, 그 후에야 삶이 조금 나아지기 시작했다.

멘델레예프는 어렸을 때부터 가족에게 많은 과학 지식을 배웠고 중학교 때에는 뛰어난 성적으로 모든 사람들로부터 극진한 사랑을 받았다. 그러나 비운은 또 닥쳐 왔다. 1849년에 아버지가 세상을 떠났으며, 가정의 유일한 수입원이었던 유리 공장마저 불에 타 모두 없어져 버리고 말았던 것이다.

교육열이 투철했던 어머니

폐결핵으로 오래 투병 생활을 하던 남편이 죽고 공장마저 전소되어 살 길이 막막해진 멘델레예프의 어머니는 총명하고 공부하기를 좋아하는 막내아들 멘델레예프에게 희망을 걸고 그를 대학까지 진학시키기로 결심하였다. 그의 어머니는 이미 57세의 나이였으나 막내아들 멘델레예프를 교육시키기 위해 모스크바로 건너가 정착하였다.

상트페테르부르크에는 아버지의 옛친구 중 한 분이 교육 대학의 학장으로 재직하고 있었다. 그는 그 대학의 이학부에 입학하여 화학, 수학 그리고 물리학을 공부했다.

오로지 막내아들을 위해 정성과 사랑을 아끼지 않던 어머니는 그가 대학에 입학하고 수개월 뒤에 세상을 떠나고 말았다. 절망과 설움에 가득찬 멘델레예프는 오직 자신의 교육을 위해서 고향을 버리고 낯선 모스크바에 와서 정성껏 자신의 시중을 들던 어머니의 은공을 생각하면 가슴이 아팠다. 그는 열심히 공부해서 성공하는 길만이 어머니의 뜻에 따르고, 은혜에 보답하는 길이라고 생각했다. 그는 유명한 과학자인 스그셴레스끼 교수 밑에서 교육을 받았으며, 지도 교수는 멘델레예프의 재능에 칭찬을 아끼지 않았다. 영리한 학생이었던 그는 열심히 공부하여 대학을 수석으로 졸업했다.

대학을 수석으로 졸업하였으나 건강이 극도로 쇠약해진 멘델레예프는 시골인 크리미아 지방에 내려가 요양을 하면서 중학교 교사로 2년간 봉직했다.

건강을 회복한 멘델레예프는 1857년에 프랑스로 건너가 루뉴라는 유명한 화학자의 지도를 받아 연구를 했고, 다음 해에는 독일의 하이델베르크 대학에 실험실을 마련하여 연구를 계속했다.

하이델베르크에서는 화합물의 성분 분석에 많이 사용하는 분광기의 사용법을 배울 수 있었다. 그는 분광기를 활용하여 모든 원소들을 색으로 검출하는 실험을 했다. 그리고 독일 출신의 유명한 화학자인 분젠 교수와 키르크호프 교수 등을 만나 지도를 받았다.

1866년에 러시아로 돌아온 멘델레예프는 500페이지에 달하는 《화학의 원리》라는 유기 화학 교과서를 편찬했고, 그 책을 출판한 공로로 도미도프상을 수상했다. 그는 그 후에도 수많은 책을 출간하였는데 머리말에는 언제나 인자하고 사랑하는 어머니를 찬양하고 축도하는 글을 넣어 어머니의 크신 사랑과 은혜를 다시금 새기는 것을 잊지 않았다. 그는 31세에 알코올과 물의 연관에 관한 연구로 박사 학위를 받았다.

　그는 책을 출판하기 위해 다양한 자료를 모아 연구하는 동안 화학 원소의 성질들 사이에는 비슷한 양상이 있음을 알았다. 그는 여러 가지 다른 화학 원소 사이의 관계를 조사·연구하였다.

　이러한 연구는 멘델레예프 이전에 이미 실시되었던 연구였다. 1815년에 영국의 젊은 화학자였던 윌리엄 푸르트는 모든 원소는 무게로 따져 수소의 정수 배가 된다는 것을 화학회에 발표하였으나 곧 잘못된 생각이라는 것이 밝혀졌고, 1864년에는 영국의 폰 뉴런드가 원소를 순서대로 배열하면 8번째에 성질이 비슷한 것이 나타난다는 옥타브설을 발표했지만 환상적인 생각이라 하여 완전히 무시되었다.

원소 주기율 발견

　멘델레예프는 그 당시 발견된 63개의 원소를 카드로 만들어 원소의 이름과 성질을 기록한 후, 그 카드를 실험실 벽에 꽂아 놓고 그가 모은 자료를 다시 검토했다. 그리고 원소들의 성질을 비교하여 비슷한 것을 골라 원소 카드를 다시 벽에 꽂았다. 그 과정을 통해 그는 원소들 사이에 놀랄 정도의 연관성을 찾아냈다. 그는 이 연관성을 근거로 원소들을 원자량 순서대로 배열하여 하나의 표를 만들었다.

I	II	III	V	IV	VI
			Ti=50	Zr=90	?=180
			V=51	Nb=94	Ta=182
			Cr=52	Mo=96	W=186
			Mn=55	Rh=104.4	Pt=197.4
			Fe=56	Ru=104.4	Ir=198
			Ni=Co=59	Pd=106.6	Os=199
H=1			Cu=63.4	Ag=108	Hg=200
	Be=9.4	Mg=24	Zn=65.2	Cd=112	
	B=11	Al=27.4	?=68	Ur=116	Au=197?
	C=12	Si=28	?=70	Sn=118	
	N=14	P=31	As=75	Sb=122	Bi=210?
	O=16	S=32	Se=79.4	Te=128?	
	F=19	Cl=35.5	Br=80	I=127	
Li=7	Na=23	K=39	Rb=85.4	Cs=133	Ti=204
		Ca=40	Sr=87.6	Ba=137	Pb=207
		?=45	Ce=92		
		?Er=56	La=94		
		?Yt=60	Di=95		
		?In=75.6	Th=118?		

멘델레예프가 작성한 원소의 주기율표(후에 수정함.)

멘델레예프는 같은 성질을 갖는 원소가 7번째마다 주기적으로 나타나는 것을 발견하고는 원소의 성질을 원자량의 주기적인 함수라고 정의하였다.

1871년 멘델레예프는 원소의 주기율표를 작성하면서 더욱 놀랄 만한 논문을 러시아 화학 학회지에 발표했다. 그는 주기율표에 빈자리가 있는 것은 앞으로 발견될 새로운 원소들의 자리라고 발표했다. 멘델레예프의 과학적인 예견은 적중하여 4년 후에 빈자리를 채울 새로운 원소인 칼륨이 발견되었고, 그 후 속속 빈자리를 채우는 새로운 원소들이 발견되었다.

수많은 명예가 쏟아져 나와

멘델레예프는 일약 세계적으로 유명한 학자로 거듭났다. 모스크바 대학은 그를 명예 교수로 추대하였고, 원소 주기율을 발견한 업적으로 영국 왕립 학회에서는 데이비 메달을 수여했다. 또한 1년 후 영국 화학회에서는 모든 과학자들이 부러워하는 패러데이 메달을 수여했다.

멘델레예프는 위대한 과학자였을 뿐만 아니라 자유주의자였다. 그는 제정 러시아의 잔인한 정책과 귀족들의 횡포를 증오했고 자유를 사랑했다. 그는 여성들의 해방을 주장하는 한편 농민들에게 부과되는 과중한 세금의 경감을 강력히 주장하기도 했다. 러시아 정부는 멘델레예프가 매우 못마땅했지만 국제적으로 유명한 학자였기 때문에 어쩔 수가 없었다.

유명한 화학자요 평등주의자였던 멘델레예프는 오묘한 자연의 섭리인 원자 주기율을 발견하고 1907년 1월 20일에 고향인 피터스버그에서 73세의 나이로 조용히 생을 마감했다. 1955년에 새로 발견된 101번째 원소는 그의 위대한 업적을 기리기 위해 그의 이름을 따서 '멘델레븀'이라 명명했다.

비행기 발전의 기틀을 세운
페르디난트 그라프 폰 체펠린

꿈 많은 소년 시절

1838년 페르디난트 그라프 폰 체펠린
(Ferdinand Graf von Zeppelin, 1838
년 7월 8일 ~ 1917년 3월 8일)은 독일 남
부에 있는 아름다운 도시 콘스탄츠 마을
의 바덴 호숫가의 아담한 집에서 귀족인
아버지 프리드리히 체펠린 백작과 어머니
이멜리에 사이에서 태어났다.

페르디난트 그라프
폰 체펠린

어린 시절 체펠린은 가정 교사의 지도
를 받으며 아름다운 호숫가를 어머니와 함께 거닐면서 곧잘 사람
도 백조처럼 하늘을 날았으면 얼마나 좋을까 하는 생각을 하였다.
그는 백조가 평화롭게 호수를 떠다니거나 날아다니는 모습을 보고
자신도 백조처럼 하늘을 훨훨 나는 꿈을 꾸기도 하였다. 이처럼 페
르디난트는 어머니와 손잡고 옛날 위인들의 이야기를 들으며 호숫

가를 산책하는 것을 매우 좋아하였다.

그러던 어느 날 갑작스러운 어머니의 죽음이 그를 찾아왔고 그는 이에 충격을 받아 목사가 되려고 하였으나 그의 꿈은 이를 허락하지 않았다. 그는 슈투트가르트에 있는 공업 학교에 입학하여 과학 기술에 대한 공부를 하였고, 곧 육군 사관 학교에 들어가 1858년에 졸업과 동시 임관되어 뷔템베르크 군에서 장교로 군 생활을 시작했다. 책임감이 강하고 무슨 일에나 적극적이었던 그는 곧 군사 문제 연구소의 연구 요원이 되었다.

비행선 발전의 역사

오늘날에는 초음속 여객기가 하늘을 누비고 유인 우주 왕복선이 우주를 날아 우주 여행이 현실화 단계에 있음에도 불구하고, 비행선은 관광 레저 자원 정도로 활용하고 있으며 몇몇의 필요성에 의해서만 도움을 주고 있다.

선진국에서는 비행선의 발전에 큰 관심을 보이는데 이는 비행선을 다양한 용도로 사용할 수 있기 때문이다. 그리고 과거에는 비행선에 수소 가스를 사용하여 폭발 위험이 높았지만 이제는 헬륨 가스를 사용하여 안전해졌기 때문이다.

비행선은 하늘을 낮게 떠서 많은 사람들이 비행선을 한눈에 볼 수 있기 때문에 광고 효과가 매우 커 상업 광고 분야에서 각광을 받고 있다. 또 고속 도로의 차량들에 대한 교통 통제도 가능하므로 매우 편리하다. 비행선은 이 밖에도 자원 탐사라든가 관광 레저에도 이용할 수 있다.

그러면 비행선은 언제 누가 만들었을까? 비행선을 만들기 위해 노력한 과학자는 수없이 많다. 그들의 공통점은 사람도 새처럼 하늘을 날아 보겠다는 꿈을 꾸었다는 것이다.

1780년에 최초로 사람을 태우고 하늘을 나는 유인 열기구를 발명한 사람은 호기심이 많던 프랑스의 발명가 조제프 미셸 몽골피에(Joseph Michel Montgolfier, 1740~1810)와 동생 자크 에티엔 몽골피에(Jacques Etienne Montgofier, 1745~1799)였다. 이 열기구는 900m 상공에서 9km를 날아가던 중에 천에 불이 붙어 배르사유 궁전 근처에 추락하였는데 다행히 인명 피해는 없었다.

초기의 비행선

앙리 자크 지파르(Henri Jacques Giffard, 1825~1882)는 최초로 조종이 가능한 커다란 비행선을 발명했다. 라이트 형제가 세계 최초의 비행기로 거의 1분을 날기 50년 전, 프랑스 엔지니어인 지파르는 비행선을 타고 파리에서 트라프까지 27km를 비행하였다. 1850년에 그의 동료 피에르 줄리앙이 개발한 유선형 모델 비행선에서 영감을 얻은 지파르는 44m 길이의 타원형의 비행선을 제작하여 2년 후에 띄웠다. 2.2kw의 증기 기관으로 발동되는 3날 프로펠러를 사용한 지파르의 비행선은 동력을 탑재한 상태에서 본인과 승객을 태운 채 조종이 가능했던 최초의 비행선이었다. 지파르의 비행선은 풍선과 같은 공기 주머니 모양을 하고 내부의 수소 가스의 압력을 이용해 비행선을 띄웠던 연식 비행선이었다.

증기 기관으로 하늘을 난 지파르의 비행선

조종 가능한 비행선을 타고 최초로 하늘을 난 지파르의 비행선은 1852년 9월 24일에 27km나 비행했다. 비행선을 조종하기 위해 지파르는 돛처럼 생긴 방향타를 사용했다. 그는 시간당 10km의 속도로 비행했다. 그러나 출발지로 즉시 되돌아오기에는 바람이 너무 강했다. 또한 엔진과 보일러를 합한 158kg의 무게 때문에 기상 조건이 좋을 때에만 비행선의 운행이 가능했다.

전쟁에 활용된 비행선

미국 남북 전쟁 당시에는 비행선이 군사 정보용으로 사용되었다. 체펠린은 현재까지 나와 있는 비행선의 결함을 연구하고 보완하여 1898년에 새로운 비행선을 설계하여 특허를 받았다.

그의 비행선은 길이가 127m나 되는 대형 비행선이었다. 정부의 지원을 받아 '체펠린 1호'라고 명명한 이 비행선은 1900년 7월 2일 바덴 호숫가에서 많은 사람들이 주시하는 가운데 비행하였고, 약 400m의 높이에서 1시간 20분 동안 비행하여 역사적인 기록을 남겼다.

계속하여 170마력의 강력한 엔진을 장착한 '체펠린 2호'가 나왔으며, 1906년에는 '체펠린 3호'가 완성되어 3시간 동안 1,200km를 비행하여 21시간의 비행 기록을 남겼다.

육군은 다시 비행선에 대해서 관심을 갖기 시작하였고, 제1차 세계 대전이 일어나자 비행선 개발이 급격히 추진되어 비행선에 기관총을 장착하고 폭탄도 실어 전쟁에 활용하였다. 전쟁 기간 동안에 약 100여 대의 전쟁용 비행선이 나오게 되었으며, 체펠린은 사람을 실어 날을 수 있는 여객 비행선을 만들기 위하여 항공 회사도 설립하였다.

세계 최대의 비행선

최초의 여객 비행선은 '독일호'라 이름 지었다. 그러나 1918년에 제작 운영된 그라프 체펠린호는 144회에 걸쳐 대서양을 횡단하였으며 종종 다른 비행선은 사고가 났지만 그의 비행선은 총 160만km를 무사고로 향해하여 더욱 유명한 비행선이 되었다.

1937년 5월 6일은 세계 최대의 여객 비행선인 힌덴브르크호가 나는 날이었다. 비행선의 길이가 225m나 되고 정원이 72명이나 되며, 비행선 내부는 여객실 외에도 대형 식당과 오락실 및 산책을 위한 복도까지 갖춘 초호화판 세계 최대의 비행선이었다. 그러나 힌덴브르크호는 착륙하는 순간 비행선의 종말을 맞이했다. 그 사고로 35명의 승객이 목숨을 잃었고 비행장은 불바다가 되었다.

그 후 비행선은 한동안 하늘에서 사라졌다. 그러나 비행선은 오늘날에는 다시 안전 운행이 가능한 비행선으로 탈바꿈하여 유연하게 하늘을 떠다니고 있다. 백조처럼 하늘을 날고 싶다는 어린 시절의 꿈 많은 체펠린은 비행선을 만드는 데는 성공하였지만, 대형 여객 비행선이 나와 여객을 실어 나르기 전에 노환에 폐렴까지 겹쳐 79세를 일기로 1917년 3월 8일에 조용히 세상을 떠났다.

비행선이 여객 운송 수단은 아니지만 교통 정리용으로, 혹은 광고용으로 백조처럼 체펠린의 꿈을 싣고 하늘을 유유히 나는 것을 볼 때마다 우리는 그를 다시금 생각하게 된다.

인공 염료를 발명하여 색의 혁명을 가져 온
윌리엄 헨리 퍼킨 경

호프만 교수의 조수로 발탁

과학은 우리의 삶을 보다 편리하고 윤택하게 하기 위한 학문이다. 따라서 과학은 생활의 편리를 위해 연구하는 것이라고 할 수 있다. 오늘날에는 거리의 많은 사람들이 형형색색의 옷을 입고 아름다운 모습을 과시하며 거닐고 있다. 이것은 색의 혁명이라고 할 수 있다.

윌리엄 헨리 퍼킨 경

색이 매우 희귀하고 소중하였던 옛날에는 색은 황제나 귀족들의 전용물이었다. 일반 사람들에게 색은 그저 동경의 대상이었을 뿐 사용할 수 없었던 것이었다. 그러나 오늘날에는 인공 염료의 발명으로 더욱 예쁘고 아름다운 수백 종류의 색이 쏟아져 나와 누구나 색을 즐길 수 있게 되었다.

윌리엄 퍼킨 경(Sir William Henry Perkin, 1838년 3월 12일

~ 1907년 7월 14일)은 런던에서 태어나 시립 학교를 졸업한 후 왕립 화학 대학에 입학하여 공부했다. 영국의 왕립 화학 대학은 1845년에 설립된 학교로 그 당시 벤젠으로부터 아닐린을 합성한 유기 화학의 권위자인 호프만(August Wilhelm von Hofmann, 1818년 ~ 1892년) 교수가 학장으로 재직하고 있었다.

호프만 교수는 콜타르의 성질과 생성 과정 등을 광범위하게 연구하였으며 특히 아닐린 화합물에 대해서 큰 관심을 가지고 있었다. 퍼킨은 호프만 교수 밑에서 흥미가 많았던 화학을 열심히 공부하고 실험하였다. 호프만 교수는 15세에 영리하고 명석한 학생인 퍼킨이 마음에 들어 조수로 발탁하였다.

퍼킨은 학창 시절에 이미 화학에 두각을 나타내기 시작하였고, 실험실을 떠나지 않았다. 그의 부모도 집에 조그마한 실험실을 만들어 퍼킨의 연구와 실험을 지원해 주었다. 그는 공부가 끝나면 학교에서 곧바로 집으로 달려와 실험실에서 밤늦도록 실험에 열중하였다. 퍼킨은 호프만 교수의 지도를 받아 콜타르를 사용하여 말라리아를 치료할 수 있는 키니네를 합성하기 위해 실험을 계속하였다.

최초의 인조 염료를 발명

퍼킨은 실험용 병 몇 개를 올려 놓을 수 있는 선반과 책상이 놓여 있는 초라한 자기 집 실험실에서 밤늦게까지 연구를 계속했다.

퍼킨은 호프만 교수가 콜타르에서 얻었던 물질의 구성이 키니네와 매우 비슷한 모양이어서 우선 그것부터 연구하기 시작했다.

그는 시험관에 아닐린을 소량 넣고 몇 종류의 화학 약품을 섞어 실험하였더니 화학 반응이 일어나 거무스레하고 끈적한 정체를 알 수 없는 액체가 생겼음을 발견했다. 자신이 만들려고 했던 키니네의 용액은 아니었지만 그는 우연히 일어난 그 반응에 흥미를 가져 계속 연구하기로 하였다.

퍼킨은 아닐린 황산염에 중크롬산칼륨을 처리하였더니 검은 침전물이 생기는 것을 목격했다. 그 검은 침전물에 알코올을 첨가하였더니 이번에는 아름다운 청자색이 나타났다. 그는 매우 놀랐다.

최초의 인조 염료가 탄생한 순간이었다. 퍼킨에 의해 아름다운 색의 세상이 활짝 문이 열리게 된 것이다. 그는 그 염료를 '모브(mouve)'라고 이름 지었다. 그 당시 천연 식물에서 얻는 염료는 쉽게 색이 퇴색되었지만 퍼킨이 만든 인조 염료는 강한 햇볕에도 쉽게 색이 바라지 않아 더욱 호평을 받았다.

퍼킨은 그 염료의 생산성을 확인하기 위해 영국에서 가장 유명한 염료 회사인 퓨러즈 상회에 시료를 보냈다. 그 결과 매우 고무적인 회신이 왔다.

"만약 귀하가 발명한 염료를 값싸게만 생산할 수 있다면 이것은 지금까지 나왔던 염료 중에서 가장 훌륭하고 좋은 염료입니다."라는 내용이었다. 퍼킨은 이 회신에 용기를 얻어 즉시 특허를 출원하였는데 당시 그의 나이는 겨우 18세였다.

젊은 나이에 염료 공장을 세우다

퍼킨은 용기와 신념을 가지고 어린 나이에 화학 염료 공장을 설립하기로 했다. 그는 호프만 교수의 만류에도 불구하고 대학을 떠나 아버지와 형인 토마스 퍼킨과 함께 사업을 시작했고, 1870년에 콜타르로부터 염료를 제조하는 염료 제조 공장을 건설했다.

1870년에 세워진 아닐린 청자색 염료 생산 공장

그러나 사업은 쉽지 않았다. 우선 아닐린을 대량으로 생산하는 것이 문제였다. 그의 가족들은 여러 가지 방법을 검토하였다. 콜타르에서 얻는 벤젠은 엄청난 자본이 필요했기 때문에 다른 방법을 고안했다. 보통 아닐린은 벤젠으로부터 니트로벤젠을 만들고 그것을 환원하기 때문에 만드는 데 많은 질산이 필요했다.

그는 칠레 초석과 황산을 반응시켜 아닐린을 대량 생산할 수 있

는 특별한 장치를 고안하였고, 청자색이 쏟아져 나와 공장은 대성
공을 거두게 되었다. 퍼킨이 이름을 붙인 모브는 영국은 물론 선풍
적인 프랑스에서도 선풍적인 인기를 끌어 값싸게 대량 생산되는 그
염료는 불티나게 팔리기 시작했다.

젊은 화학자 퍼킨은 갑자기 부자가 되고 세계적으로 유명인이 되
었다. 그는 겨우 23세의 나이로 염료 분야에서 국제적인 권위자가
되었으며, 런던 화학 학회에서 강연도 했다.

인공 염료는 천연 염료보다 쉽고 값싸게 만들 수 있을 뿐만 아니
라 여러 종류의 색을 만들 수 있으므로 수백 년 동안 염료 계를 독
점했던 천연 염료는 인공 염료로 자연히 대체되었다.

퍼킨이 염료 생산으로 성공하자 많은 화학자들이 그의 발명을 모
방하여 연구에 몰두했다. 스승인 호프만 교수도 독일로 돌아와 베
를린 대학에서 유기 화학 교수로 근무하면서 다시 염료의 연구에
몰두하여 붉은 자줏빛 염료를 만들었다.

염료 분야에서는 영국이 개척자의 위치에 있었지만 유기 화학 분
야에서는 독일 화학자들의 업적을 따라가지 못했다. 이 두 나라의
경쟁에서 영국인 퍼킨은 상업적인 면에서 성공을 거두고 있었다.

독일 화학자들은 가장 뛰어난 천연 염료인 알리자린(Alizarin, 방
향족 유기 화합물로 오래 전부터 중요한 염료)의 구조를 밝혀내는 데
는 성공했지만 그것을 값싸게 생산하는 방법은 알아내지 못했다. 그
러나 퍼킨은 그 문제마저 해결하여 특허까지 취득하였다. 퍼킨은 알
리자린도 대량으로 생산하기 시작했고 그의 공장은 날로 번창했다.

유기 화학에 공헌한 업적으로 받은 작위

퍼킨은 큰 부자가 되었으나 35세 되던 해인 1874년에 염료 공장을 청산하고 다시 화학 연구에 몰두했다. 연구에 복귀한 지 1년 만에 그는 향긋한 냄새가 나는 건초에서 광형 물질인 쿠마린(Coumarin)을 합성하는 데 성공했다. 그것이 근간이 되어 향료 산업이 발전하게 되었다.

이와 같은 일련의 공적을 인정하여 윌리엄 퍼킨에게는 여러 명예가 주어졌고, 그가 세상을 떠나기 1년 전이자 아닐린 염료를 발명한 지 50주년이 되는 해인 1906년에 그에게 작위가 수여되었다.

그는 미국과 유럽에서 특별 강연을 하기도 했으며 뉴욕에서는 그의 공적을 기념하여 유기 화학 분야에 공헌한 과학자에게 퍼킨 메달을 만들어 수여하기도 했다.

퍼킨은 인공 염료를 발명하여 색이 없는 세상을 색이 있는 아름다운 세상으로 바꾸어 놓고 69세의 나이로 1907년 7월 14일 조용히 세상을 떠났다.

오늘날에는 다양한 합성 인공 염료가 만들어져 다양한 색으로 염색된 옷을 입고 아름다움을 자랑할 수 있다. 이 모든 것은 영국의 젊은 화학자였던 수재 퍼킨의 노력에서 비롯되었다는 사실을 잊어서는 안 될 것이다.

암모니아로 소다 제조법을 발명한
에르네스트 솔베이

소금 공장에서 자란 청소년 시절

에르네스트 솔베이

1838년 벨기에의 수도 브뤼셀에서 가까운 레벡이라는 조그마한 마을에서 소금 공장을 경영하는 가정의 장남으로 태어난 에르네스트 솔베이(Ernest Solvay, 1838년 4월 6일~1922년 5월 26일)는 소금 공장에서 뛰놀며 자랐다. 그는 동생 알프렛과 함께 산에서 캐낸 소금 덩어리를 공장에서 재처리하여 소금을 만들어 내는 과정을 흥미롭게 지켜보며 자랐다. 그러나 그의 어머니는 두 아들이 공장에서 뛰어 놀다가 끓는 소금 가마솥에 화상이라도 입을까 봐 늘 걱정이었다.

그러나 호기심이 많은 솔베이는 끓는 가마솥을 자주 들여다보며 소금물에서 결정체가 생겨 고체가 되는 과정을 신기해했다. 어린 시절을 소금 덩어리 위에서 천진난만하게 뛰놀던 솔베이가 훗날 소금에서 소다를 만든 발명가가 되어 부자가 되리라고는 아무도 생각하지 못했을 것이다.

초등학교를 졸업한 후 상급 학교에 진학한 솔베이는 화학에 흥미를 느껴 화학과 전기에 대한 실험도 하고 집에 앉아 위인전 같은 책을 닥치는 대로 읽기도 했다.

솔베이가 21살이 되던 해, 가스 공장을 경영하던 친척 삼촌이 솔베이가 화학을 공부한다는 말을 듣고 자기 공장에 와 일할 것을 부탁하였다. 솔베이는 이를 흔쾌히 승낙하였고 삼촌이 경영하는 가스 공장에서 기술자로 일하게 되었다. 솔베이의 삼촌은 프랑스에서 유명한 가스 공업 회사를 경영하고 있었다.

솔베이는 어렸을 때부터 화학에 취미가 있었으므로 삼촌이 운영하는 가스 회사의 일이 적성에 맞았다. 그는 열심히 일하면서 회사의 여러 문제점을 해결해 나갔다. 그리고 연구와 실험도 게을리하지 않았다.

그 당시에는 벨기에는 물론 프랑스와 독일, 영국 등에서도 석탄가스를 사용하는 가스등으로 불을 켰고, 코크스는 철을 만드는 데 사용했다. 또 그 당시에는 콜타르를 원료로 하여 여러 가지 물감을 만드는 등 화학 공업도 번창하던 때였다. 이러한 사회 환경은 솔베이를 대발명가로 이끌어 주었다.

소다 제조법의 역사

어떠한 과학의 발전이나 발명도 하루 아침에 갑자기 이루어지지는 않는다. 돌다리에 돌을 하나씩 쌓듯이, 이미 다른 과학자가 이룩한 업적 위에 새로운 것을 하나하나 덧붙여 나감으로써 과학은 발전하게 된다.

소다 제조법 역시 마찬가지였다. 각 나라의 과학자들이 열심히 연구하고 노력하다가 결국 실패하여 이름도 남기지 못한 경우도 있고, 성공은 하였으나 미비점을 보완하지 못하여 빛을 못 본 경우도 많았다. 그러나 그들이 후세의 과학자들의 발명을 위해 토대를 쌓아 준 것만은 틀림없다.

1775년 프랑스의 과학원은 많은 상금을 건 광고를 내어 소다를 대량으로 값싸게 생산할 수 있는 기술자를 모집하였다. 산업 발전과 직결되는 기간 산업인 직물 공장에서 비누는 없어서는 안 되는 필수품이었는데, 소다는 비누의 원료였기 때문이다.

철학 교수였던 말라르메는 소금에다 황산을 가하여 황산 소다를 만든 다음 거기에 숯과 철을 섞어 가열하여 소다를 생산하는 방법을 개발하였고, 또 어떤 사람은 황산 소다에 숯과 납을 섞어 가열하여 소다를 생산하는 등 다양한 방법이 응모되었으나 대부분 비용이 많이 들어 효과적인 방법은 아니었다.

1787년 의사인 르블랑은 화학을 공부한 토대 위에서 값싼 소다를 연구하기로 결심하였다. 그는 황산 소다에 숯과 석회석 가루를 섞어 가열하여 많은 소다를 얻는 데 성공하였다. 그는 세계 최초로 르블랑법의 소다 공장을 세워 소다를 생산하기 시작하였다. 그러나 1789년에 일어난 프랑스 혁명으로 소다 공장은 혁명 정부에 몰수되었고, 제조법의 비밀도 노출되고 말았다. 르블랑 부부는 무일푼이 되고 말았으며 극빈자 보호소에서 비참하게 일생을 마치게 되었다.

비밀이 노출된 르블랑의 소다 제조법은 영국으로 전해져 소규모의 공장이 여기저기 세워졌다. 그 당시 약품 도매점을 하던 머스프레드는 군 복무를 마치고 소년 시절에 약품을 도매했던 경험을 살려, 산업 발전에 큰 역할을 할 수 있는 소다를 생산하기로 결심했다. 그는 우선 르블랑식 제조법을 자세히 연구하기 시작했다.

드디어 1823년에 머스프레드는 소다 공장을 세웠다. 공장이 세워지자마자 주문이 쇄도하여 생산량이 모자라 공장을 확장해 나갔다. 직물을 완제품으로 만드는 데는 엄청난 양의 소다가 꼭 필요하였기에 소다의 생산은 영국의 산업과 직결되는 과제였다.

소다 생산에 성공한 머스프레드가 소다 생산에서 손을 뗄 때까지 해결하지 못한 골칫거리가 있었다. 그것은 바로 소다 생산 과정에서 나오는 염산 가스의 처리 문제였다. 염산 가스는 냄새가 지독할 뿐만 아니라 공장 주위의 농작물에도 막대한 피해를 입혔다.

우연히 소다를 만들다

삼촌의 회사에서 일하게 된 솔베이는 흥미를 느끼며 열심히 일했고 연구도 게을리하지 않았다. 솔베이 삼촌은 어려운 일에 부딪칠 때마다 솔베이와 의논하였고, 솔베이는 다양한 장치를 고안하여 삼촌의 어려운 문제를 해결해 주었다. 삼촌은 솔베이에게 암모니아 가스를 대량으로 생산할 수 있는 연구를 하도록 권유했다. 그래서 솔베이는 석탄 가스의 액체를 가열하여 암모니아 가스와 탄산 가스를 빼내고, 적은 양의 물에 그것을 녹이는 연구를 했다.

솔베이는 암모니아 가스와 탄산 가스를 물에 녹이는 실험을 하던 중 물 대신 소금물을 사용해 보았다. 소금물을 사용하였더니 밑바닥에 흰 침전물이 생겼다. 그 침전물은 중탄산 소다였다. "소다를 만들었다!" 그는 깜짝 놀라 환희의 소리를 지르며 뛸듯이 기뻐했다. 1863년, 그의 나이 25세가 되던 해였다.

그러나 그의 기쁨은 오래 가지 못했다. 자신이 세계 최초의 소다 발명가가 되었다고 생각했는데, 50년 전에 이미 프랑스와 영국에서 이에 대한 시도가 있었고 공장도 세우려고 하였으나 실패했었기 때문이다. 그 후에는 아무도 그것을 성공시킨 사람이 없었다.

솔베이식 소다 제조법을 개발

솔베이는 실망하였지만, 과거에 마지막 단계에서 실패한 이유를 살펴보기 시작했다. 그는 어떤 고난이라도 극복하려고 했다. 그는 1863년에 우선 특허를 얻고 회사부터 차렸다.

르블랑식 소다 제조법은 사용하는 원료가 소금, 석회석 가루, 숯 등의 고체 물질인 데 비해, 솔베이식 제조법의 원료는 암모니아 가스, 소금물, 탄산 가스 등 액체와 기체가 원료였다. 고체 원료는 운반하기가 어려웠으나 액체와 기체는 파이프로 운반하기 때문에 신속하고 쉽게 처리할 수 있었다. 따라서 솔베이식 소다 제조법은 르블랑식 제조법보다 한 단계 앞선 것이었다.

그러나 파이프로 운반하는 연속 장치를 만들어야 하기 때문에 쉬운 일은 아니었다. 그는 밤낮 없이 연구하여 1865년에 제조 설비를 완성하였지만 시운전에는 실패했다. 앞서 연구한 사람들이 성공하지 못한 이유를 이해할 수 있었다.

그는 이에 굴하지 않고 연구를 계속하여 지금까지와는 다른 방향으로 새로운 장치를 연구했다. 그러나 이번에는 자금이 바닥나고 말았다. 그의 자상한 어머니는 모든 재산을 처분하여 아들의 연구를 지원하였다. 솔베이는 결국 제조 장치를 고안하여 성공했다.

솔베이의 새로운 소다 제조법은 암모니아를 녹인 소금물에 탄산 가스를 불어 넣어 중탄산 소다를 가라앉게 하고, 그것을 구워서 탄산 소다를 만드는 방법이었다. 솔베이식 소다 제조법은 순수한 탄산 소다를 대량으로 생산하는 방법으로 생산비도 아주 저렴하였다.

솔베이의 새로운 소다 제조법으로 그의 회사는 세계 최대의 독점 기업으로 성장하였으며 현재에도 해외에 산재해 있는 자회사만도 200개가 넘게 되었다.

오늘날의 소다 제조 공장

솔베이는 만년에 기업의 이익금으로 생리학, 교육학 등의 사회학 연구하는 국제 과학 연구소를 설립했으며, 자선 사업가, 박애주의자로도 널리 그 이름을 알렸다.

X선의 발견으로 인류에 공헌한
빌헬름 콘라트 뢴트겐

독학으로 보낸 청년 시절

독일의 레넵이라는 작은 마을에서 태어난 빌헬름 콘라트 뢴트겐(Wilhelm Conrad Röntgen, 1845년 3월 27일~1923년 2월 10일)은 어려서부터 과학자가 되는 것이 유일한 꿈이었다. 그는 일상생활에서 과학을 이용하는 것은 범국가적으로 유익하고 편리한 것이며 과학의 발명과 발견은 모든 인류가 공유하여야 한다는 소신을 가지고 있었다.

빌헬름 콘라트 뢴트겐

뢴트겐은 학교를 중퇴하여 독학으로 공부하여 취리히 공업 학교에 입학한 후 공학을 공부했다. 그는 독일의 유명한 물리학자인 아우구스트 컨트 교수의 조교가 되어 물리학을 접하게 되면서 기술자가 되어야겠다는 생각을 바꾸고, 자신의 적성을 찾기 시작했다. 그는 자신이 응용 과학보다 순수 과학에 적합함을 알게 되었다.

뢴트겐은 노력 끝에 바바리아의 빌즈버그 대학의 교수직을 맡게 되었다. 뢴트겐이 중대하면서도 역사적인 발견을 한 것은 1895년 이 대학의 물리학과 주임 교수로 재직하고 있을 때였다.

미지의 광선을 발견

19세기 후반에 들어서면서 많은 과학자들이 경쟁적으로 전기를 진공에서 방전시켰을 때 발생하는 특이한 현상을 연구하였으며, 1879년에는 이 실험에 필요한 크룩스관이 발명되었다. 뢴트겐은 이 크룩스관을 다시 개량하여 음극선의 성질을 실험했다. 그는 암막을 사용하여 실험실을 어둡게 하고 크룩스관을 두꺼운 검은 마분지로 싸서 어떤 강한 빛도 통과할 수 없도록 설치하였다. 그는 유도 코일에 스위치를 넣었을 때, 실험실 안은 캄캄하였으나 몇 미터 떨어진 책상 위에 있는 형광 스크린 중 하나가 밝게 빛나고 있는 것을 발견하였다.

그는 그 현상을 매우 기이하게 생각하였다. 왜냐하면 크룩스관은 두꺼운 검은 종이로 싸여 있어 음극선이 새어 나갈 리가 없었기 때문이었다. 그런데 이상하게도 관으로부터 스크린 쪽으로 어떤 선이 직진해 나가는 것을 목격한 것이다. 혹시 다른 곳에서 투사된 광선인가를 살펴보았지만 그렇지 않았다. 그래서 스크린을 관에 가까이 가져가 보았더니 스크린이 같은 방향으로 계속 빛나고 있었다.

뢴트겐은 관에서 형광을 발하는 새로운 종류의 선이 방출된다는 사실을 알게 되었으며, 그 선은 두껍고 검은 마분지도 뚫는다는 사실을 알게 되었다. 그는 이 선이 다른 물질도 통과할 수 있을 것 같아 관과 스크린 사이에 나무 판자를 놓고 다시 형겊으로 그 선을 가려 보았으나 여전히 빛은 스크린에 비추어졌다. 그러나 금속관을 놓았을 때는 스크린 위에 그림자가 나타났다. 그는 그 특수선이 섬유나 나무 판자 등은 통과하지만 금속은 통과하지 못한다는 사실을 알게 되었다. 그 선은 큰 투과력을 갖고 있지만 눈에는 보이지 않는 것이었다.

뢴트겐은 중요한 아이디어가 떠올랐다. 보통 광선은 사진 건판에 작용하므로 아마 이 특이한 선도 건판에 감광될 것이라고 생각한 것이다.

자신의 부인의 손으로 실험하다

그 특수한 광선을 검사하기 위해 그는 그 선이 통과하는 길에 사진 건판을 놓고 자기의 아내를 설득해 손을 판과 건판 사이에 넣어 보라고 했다.

그는 스위치를 킨 다음 건판을 현상해 보고 깜짝 놀랐다. 자기 부인의 손가락뼈가 뚜렷하게 나타났고 뼈 둘레의 근육은 희미하게 나타났기 때문이다.

산 사람의 뼈가 사진으로 찍힌 것은 역사상 처음 있는 일이었다. 뢴트겐의 부인도 자신의 손가락뼈를 사진으로 보는 순간 너무 놀라 비명을 질렀다.

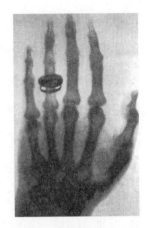

엑스선이 발견된 당시의 사진

뢴트겐은 1895년 11월 8일에 미지의 선을 발견하고 그 선을 '엑스선(X-ray)'이라 명명했다. 뢴트겐은 그 선에 관해서 아무런 사전 지식이 없었으므로 수학에서 미지(未知)의 수를 나타낼 때 문자를 사용하는 관습에 따라 그 선을 엑스선이라고 명명한 것이다. 후에 이 선을 뢴트겐선이라고 부르기도 했지만 엑스선이라고 부르는 편이 간단하고 편리하여 현재도 엑스선이라 부르고 있다.

뢴트겐은 엑스선 발견에 관한 상세한 보고서를 작성하여 브르즈버르크 물리학과 의학 협회에 보내고 각종 신문에 게재했다. 엑스선의 발견이 알려지자 전 세계의 과학자들은 모두 경탄했다.

뢴트겐은 1896년에 엑스선에 관한 첫 발표를 하였고 그 자리에서 많은 관중 속에서 지원해 나온 사람들의 손을 엑스선으로 찍었다. 그리고 즉석에서 그 사진을 현상해서 사람의 손가락뼈가 완연히 나타나는 것을 확인시켜 청중들을 놀라게 했다.

뢴트겐의 강연과 시범은 큰 성공을 거두었다. 영국의 유명한 물리학 교수는 "이 발견은 과학의 여러 경이로운 사건에 하나를 더 추가시켰다. 캄캄한 어둠 속에서 사진이 찍히는 것만 해도 이해하기 어려운 일인데 나무 벽이나 불투명체를 통해서 사진이 찍힌다는 것은 기적에 가깝다."라고 말하며 엑스선의 발견을 극찬했다.

인류에게 많은 혜택을 준 엑스선

뢴트겐이 엑스선을 발표한 지 수일이 지난 후에 미국에서는 엑스선을 이용하여 사진을 찍어 사람의 다리에 박힌 총알을 찾아내는 데 성공하였다. 과학자들은 이 엑스선이 우리 인간에게 엄청난 혜택을 가져다 줄 것이라는 사실을 깨닫기 시작했다. 의사들도 외과 수술에 엑스선이 중요한 역할을 할 것이라는 것을 인식하기 시작했다.

1896년 1월 20일에는 베를린의 어떤 의사가 손가락에 꽂힌 유리 파편을 엑스선을 이용하여 찾아냈다. 또 그 해 2월 7일에는 리버풀의 한 의사가 엑스선으로 소년의 머리에 박힌 총알을 찾아냈고, 4월에는 맨체스터의 한 교수가 총 맞은 여자의 머리에 엑스선을 투과시켜 사진으로 촬영했다.

뢴트겐이 발견한 엑스선은 외과 분야에 효과적인 진단 방법으로 수많은 환자의 고통을 덜어 주는 데 공헌했다. 엑스선은 의학에서 진단을 하는 데 중요한 역할을 한 것뿐 아니라 훗날 과학자들이 방사능을 발견할 수 있게 도움을 주었다.

따라서 뢴트겐의 업적은 의학 기술을 발전시켰을 뿐만 아니라 원자와 핵의 비밀을 캐내는 일에도 큰 기여를 했다고 볼 수 있다. 또한 최근에는 투과하지 않는 액체를 써서 내장의 사진을 찍을 수 있게 되었고, 종양도 확인할 수 있게 되었다.

뢴트겐은 노벨 물리학상을 비롯한 많은 명예를 획득하였지만 엑스선에 의한 어떤 특허도 단호히 거절하였다. 엑스선 발견이 세상 사람들에게 큰 이익을 가져다 줄 수 있다는 사실을 알자 그는 그것을 누구나 유익하게 활용하기 위해서는 어느 특정인이 아닌 모든 인류가 엑스선을 공유해야 한다는 신념을 가지고 있었기 때문이다. 그는 과학의 발명이나 발견은 과학자의 것이 아니고 온 인류가 공유하여야 한다는 자신의 가치관을 실천했다.

음극선의 기적의 실험

1901년에 그는 엑스선 발견으로 최초의 노벨 물리학상을 수상했다. 그러나 애석하게도 만년에는 세상 사람들은 그에게 친절하지 않았고, 1920년대에 극심한 인플레이션 와중에 가난에 허덕이는 생활을 하다가 세상을 떠나고 말았다. 그러나 우리는 그를 영원히 잊지 못할 것이다.

실용적 전화를 발명한
알렉산더 그레이엄 벨

언어 연구가의 집에서 태어나다

알렉산더 그레이엄 벨(Alexander Graham Bell, 1847년 3월 3일 ~ 1922년 8월 2일)은 영국 북쪽에 위치한 스코틀랜드 에든버러 마을에서 태어났다.

알렉산더 그레이엄 벨

그의 아버지 알렉산더 멜빌 벨은《표준 웅변》과《현저한 화법》이란 책을 쓴 저자였다. 《현저한 화법》은 말 못하는 사람들에게 말하는 방법을 가르치는 훌륭한 책이었다.

벨의 집안은 할아버지 때부터 말을 못하는 사람을 돕는 일에 종사해 왔으며, 벨의 할아버지도 고운 말과 바른 말을 연구하는 학자였다. 집안 전통에 따라 어려서부터 두 동생과 함께 공부를 하였으나 두 동생은 폐결핵으로 일찍 세상을 떠나고 말았다.

벨의 아버지는 별안간에 외아들이 된 벨의 건강을 위하여 1870

년 북미에 위치한 온타리오의 브랜트포트 근교로 국적을 이주했다. 벨은 같은 동네에 사는 말 못하는 어린이들에게 수화로 의사를 전달하거나 상대방의 생각을 알아들을 수 있는 방법을 가르쳐 주었다. 그는 아버지의 교수법을 활용하여 농아를 가르치는 천부적인 소질을 훌륭하게 발휘하였다.

벨은 25세에 매사추세츠의 보스턴에 농아 학교를 설립하고 농아를 가르칠 교사를 양성했다. 그 후 1년 만에 그의 소질을 인정한 보스턴 대학에서는 그를 발성 생리학 교수로 초빙했다.

벨은 화법과 통신에 흥미가 있었기 때문에 그가 사람의 음성을 전달하는 방법을 연구한 것은 어쩌면 지극히 당연한 일이었다. 그는 말 못하는 학생들을 열심히 가르치면서 전신기의 원리를 응용한 전화를 발명하기 위하여 계속 연구했다.

벨 이전에 전화를 연구한 라이스

벨이 전화를 연구하기 시작한 시기보다 10년 전, 즉 1860년에 독일의 발명가인 필립 라이스가 과학 소설에서 착상해 전화를 연구하기 시작했다. 독일의 프리드리 히돌프 공업 학교 교사이기도한 라이스는 우연히 "사람의 목소리는 공기의 진동에 의해서 전달되는 것이다. 그러므로 그 진동을 전기의 강약으로 바꾸어 보낸 후 그 전류를 다시 소리로 바꿀 수 있다면 사람의 말소리를 먼 곳까지 보낼 수 있을 것이다."라는 내용의 공상 과학 소설을 읽고 큰 감명을 받았다.

공상 과학을 즐기는 발명가 라이스는 자신이 그것을 발명해 보겠노라고 다짐했다. 라이스는 학생들을 열심히 가르치면서도 한편으로는 실험실에서 전류로 소리를 전하는 장치를 발명하려고 연구와 실험을 거듭했다. 그는 많은 실패 끝에 드디어 송신기와 수신기를 만들기는 하였으나 청취 가능한 소리를 전달할 만큼 예민하게 만들지는 못하였다.

1862년 10월에 그는 프랑크푸르트의 과학자 모임에서 송신기와 수신기를 실험해 보였으나 사람들의 흥미만 끌었을 뿐 그것을 실용화하는 데는 역부족이었다. 크게 실망한 라이스는 실의와 빈곤에 빠져 번민하다가 끝내 뜻을 이루지 못하고 결핵에 걸려 세상을 떠나고 말았다.

특허 문제로 법정에 선 두 발명가

엘리샤 그레이(Elisha Gray, 1835~1901)는 가난한 농민의 아들로 태어나 고학을 하면서 전기학을 공부했다. 그는 우연히 벨과 같은 시기에 같은 방법으로 전화기를 연구 개발하였다. 벨은 1876년 2월 14일에 전화에 관한 특허를 출원하였고, 1시간 후에 그레이가 특허를 출원했다. 특허는 누가 먼저 출원을 하였느냐가 중요하므로 전화 발명의 특허권은 벨에게 돌아갔다.

그러나 기술적 원리가 거의 같았고, 1시간 늦게 접수하긴 하였지만 같은 날 신청하였기 때문에 벨과 그레이의 특허권 시비는 법정에까지 가게 되었다.

벨 전화를 시험하는 모습
말하는 장치와 듣는 장치가 같은 모양이다.

벨은 어느 날 전기 부품을 판매하는 점포로부터 토마스 왓슨이라고 하는 젊고 유능한 전기 기술자를 소개 받았다. 벨은 전기 지식에 밝은 왓슨과 협력하여, 전화의 실용적인 활용 방안을 연구하기 시작하였다. 그들의 기본적인 연구 과제는 음성의 진동을 전기 신호로 바꾸는 것이었고 그 신호를 수신자가 수신할 때 전류를 다시 음성 진동으로 바꾸는 것이었다.

벨과 왓슨은 처음에는 가죽막을 진동판으로 사용하였는데, 가죽막 한 가운데에 쇠붙이를 붙여서 실험해 보았다. 음파가 가죽막을 치면 막이 진동하여 쇠붙이를 진동시키는 것이었다. 그것은 곧 자성 코일에서 전류를 유발시켰다. 수신측의 전자석은 같은 원리로

엷은 막이 진동하면서 원래의 소리가 재생되었다. 이 원리를 가지고 벨은 특허 출원을 하였는데 우연하게도 같은 원리를 가지고 그레이가 같은 날에 특허를 출원하여 법정 시비가 붙었던 것이다.

벨은 그레이보다 유리한 입장에 있었다. 우선 벨에게는 전화 발명의 특허가 이미 있었고, 또 미국 독립 100주년을 기념하는 만국 박람회에 전화를 출품하여 큰 호평도 받았다.

알렉산더 그레이엄 벨 전화 회사 설립

벨과 왓슨은 계속 연구하여 가죽 막 대신 강철 막을 사용하여 전화를 발전시켰으나 여전히 여러 가지 문제가 있었다. 그러나 다행히 앨바 에디슨이 탄소 확성기를 발명함으로써 모든 문제는 해결되었다. 벨은 여러 조력자들과 함께 벨 전화 회사를 설립하여 본격적인 사업을 시작하였다.

한편 그 당시 미국의 전신 사업을 독점하고 있던 웨스턴 유니온 회사가 그레이의 발명을 매수하여 벨 전화 회사와 맹렬한 경쟁을 벌였고, 벨은 큰 타격을 입었다. 그러나 그레이 쪽은 정식 특허를 받지 못하였기 때문에 아무래도 불리하였다. 오랜 시일의 법정 투쟁 끝에 여러 나라에서 이미 전화가 통신 수단으로 널리 사용되고 있던 1893년에서야 벨의 특허는 미국 대법원에서 확정되었다.

벨 전화 회사는 미국의 전화 사업을 독점하게 되어, 발명가인 벨은 많은 수익이 생겼으며 사업도 번창했다. 그러나 벨은 많은 발명을 하겠다는 일념으로 계속 연구에 몰두했다. 그 결과 그는 커다란 4면체의 연도 발명하였고 미국 항공 실험 협회 창설에도 많은 기여를 했다. 또 1918년에는 수상 속도의 세계 기록을 세운 보트를 설계하였고, 소리를 기록하는 소리 기록기도 최초로 발명하였다. 그는 소리 기록기의 특허 사용료로 알렉산더 그레이엄 벨 협회로 알려진 미국 농아 진흥 협회를 창설하였다.

전화기를 발명하여 벨 전화 회사를 창설하고 많은 돈을 번 위대한 발명가 그레이엄 벨이었지만 그는 전화기의 발명가로서의 긍지보다는 농아를 위한 화법 개발과 농아 교사로서 더욱 긍지를 가지고 있었다.

좋은 씨앗을 연구하여 우수 식물을 개량한
루서 버뱅크

날카로운 관찰력과 직감력의 소유자

루서 버뱅크(Luther Burbank, 1849 년 3월 7일 ~ 1926년 4월 10일)는 미국 매사추세츠 주에 있는 평화롭고 아름다운 농촌 마을인 랭커스터에서 새뮤얼 클튼 버뱅크의 13번째 아들로 태어났다. 착실한 청교도 집안에서 자란 아버지 새뮤얼은 루서 버뱅크가 태어나자 "하나님 감

루서 버뱅크

사합니다!"라고 외치면서 기도를 올렸다고 한다. 아버지 새뮤얼은 부지런하고 학식과 덕망이 있어, 그 고장에서는 존경을 받는 사람이었다.

루서 버뱅크는 말이 없고 수줍음을 몹시 타는 편이어서 조용한 어린 시절을 보냈다. 그러나 차츰 자라며 자연에 관찰력이 날카로워졌으며, 직감력도 뛰어나졌다.

그의 어머니 브룩스는 정원에 꽃을 가꾸었다. 성격이 차분한 루서 버뱅크는 늘 꽃을 가꾸는 어머니를 따라 다니며 거들었다. 그가 일생 동안 꽃과 나무를 연구한 것은 꽃을 사랑하고 꽃 가꾸기를 즐겨 하던 어머니의 영향을 받은 것이다.

초등학교에 입학한 버뱅크는 내성적이어서 친구들과 잘 어울리지 않고 혼자 조용히 노는 외톨박이로 살았다. 성격이 조용하여 집에서는 어머니께서 꽃을 가꾸는 것을 돕거나, 혼자 다락방에 들어가 여러 기계를 분해하고 조립하였다.

버뱅크는 중학교에 진학하고 나서도 계속 기계를 즐겨 다루었고, 설계를 하거나 도안을 하는 데도 뛰어난 재능을 발휘했다. 버뱅크의 부모는 그가 앞으로 훌륭한 기계 기술자가 될 것이라고 예상했지만 그는 학교를 중단하고 웨스터에 있는 암스 회사에 취직하여 공장에서 일을 했다.

관찰력이 뛰어난 소년 버뱅크는 공장 일에 금새 익숙해졌으며, 새로운 기계까지 고안했다. 버뱅크가 새로 고안한 선반은 매우 편리한 것이었으므로 회사는 보답으로 그의 봉급을 3배나 올려 주었다.

공장의 비위생적인 생활과 좋지 못한 환경 때문에 버뱅크는 점차 건강이 쇠약해져 결국 병으로 들어 눕게 되었다. 그는 공장을 그만두고 집으로 돌아왔다. 고향으로 돌아온 버뱅크는 맑고 공기 좋은 환경에서 휴양을 하면서 건강 회복에 노력했다. 그러던 중 버뱅크가 19세 되던 해에 아버지 새뮤얼이 세상을 떠나고 말았다.

다윈의 동식물의 변이론에 자극을 받다

졸지에 소년 가장이 된 버뱅크는 집안 살림을 감당해야 했다. 그는 랭커스터의 붉은 벽돌집을 처분하고, 그로톤이라는 깊은 시골로 이사를 했다. 그리고 농장에 일자리를 구하여 열심히 일하기 시작했다. 아름답게 피어나는 꽃들과 탐스럽게 매달린 과일 등 오묘한 자연의 신비를 만끽하면 힘이 저절로 솟았다.

버뱅크가 21세 되던 해에 다윈이 저술한 《종의 기원》과 《사육 동식물의 변이》란 책이 출간되었다. 버뱅크는 그 책이 발간되자마자 책을 구입하여 열심히 읽었다.

《사육 동식물의 변이》란 책에서 생물의 성질은 다양한 자연 환경에 따라 변화될 수 있다고 한 내용을 읽고, 버뱅크는 그렇다면 농작물이나 가축은 야생 동식물보다 훨씬 쉽게 그 성질을 바꿀 수 있을 것이라고 생각했다. 버뱅크는 그 책을 읽은 다음부터 자신은 원예가가 되어야겠다고 결심했다.

버뱅크는 식물의 품종을 개량해야겠다는 일념으로 열심히 연구하기 시작했다. 그는 옥수수와 콩의 알맹이를 크게 할 수 있는 연구부터 시작했다.

버뱅크는 알맹이가 큰 옥수수와 콩의 종자만을 골라 심어 재배 방법을 연구했다. 그의 관찰력과 직감력은 대단했다. 그는 드디어 알맹이가 큰 옥수수와 콩의 새로운 품종을 만드는 데 성공했다. 이렇게 만든 옥수수는 알맹이가 크고 가지런하여 시장에서 출하하여 큰 호평을 받았다.

트리푸시름　　테오신트　　초기의 옥수수　　폽콘　　딘트콘

옥수수의 품종 개량

약 7,000년 전 열대 아메리카의 인디언들은 야생 옥수수를 재배했다. 그들은 야생 옥수수와 가까운 품종인 트리푸사쿰을 교배하여 테오신테를 만들었고, 이를 다시 야생 옥수수와 교배하여 초기의 옥수수를 재배했다. 그 후 수많은 품종 개량으로 현재 미국에서 가장 많이 수확하고 있는 폽콘, 딘트콘 등이 만들어졌다.

감자의 품종 개량에 성공

감자는 재배와 저장이 쉬울 뿐 아니라 요리하기도 쉽고 영양가도 높기 때문에 식량으로 매우 적합한 농작물이다. 그래서 누구나 생산량이 많고 질이 좋은 감자 씨를 생산하려고 노력하였다. 버뱅크는 모든 사람의 숙원인 좋은 감자를 많이 생산하기 위해 감자의 품종을 개량하기로 결심하고 연구에 착수했다.

버뱅크는 23개의 우수 감자 씨를 수집하여 밭에 소중히 심었다.

23그루의 감자의 품종은 모두 다른 것이었다. 버뱅크는 23개 종의 품종을 세밀히 조사하고 비교하여 그 중의 한 품종이 매우 우수한 성질을 지니고 있음을 알았다. 그는 이듬 해에 또 다시 우수한 품종만을 골라 재배하여 지금까지의 어떤 품종보다 맛이 좋은 감자를 더 많이 거둘 수가 있었다. 10여 년간에 걸친 연구와 노력은 결실을 맺어 재래종보다 그 양이 10배나 생산되는 맛이 좋은 감자를 시장에 내어 놓았다. 버뱅크는 이 우수한 감자를 '버뱅크 감자'라고 명명하였다. 버뱅크 감자는 순식간에 서부 개척민들 사이에 알려져 식생활 향상에 크게 이바지했다. 버뱅크 감자는 우수한 품종으로 널리 알려지게 되었다.

그의 나이 26세 되던 해인 1875년에 버뱅크는 토양 조건이 좋고 기온이 온화한 곳에서 농사를 짓기 위해 캘리포니아의 산타로자로 이주했다. 버뱅크는 씨감자 10개와 꽃씨를 가지고 홀로 캘리포니아의 산타로자로 이주하여 온갖 노력을 하였다. 그가 그 고난을 견뎌 낸 것은 오직 조상 때부터 이어온 청교도의 강한 신앙심과 부모에서 받은 끈기 있는 열정의 덕분이었다.

그 다음 해에 어머니 블록스와 누이 애마가 캘리포니아로 합세하여 낮에는 목공 일을 해서 돈을 벌고 밤에는 농장에서 야채의 품종 개량과 과수 묘목 재배 등에 여념이 없었다.

그는 우수한 과수 묘목을 대량으로 생산하여 돈을 벌기 시작했다. 그에 대한 소문은 사방으로 순식간에 퍼져, 묘목을 사려는 사람들이 버뱅크 농원으로 모여 들었고 나중에는 캘리포니아에서 버뱅크 농원을 모르는 사람이 없을 정도가 되었다.

식물 개량의 마술사

생활이 넉넉해진 버뱅크는 육종 개량 사업에 더욱 심혈을 쏟았
다. 사막이나 황무지에서 비가 오지 않아도 잘 자라는 선인장은
해충이나 동물이 가까이 오지 못하도록 날카로운 가시가 돋아 있
는 것이 특징이다. 버뱅크는 수분이 많고 영양도 높은 가시 돋친
선인장을 가시가 없는 선인장으로 개량한다면 가축의 사료로 안성
맞춤일 것이라고 생각했다.

그는 이웃 나라에까지 가서 다양한 종류의 선인장을 수집하기
시작했다. 그는 선인장 중에서도 비교적 가시가 연약하고 적은 것
을 수집했다. 선인장은 아주 강한 식물이어서 개량하는 데는 오랜
세월이 걸렸다.

버뱅크가 연구를 시작한 지 9년이 되어서야 그는 비로소 가시가
없는 선인장을 얻기 시작했다. 그는 선인장을 만지면서 감격의 눈
물을 흘렸다. 육종학자 겸 발명가인 버뱅크가 드디어 가시 없는 선
인장을 재배한 것이다.

버뱅크는 연구를 계속하여 은백색의 들국화 샤스타 데이지라는
꽃을 개량하는 데 성공했고 향기가 고약한 다리아를 향기가 그윽
한 다리아로 개량하기도 했다.

그는 식물 개량의 마술사였다. 그가 개량하겠다고 마음먹은 식물은 개량하지 못한 것이 없었다. 도합 2,500여 종에 달하는 식물을 개량하였으니 식물 개량의 마술사란 표현만으로는 미흡할 지경이다.

평생을 식물과 함께 살아온 버뱅크는 67세가 되어서야 결혼을 하였다. 그를 뒷바라지해 주시던 어머니가 세상을 떠났기 때문이었다.

버뱅크는 《인류를 위하여 식물은 어떻게 순화하는가?》라는 저서를 남기고 1926년 77세의 나이에 생을 마감했다. 그는 그가 살았던 산타로자의 집 정원 향나무 밑에 영원히 잠들어 있다.

버뱅크는 "식물도 관심과 애정을 베풀어야 한다.", "식물을 독특하게 길러내고자 할 때면 나는 무릎을 꿇고 말을 건넨다. 그 식물에게는 20가지가 넘는 지각 능력이 있는데 그것은 인간의 것과 형태가 다르기 때문에 우리로서는 그런 능력이 있다는 것을 알지 못하는 것뿐이다."라는 유명한 말을 남겼다.

조건 반사 이론을 정립한
이반 페트로비치 파블로프

과학자의 꿈을 가진 어린 시절

이반 페트로비치 파블로프(Ivan Petro
vich Pavlov, 1849년 9월 26일 ~ 1936
년 2월 27일)는 모스크바 근교의 랴잔이
라는 작은 마을에서 성직자의 아들로 태
어났다. 그의 아버지는 아들이 자신의 뒤
를 이어 성직자가 되기를 기대했기에, 파
블로프는 초등학교를 졸업하고 그의 지방
에 있는 작은 신학교에 입학했다.

이반 페트로비치 파블로프

파블로프에게 과학에 눈을 뜨게 해 준 사람은 그의 지도 교사였
다. 그는 과학에 흥미를 느껴 과학자가 되어야겠다고 마음먹었다.
그는 다윈의 《종의 기원》을 읽고, 진화론에 심취하여 과학자가 되
어야겠다는 마음을 더욱 굳게 다졌다.

종교보다 과학에 흥미를 가진 파블로프는 21세가 되던 1870년에

신학교를 떠나 소련의 수도인 상트페테르부르크에 있는 페터스버그 대학 자연 과학부에 입학했다. 그는 대학에서 화학과 심리학, 그리고 생리학을 공부했다. 그 후 동물 실험을 통해 혈액 계통과 소화 심리학에 흥미를 느껴 의학 공부에 열중했다.

노벨 생리의학상을 받다

그는 혈액 계통과 뇌에서 소화의 신체적 기능이 지배하는 방법을 연구했고, 1883년에는 심장 운동에 대한 신경 기관의 조절 작용에 관한 연구로 박사 학위를 받았다. 그리고 심장 근육 운동으로 심실이 수축될 때 뿜어 나오는 혈액의 양을 일정하게 하는 것은 자율 신경에 의해서 양이 조절되기 때문이라는 사실을 처음으로 밝혀냈다.

파블로프는 심장맥관(心臟脈管) 계통의 연구에서 두각을 나타내기 시작했다. 그리고 1890년에 페터스버그 의과 대학의 교수로 임명되어 본격적인 연구를 시작했다. 그는 개의 위(胃)에서 분비되는 위액을 몸 밖으로 추출하기 위해 개의 몸 밖에 있는 주머니와 위를 연결하는 수술을 시도했다. 그 수술은 매우 어려운 수술이었다. 모든 신경 조직을 손상시키지 않아야 하고 위벽에서 나오는 분비물을 멈추지 않게 해야 하는 고도의 기술을 요하는 수술이었기 때문이다. 이 수술은 수많은 반복과 끈기와 노력을 필요로 했다. 많은 실패를 거듭한 끝에 파블로프는 드디어 위와 식도를 분리하는 데 성공했다.

그는 음식물이 위로 내려가는 통로인 식도 중간에 대롱관을 연결함으로써 개가 먹이를 먹으면 음식물이 대롱관을 통해서 밖으로 나오도록 했다. 즉, 개에게 음식을 먹여도 음식물이 위로 들어가지 않고 몸 밖으로 나오게한 것이다. 그런데도 음식물을 섭취하고 약 5분이 지나면 위에서 위액이 많이 분비되어 흘러나왔다.

한편 위에 연결되어 있는 미세 신경의 줄기를 잘라 내고 같은 방법의 실험을 하였더니 이번에는 위액이 전혀 분비되지 않았다. 결과적으로 위액의 분비는 위의 음식물의 유무에 의한 것이 아니라 식도의 신경 계통의 자극에 의해서 분비되는 것임을 밝혀졌다.

실험 조수들 및 개와 함께 있는 파블로프(중앙)

그는 실험 결과와 이론을 정리하여 '소화샘의 일'이란 논문을 발표하여 실험 생리학 및 심리학자로서 명성을 떨치게 되었다. 그리고 그의 이러한 업적이 크게 평가되어 1904년에 독일인으로서는 처음으로 노벨 생리의학상을 수상했다.

조건 반사 이론의 확립

과거에는 개가 고기를 먹을 때 타액을 분비하는 것은 무조건 반사이고, 개가 고기를 보고 타액을 분비하는 것은 조건 반사라고 했었다. 그러나 파블로프는 이러한 현상은 개가 가지고 있는 과거의 어떤 경험 때문일 것이라고 가정했다. 그는 개에게 맛있는 음식을 주면서 종 소리를 들려 주었다. 종 소리를 들은 개는 침을 질질 흘리면서 음식을 먹었다. 파블로프는 이와 같은 동작을 계속했다. 나중에는 음식은 주지 않고 종 소리만 들려 주었더니 개는 종 소리만 듣고도 침을 질질 흘렸다.

파블로프는 그것을 조건 반사라고 했고, 그 행동은 뇌와 큰 관련이 있다고 가정했다. 그는 종 소리와 함께 개의 뇌에서 음식을 연상하고, 타액이 나오게 되는 것을 실험으로 증명했다. 그가 개의 대뇌피질 일부를 도려내는 수술을 하였더니 타액은 분비되지 않았다. 그는 동물의 행동은 뇌에 있는 특정한 부분과 깊은 관련이 있다는 이론을 조건 반사라는 연구 논문을 통하여 발표했다. 파블로프는 동물 실험을 통하여 생리학 및 심리학을 통한 신경 기능과 동물의 행동에 관한 연구의 기초를 확립했다.

인간의 정신 의학도 연구

학습 심리학을 연구하던 파블로프는 반사를 학습한다는 것은 어떤 차단에 의해 방해된다는 것을 알아냈다.

개가 종 소리에 반응하는 것을 학습한 것과 마찬가지로, 조건 반사 후에 종이 울려도 먹이가 눈에 보이지 않는다는 것을 계속 학습하게 되면 내부 억제가 생겨 타액을 분비하지 않는다는 것이다. 그러니 반응은 잊혀진 것이 아니라 억제된 것이라고 생각했다.

파블로프는 또 반사를 나타내는 뇌는 고도로 진화된 고등 동물에서만 볼 수 있다고 했다. 그는 이 이론을 사람의 행동에 연계하여 활용한다면, 정신 이상자와 신경 장애자도 치료할 수 있다고 주장했다. 오늘날의 정신 병리학에 간접적으로 기여한 셈이다.

파블로프는 세상을 떠날 때까지 실험실에서 연구를 계속했다. 그가 마르크스주의와 소련 정부 체계를 격렬히 비난하였음에도 불구하고 소련 정부는 그의 업적을 높이 평가하여 재정 지원을 아끼지 않았다.

파블로프는 1936년 87세의 나이로 세상을 떠났다. 파블로프는 개와 종 소리의 반응을 연구하여 조건 반사 이론을 정립했고 그의 조건 반사 이론은 오늘날 심리학 및 생리의학 분야에서 인간의 행동에 대한 새로운 이해의 길을 열었다.

방사능의 발견으로 원자핵 시대를 연
앙투안 앙리 베크렐

과학자 가정에서 태어나다

앙투안 앙리 베크렐(Antoine Henri Becquerel, 1852년 12월 15일 ~ 1908년 8월 25일)은 파리에서 3대째 과학자인 집안에서 태어났다. 그의 할아버지는 나폴레옹 보나파르트 시대의 유명한 물리학자였고, 아버지는 어떤 화학 물질이 태양 광선을 받았을 때 가시광선을 방출하는 현상인 형광 현상을 연구하는 과학자였다.

앙투안 앙리 베크렐

베크렐은 영재들만 다니는 에콜폴리 테크니크에서 초등 교육을 받은 후 토목 공사를 담당하는 정부 관리가 되었다. 그러나 1892년 그의 아버지 에드몽이 세상을 떠나자 베크렐은 아버지의 뒤를 이어 파리 이공 대학 교수와 자연사 박물관의 물리학 교수가 되었다.

그의 할아버지는 전기 분야의 과학자로, 자연사 박물관의 물리학 교수였으며, 아버지 또한 할아버지의 조수로 근무하다가 교수가 되어 우라늄염의 인광 분야를 연구한 학자였다. 이어서 베크렐이 자연사 박물관의 교수가 됨으로서 그는 3대를 이은 물리학 교수가 되었다.

1895년 이후에는 세계적으로 중요한 발견들이 끊이지 않고 속출하여 물리학에 신기원을 이룩한 시기였다. 그 중에서도 뢴트겐에 의한 엑스선의 발견은 특기할 만한 것이었다. 엑스선이 세상에 알려지자 세계 과학자들은 깜짝 놀랐고 신문이나 잡지에서도 아우성이었다.

베크렐도 예외는 아니어서 엑스선에 큰 관심을 가졌다. 그는 1896년 1월 파리에서 처음 열린 엑스선 사진 전시회를 참관했다. 그가 엑스선에 더욱 관심을 갖게 된 것은 엑스선이 크룩스판의 형광을 발하는 유리병 속에서 생긴다는 말을 들었기 때문이었다. 만약 엑스선이 형광을 발하는 유리병에서 생기는 것이라면 형광을 내는 인광 물질에서도 엑스선이 발생할 가능성이 있을 것이라고 그는 생각했다.

베크렐은 형광이 가시광선뿐만 아니라 엑스선도 포함하고 있는지를 알아내야겠다고 결심했다. 그때 그는 황산 칼륨 우라늄이라는 우라늄 화합물을 연구하고 있었는데, 베크렐은 그것을 가지고 그의 의문을 확인해 보기로 하였다.

뜻밖의 경이로운 실험 결과에 놀라

베크렐은 이미 그의 아버지가 실험하는 형광 현상에 기여하기 위해 오래 전에 우라늄염을 만들었었다. 그는 검고 두꺼운 종이로 싼 사진 건판이 햇빛에는 감광되지 않고 엑스선에만 감광한다는 사실을 알았고 그것을 근거로 실험을 했다.

베크렐은 사진 건판을 싼 검은 종이에 우라늄염의 결정을 붙였다. 그 옆에 금속 박판을 한 장 놓고, 그 위에도 같은 우라늄염의 결정을 놓았다. 다음에 그 사진 건판을 햇빛이 잘 드는 곳에 두고 형광을 내게 하였다. 형광을 내는 결정은 엑스선도 방출할 것이라 생각했기 때문이었다.

그는 결정에서 방출된 엑스선은 사진 건판 위에 뚜렷한 결정의 흔적을 남길 것이고, 결정에서 방출된 엑스선은 금속박판의 그림자를 만들 것이라고 예상했다.

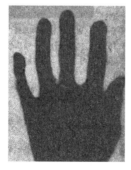

베크렐의 감마선을 이용하여 찍은 손(좌), 뢴트겐의 엑스선으로 찍은 손(우)

사진 건판을 현상한 결과 금속박판이 놓인 곳에 형태가 뚜렷한 그림자가 생긴 것을 보고 베크렐은 매우 기뻐했다. 이를 통해 그는 형광을 내는 우라늄염은 엑스선을 방출한다고 추정했다.

베크렐은 자신의 생각을 더욱 분명히하기 위해 실험을 계속했다. 실험한 것과 마찬가지로 두꺼운 종이에 싼 사진 건판에 우라늄염과 금속박판을 얹고 햇볕에 쪼였다. 그러나 갑자기 흐린 날이 계속되어, 그는 사진 건판에 우라늄염의 결정과 금속박판을 붙인 채 어두운 자료실 속에 넣어 두었다. 며칠이 지나도 날이 개이지 않자 그는 그대로 현상해 보기로 하였다. 그는 별로 햇볕을 쪼이지 않은 상태로 두었기 때문에 매우 희미한 흔적만 나타날 것으로 예상했다. 그러나 이것이 웬일인가? 먼저 것과 똑같이 사진 건판 위에 금속박판의 그림자가 명확하게 나타나 있었다. 베크렐은 그 경이로운 광경에 깜짝 놀라고 말았다.

진기한 방사선을 발견

베크렐은 우라늄염이 광선도 별로 쪼이지 않았는데 더욱 강하게 나타난 것이 매우 의문스러웠다. 그래서 우라늄염의 결정은 햇빛에 의해 형광을 내지 않더라도 엑스선을 방출할지 모른다는 생각을 갖게 되었다. 그는 그 예측을 입증하기 위해 실험을 계속했다.

그는 금속판박을 붙인 사진 건판을 햇빛이 전혀 없는 캄캄한 장

속에 며칠 동안 넣어 두었다가 현상을 해 보았다. 결과는 역시 마찬가지였다. 검은 그림자가 나타났다. 그 사실은 우라늄염의 결정이 형광을 내고 있지 않았는데도 엑스선을 내고 있음을 증명하는 것이었다.

베크렐은 계속 실험하여, 우라늄염 자체에서 엑스선을 방출한다는 것을 입증하고, 그 진기한 선이 엑스선이 아니라 새로운 선, 즉 방사선인 것을 밝혀냈다. 베크렐은 계속 연구하여, 결국 우라늄을 포함한 화학 물질은 방사선을 자연 방사한다는 것을 규명했다.

1903년에 노벨 물리학상을 수상

베크렐의 방사선은 충격적인 것이었고, 여러 방면에 큰 공헌을 했다. 1899년에 베크렐은 방사선이 자기장에 의해서 굴절되는 것을 밝혀냈고 또 그것이 작은 양의 하전 입자로 되어 있음을 규명했다. 그 뒤 과학자들은 방사선을 방출하는 많은 원소들을 발견했다. 그러한 원소 중에서 가장 중요한 것은 마리 퀴리(Maria Curie)가 발견한 라듐이었다. 마리 퀴리는 베크렐이 발견한 방사선을 '방사능'이라 명명하였다.

베크렐이 발견한 방사능은 세계의 많은 과학자들의 연구 대상이 되어 새롭고 흥미로운 발견이 속출했다. 톰슨은 방사선에서 베타선을 분리해냈고, 어니스트 러더퍼드는 방사선에서 알파선과 감마선을 분리해냈다. 이 방사능은 평화적인 측면에서 인류에게 많은 공헌을 했다. 방사능을 이용하여 지구, 산맥, 태양 등의 연대를 추정할 수 있게 되었으며, 의학 분야에서도 치료 및 예방에 많은 기여를 했다.

그리고 원자로 등 평화적 목적에 사용할 에너지원을 인간에게 줄 수 있는 원자핵 분열을 발견케 하였다. 방사능은 원자 폭탄을 만들기도 했지만, 오늘날 이룩된 첨단 과학 기술 발전에 중요한 역할을 했다. 원자를 현대적으로 이해하는 데 있어 근본이 되었으며 원자로를 세워 무한한 에너지를 이용하는 기초가 되었다.

이처럼 훌륭하고 중대한 발견은 피나는 노력과 연구가 뒤따르지만, 어떤 우연이 계기가 되어 보다 쉽게 발견되기도 한다. 베크렐의 실험 과정에서는 계속 날씨가 흐렸다는 것이 가장 큰 행운이었다. 그때 만약 날씨가 계속 좋았더라면 캄캄한 어둠 속에 두었다가 사진 건판을 현상하는 일은 절대 없었을 것이다. 베크렐은 1903년에 퀴리 부부와 공동으로 노벨 물리학상을 수상했다.

혈청 요법과 화학 요법의 창시자
파울 에를리히

매우 총명했던 청소년 시절

파울 에를리히(Paul Ehrlich, 1854년 3월 14일 ~ 1915년 8월 21일)는 독일의 슐레지엔의 아담한 시골에서 유대인이었던 사무 직원의 아들로 태어났다. 그는 의과 대학을 다니면서 화학 물질이 동물 조직에 어떠한 영향을 미치는가를 연구하는 데 관심을 갖기 시작했다.

파울 에를리히

에를리히는 스트라스부르 대학에서 유명한 발트에이어 교수의 지도를 받았으며, 그의 강의 중 화학을 의학에 응용하는 내용에 깊은 감명을 받아 이 분야를 연구하기로 결심했다.

그는 특히 여러 가지 염료에 관심을 가져 다른 화학자들이 염료의 제조법을 연구 개발하는 동안 에를리히는 염료와 화학 물질이 생물 조직에 어떤 영향을 미치는가를 깊이 연구했다.

에를리히는 어떤 염료는 어떤 조직을 염색시키지만, 어떤 염료는 어떤 조직을 염색시키지 못하는 점에 흥미를 갖고 연구를 계속했다. 또 어떤 염료는 일정한 세포만 염색하고 다른 세포는 염색하지 않는다는 사실도 알아냈다.

그는 아닐린 염료를 동물의 체내에 주사하였더니 뚜렷하게 착색되어 색이 나타나는 것을 관찰했다. 그리고 세포를 염색 실험한 결과 어떤 화학 물질은 일정한 생체 조직에 친화력을 지니고 있음을 확인했다. 이러한 세포의 염색 기술은 생물학자들에게 매우 유용하게 사용되었다.

에를리히는 염색 기술을 연구하여 새로운 종류의 세포를 발견할 수 있었다. 그리고 그는 염료에 의한 세포의 염색에 있어서 화학 약품의 효과에 대해서도 연구했다. 그는 납이 세포 조직에 큰 영향을 미친다는 사실을 알고 그 방면에도 큰 관심을 가지고 연구했다. 그 결과 납 중독 때 가장 영향을 받는 조직의 세포가 시험관 용액에서도 납을 흡수한다는 것이 알려졌다. 이는 어떤 세포는 무기 물질에 친화력을 갖는다는 것을 의미한다.

왕립 연구소의 소장으로 활약

에를리히의 연구열은 갈수록 불타올랐다. 그는 특수한 염색법에 의해서 생체 세포와 세균(병원균)을 확실히 구분할 수 있음을 알아냈다. 또 수많은 실험과 연구의 결과 결핵을 일으키는 병원균의 염색법도 발견했다.

그러나 그의 실험과 연구는 큰 고통과 인내를 필요로 했다. 그는 과로로 인해서 결핵 증세가 나타나 요양을 하기도 했다. 1년 동안의 요양을 마치고 건강을 회복한 에를리히는 그래도 포기하지 않고 연구와 실험을 계속했다.

그의 연구는 독일의 미생물학자인 하인리히 헤르만 로베르트 코흐(Heinrich Hermann Robert Koch, 1843년~1910년)를 감동시켜 극찬을 받았다. 코흐는 즉시 에를리히를 자신이 운영하는 연구실에서 일하도록 초청했다. 자기 마음대로 사용할 수 있는 우수한 실험실을 갖춘 전염병 연구소에서 실험을 하게 된 에를리히는 디프테리아 세균에 관심을 갖게 되었다.

한편 이와 때를 같이 하여 독일의 의사인 에밀 폰 베링은 파상풍과 디프테리아와 같은 병을 유발하는 세균에 의해 만들어지는 독소는 신체의 세포를 자극하여 항독소를 만들며 그 항독소는 다른 세균의 독소를 중화시킨다는 사실을 규명했다. 동물은 어떤 방법으로 병원균과 결합하는 화학 물질을 만들지만 이것이 동물에 해는 끼치지 않는다는 사실을 알아냈다. 또한 항체는 병원균으로부터 처음 공격을 받았을 때 형성되며 그 다음 동물이 면역을 얻게 된다는 것을 발견했다.

에를리히는 염색 방법을 써서 이 항체를 보여 줄 연구를 시작했고 드디어 폰 베링과 함께 측면 연쇄론(side chain theory)을 확립했다. 이 이론은 항체가 어떻게 형성되며 어떤 작용을 하는가를 규명한 학설로서 유명하다.

독일 정부는 에를리히의 연구 결과를 높이 평가하여 그를 프랑크푸르트 암마인에 있는 왕립 실험 요법 연구소의 소장으로 임명하고 어떤 연구라도 자유로이 할 수 있도록 지원했다. 그는 그의 생애를 마칠 때까지 이 연구소의 기구를 확장해 나갔고, 연구와 실험에 더욱 몰두했다.

매독균을 퇴치하는 화학 약품 발견

에를리히는 결혼하여 자녀를 두고 단란한 가정을 꾸려 나갔다. 그러나 그는 연구에 너무 몰두한 나머지 가정 생활을 등한시하고 오로지 연구에만 전심전력했다. 그의 부인은 안타까운 나머지 함께 여행할 것을 제안하여 그의 심신의 휴식을 시도했다. 그러나 그는 여행 중에도 연구소 생각만 하였고 연구소로 돌아갈 날만을 손꼽아 기다렸다고 한다.

에를리히는 여러 가지 질병에 따른 혈청 처리 연구를 계속하였으나 혈청 요법 한 가지만으로는 만족할 수 없었다. 에를리히는 다른 생체 조직은 손상하지 않고 병원균만을 죽이는 화학 약품을 발견하려고 노력하였다. 그는 실험 동물에게는 어떠한 해도 입히지 않고 병원균만 죽일 수 있는 화학 약품을 얻기를 원했다.

에를리히는 쉬지 않고 끊임 없이 연구와 실험을 거듭하였으나 그가 실험한 화학 약품의 수만 계속 늘어났다. 화학 약품이 1번에서 시작하여 121, 122, ……, 300번으로 늘어났으나 신통한 결과는 없었고, 실험한 화학 약품의 번호가 418번에 이르러서야 비로소 비소화페닐글리신이 만들어졌다.

새로운 화학 약품은 아프리카의 무서운 잠자는 병을 일으키는 트리파노솜균을 죽이는 강력한 힘이 있었다. 그는 이에 만족하지 않고 계속 화학 약품을 만들어, 그 수가 600을 넘어 605호에 이르렀다. 드디어 1907년 606호(살바르산)가 만들어졌으며 그 이름은 디하이드록시디 아미노벤젠(염화 수소)이었다.

처음에는 이 화합물을 아무런 효과가 없는 것으로 넘겨 버렸다. 그러나 2년이 지나서 일본의 하다 박사가 재실험한 결과 놀랄 만한 살균력이 밝혀졌다. 606호 화학 약품이 세균 중에서도 지독한 매독균인 스피로헤타 병원균을 강력한 힘으로 살균하는 것이 판명되었다. 그 당시에는 매독은 매독균을 죽이는 약이 없어 한 번 매독에 걸리면 고생 끝에 죽는 불치병이었다. 아직 병원균을 죽이는 치료약이 나오지 않아 한 번 걸리면 치료가 어렵기 때문에 우리가 공포에 떨고 있는 에이즈를 무서워하는 것과 마찬가지였다.

1910년에 에를리히는 확신을 얻기 위한 수많은 실험을 거듭한 끝에 그 결과를 발표하여 세계를 깜짝 놀라게 했다. 가장 비극적인 불치병이었던 매독은 드디어 정복되었다.

노벨 생리의학상 수상

에를리히는 606호의 화학 약품
을 안전한 비소라는 뜻에서 '살바르
산'이라 명명했다. 살바르산은 화학
요법의 최초의 커다란 승리였다. 비
교적 부유하게 생활했던 에를리히
는 재물에 그다지 관심이 없었지만
살바르산이 전 세계로 판매되어 갑
자기 부자가 되었다. 독일에서는 최

실험에 열중하는 에를리히

초로 화학 약품 공장을 설립하게 되었다. 그 후 설파제가 발명되었
고, 알렉산더 플레밍이 페니실린을 발명함으로써 화학 요법의 문은
더욱 활짝 열렸다.

오늘날 화학 요법은 수많은 형태의 병원균을 섬멸하는 데 사용되
고 있고 지구상의 전염병을 퇴치하는 데 큰 공헌을 하고 있으며 이
러한 화학 요법은 인간 수명을 연장시키는 데 기여하고 있다.

부지런하고 지구력이 강한 에를리히는 혈청 요법과 화학 요법의
창시자이다. 그의 발견은 질병 퇴치의 근원이 되어 인간 수명을 연
장시켰고, 1908년에 노벨 생리의학상을 받았다. 그는 1916년 8월
21일에 61세의 나이로 세상을 떠났으나 그의 업적은 인류 역사에
길이 남아 있다.

알루미늄 전해 제련법을 발명한
찰스 마틴 홀

찰흙 속 은과 같은 알루미늄

실생활에서 알루미늄(Aluminum)은 건축 자재뿐 아니라 창틀은 물론, 주방의 알루미늄 호일과 냄비 등 각종 주방 기구에서도 빼놓을 수 없는 금속이 되었다. 은(銀)과 비슷한 빛깔이면서 부식도 잘 되지 않는 금속인 알루미늄은 생산도 많이 되니 축복이 아닐 수 없다. 130년 전에는 보물

찰스 마틴 홀

처럼 여겼던 알루미늄 제련법을 누가 발명하였을까?

찰스 마틴 홀(Charles Martin Hall, 1863년 12월 6일 ~ 1914년 12월 27일)은 미국 오하이오 주에 있는 톰슨이라는 마을에서 태어나 오베린 대학에서 과학을 공부하였다. 그러던 어느 날 독일에서 유학을 하고 돌아온 주우렛 교수가 유학 당시 독일의 뵈엘러 교수에게서 얻은 알루미늄이란 은백색의 가벼운 금속을 보여 주면

서 "이 금속은 찰흙 속에 얼마든지 있으며, 값싼 비용으로 제련 추출하는 방법을 발명한다면 큰 부자가 될 수 있을 것"이라고 강의하였다.

강의를 듣고 있던 마틴 홀은 자신이 꼭 알루미늄을 분리해서 추출하는 방법을 연구해서 인류의 생활을 보다 편리하게 만들 것이라고 결심했다.

가볍고 용도가 다양한 알루미늄은 19세기 말까지도 미개발 상태였다. 지구상에는 103종의 원소가 있는데 산소와 규소가 제일 많고, 그 다음이 알루미늄이다. 과학자들은 지구상의 알루미늄 매장량을 약 20억 톤으로 추정하고 있다. 이렇게 많은 양이 매장되어 있으면서도 뒤늦게야 알루미늄 제련법이 발명된 것은 알루미늄의 화학적인 특성 때문이었다.

알루미늄은 주로 산소와 결합되어 알루미나라고 하는 화합물 상태를 이룬 채 찰흙 속에 포함되어 있고 더구나 다른 원소와 결합하면 좀처럼 분리되지 않는 안정성의 성질을 가졌기 때문이다.

알루미늄 제련의 역사

알루미늄을 처음으로 분리해서 추출한 사람은 1825년 덴마크의 화학자 스테드였다. 그는 알루미나(산화 알루미늄)에서 일단 무수 염화 알루미늄으로부터 알루미늄을 소량 추출하였으나 그 추출물은 불순물이 많이 섞여 있었고 작은 지방 신문에만 소개되었기 때문에 널리 알려지지 않았다.

그 후 20년이 지난 1845년, 독일의 물리학자인 프리드리히 뵈엘러가 비록 적은 양이지만 알루미늄을 제련하는 데 성공하여 세상을 깜짝 놀라게 하였다.

그는 찰흙 속에 들어 있는 산화 알루미늄 상태에서 먼저 염화 알루미늄을 분리한 다음 칼륨을 넣고 자기성을 띤 도가니에 넣어 높은 열로 가열하였다. 그리고 이것을 찬물에 넣어 갑자기 온도를 낮춤으로써 가루 상태의 알루미늄을 분리하여 추출했다. 그러나 이것은 아주 적은 양이었다.

1854년 프랑스의 화학자 드빌이 뵈엘러의 제련 방법을 기초로 해서 알루미늄을 큰 덩어리로 만들어 내는 공정을 완성하였다. 드빌은 가볍고 은빛이 나는 새로운 금속으로 숟가락과 포크 그리고 식기 등을 만들어 만국 박람회에 출품하였다. 만국 박람회장에 나온 사람들은 반짝이는 알루미늄으로 만든 제품이 전시된 전시장 앞에 구름같이 모여들어 경이로운 눈으로 그것을 보았다. 특히 황제 나폴레옹 3세는 지금까지 본 적이 없는 새로운 금속에 경탄하였다.

나폴레옹 3세는 화학자 드빌에게 많은 자금을 주고 알루미늄을 대량 생산하도록 했다. 또한 알루미늄을 금보다도 더욱 중하게 여겨 보석함에다 넣고 귀빈에게만 보여 주었다. 그 당시에는 제련하는 데 막대한 자본이 필요했기 때문에 오늘날에는 아주 흔한 알루미늄이 귀하게 여겨진 것이다. 그러나 드빌은 알루미늄을 추출하는 데는 성공하였지만 제조 방법이 원시적이었고 값이 비싼 나트륨을 많이 필요로 했기 때문에 제조 경비가 많이 들어 피나는 노력과 연구를 하였으나 대량 생산에는 실패하고 말았다.

알루미늄이 쏟아져 나오다

마틴 홀은 자기가 꼭 알루미늄 제련법을 발명하겠다고 결심하고 알루미늄을 연구하기 시작했다. 대부분의 금속은 자연 상태에서는 화합물로 결합되어 있기 때문에 그 속에서 필요한 금속을 추출하려면 금속이 아닌 다른 물질을 제거해야 했다. 알루미나란 광물은 불순물이 많이 섞인 산화 알루미늄이므로 이 알루미나에서 알루미늄을 추출해 내려면 단단히 붙어 있는 산소를 제거해야 했다.

마틴 홀은 융용된 금속염에 전기를 통과시키면 음극판에 순수한 금속이 쌓이게 된다는 영국의 화학자 데이비가 발견한 사실을 근거로 연구와 실험을 거듭하였다. 그러나 실패를 되풀이한 전기 분해 실험은 그에게 실망만 안겨 주었다.

그러나 마틴 홀은 이에 좌절하지 않고, 알루미나를 녹일 수 있는 광물질이 있을 것을 확신하고 여러 가지 광물질을 가지고 실험하던 중 우연히도 빙정석(氷晶石, 무색 또는 흰색의 할로겐광물 주성분은 플루오르화알루미늄나트륨(Na3AlF6)) 광석을 찾아냈다.

그는 빙정석을 약 1,000℃ 가까이 가열하고 그 액체에 전극을 꽂고 전류를 흐르게 하였다. 그 결과 전지의 음극 쪽에 은빛의 알루미늄이 모여들기 시작했다. 그는 기쁨의 환호성을 질렀다.

1886년에 순수한 알루미늄 덩어리를 생산하는 데 성공한 홀의 나이는 겨우 22세였다. 이로써 공업적인 방법에 의해서 알루미늄의 공정이 실용화되었다.

알루미늄을 만드는 전해조

마틴 홀과 같은 해에 태어났고 또 같은 해에 죽은 프랑스의 화학자 포올루이 뚜상 헤롤드도 거의 같은 해에 같은 공정에 성공하였다. 이러한 우연은 매우 드문 일이나 마틴 홀이 약 2개월 앞선 것으로 기록에 남아 있다. 두 사람은 모두 특허를 냈고, 마틴 홀은 재빠르게 상업적인 면에 뛰어들어 이를 실용화하였다. 특허권 문제로 상당 기간 소송이 제기되었으나 나중에는 서로 합의하여 이를 '홀-헤롤드 공정'으로 정했다. 헤롤드는 또한 지금도 광범위하게 사용되고 있는 전기 용광로도 발명하였다.

마틴 홀은 미국 나이아가라 폭포 가까운 곳에 공장을 설립하였다. 수력 발전에서 나오는 많은 양의 전기를 이용하기 위해서였다. 헤롤드도 라인 폭포의 수력 발전에서 나오는 전력을 이용하기 위하여 스위스의 노이호이젠에 알루미늄 공장을 설립하였다. 이 새로운 금속 제련 공업은 유럽보다 미국이 더 빨리 기반을 굳혀 엄청나게 많은 양의 알루미늄을 생산하였다.

유산을 모교인 오베린 대학에 기증

대량 생산되는 알루미늄은 그 원료가 되는 알루미나를 많이 필요로 했다. 이 알루미나는 천연적으로 쉽게 얻어지는 것이 아니라 보크사이트(수화 알루미나)라는 광석에서 얻어진다. 보크사이트는 산소 이외에도 철과 규소 등의 불순물이 45%나 함유되어 있다.

불순물을 제거하는 방법은 1889년에 바이어라는 학자에 의해 연구되었는데, 보크사이트를 가열하여 잘게 부순 다음 그 가루에다 가성 소다를 넣고 화합시키면 액체 상태의 알루미산 소다가 되고 그 액체를 물 탱크에 넣어 알루미나가 가라앉으면 순수 알루미나를 얻게 된다. 이 알루미나에 10% 정도의 빙정석을 넣고 이를 1,000℃의 온도로 가열해 녹이면서 전기 분해를 실시하면 은백색의 알루미늄이 생산되는 것이다.

생산된 알루미늄은 산화를 방지하기 위하여 크롬산이나 수산을 입혀서 주전자, 냄비 등 식기류는 물론 전기 기구, 건축 자재에도 사용되며 구리, 망간, 마그네슘, 규소 등과 합금하여 오늘날에는 자동차와 비행기는 물론 인공 위성에도 이용되고 있다.

나폴레옹 3세 황제가 만찬에서 아주 귀한 손님에게는 알루미늄 식기를, 그렇지 않은 손님에게는 금 식기를 사용하여 음식을 대접하였다는 웃지 못할 일화가 있다.

마틴 홀의 알루미늄 공장은 발전을 거듭하였고 그는 백만 장자가 되었으나 그는 1914년에 51세의 젊은 나이로 세상을 떠나고 말았다. 그의 막대한 유산은 모교인 오베린 대학에 기증되었으며 지금도 오베린 대학 교정에는 그의 동상이 있다.

디젤 엔진을 발명한
루돌프 디젤

기계를 좋아했던 청소년 시절

루돌프 디젤(Rudolf Diesel, 1858년 3월 18일 ~ 1913년 9월 29일)은 프랑스 파리에서 가죽 가방을 만들어 파는 피혁 공장 주인의 아들로 태어났다. 그의 부모는 독일의 아우크스부르크에서 살다가 프랑스로 이민을 와서 피혁 공장을 경영했다.

루돌프 디젤

디젤은 어려서부터 기계를 좋아하여 학교에서 돌아오면 책가방을 내던지고 공장으로 달려가 가죽을 자르는 재단기와 재봉틀 등 자그마한 연장들을 살펴보면서 어른들이 없을 땐 기계를 만져보기도 하는 장난꾸러기였다. 또한 기술자들이 일하는 모습을 보고 부러워하여 자신도 빨리 자라서 기계 기술자가 되어야겠다고 마음먹었다.

디젤의 집안은 비록 남의 나라에서 모직물과 피혁 공장을 경영하고 있었지만 부족한 것 없이 풍족하게 살았다. 그러나 평화롭던 집안에 불운이 감돌기 시작하였다.

디젤이 12살이 되던 해인 1870년에 프랑스와 러시아가 전쟁을 하였고, 디젤 가족은 탐탁지 않은 외국인으로 낙인 찍혀 프랑스를 떠나야만 했다. 때문에 디젤의 가족은 피혁 공장을 처분하고 영국 런던으로 이주하였다. 런던으로 이주한 이들은 생활이 막막하여 아버지와 어머니는 막노동으로 생계를 꾸렸으며 누나는 가정 교사를 하였다.

디젤을 기계를 전공하는 학교로 보내야겠다고 결심한 그의 아버지는 고국인 독일의 아우크스부르크에 사는 그의 사촌에게 디젤의 공부를 부탁하였고, 디젤은 독일로 건너가 아우크스부르크의 공업 학교를 다니게 되었다. 그는 흥미가 있는 기계 공부를 할 수 있는 학교에 입학하였기 때문에 열심히 공부하였고 장학생이 되었으며 수석으로 학교를 졸업하였다.

다양한 기계의 개량 및 제작

디젤은 기술자가 되기 위하여 뮌헨 공과 대학에 입학했다. 디젤의 기계에 대한 연구심은 아우크스부르크 공업 학교뿐만 아니라 공과 대학의 교수들도 이미 알고 있을 정도였다.

디젤은 유명한 과학자의 전기를 읽기 시작했으며 와트가 발명한 증기 기관에 대해서도 세심한 관찰과 연구를 했다. 그는 그곳에서 유명한 린데 교수를 알게 되었고 그의 열역학 강의를 듣고 크게 감명을 받아 린데 교수의 수제자가 되었다.

1880년 집념이 강한 디젤은 뮌헨 공과 대학을 수석으로 졸업하였다. 졸업 후 그는 린데 교수의 소개로 모리스 힐슈 남작이 경영하는 기계 제작소에서 일하게 되었다. 입사 즉시 그는 냉동기 제작에 열중하는 한편 열기관을 연구하였고, 디젤은 '합리적 열기관의 이론과 구조'라는 연구 보고서를 발표하였다.

디젤은 우선 제빙기 제작을 위해 밤낮을 가리지 않고 연구했다. 그는 먼저 기계의 결함을 찾아내고 개선하기로 작정했다. 수십 번의 실험 끝에 마침내 1883년 투명한 얼음을 만드는 제빙기를 만들었다. 제빙기를 만드는 데 성공하자 회사는 제빙기를 다량으로 생산하고 판매하여 많은 돈을 벌게 되었다. 그리고 아우크스부르크 기계 제작소의 소장은 디젤의 제빙기 제작 성공에 크게 기뻐하고 그의 공로를 축하해 주었다.

1885년경 디젤은 처음으로 외부 점화 장치로 점화되는 엔진을 개량하기로 결심하고 연구하기 시작했다. 그의 연구는 아내인 마르타가 열심히 내조해 주었다. 최초의 가솔린 엔진은 점화 장치가 가열된 필라멘트였으나 후에 전기로 바뀌었다.

석유를 연료로 하는 디젤 엔진 발명

디젤은 내연 기관을 연구하는 데 12년라는 긴 세월이 걸렸다. 그는 내연 기관을 공기와 연료의 혼합물을 실린더에 압축하여 스스로 점화될 수 있도록 뜨겁게 만들려고 하였다.

디젤이 35세 되던 해인 1893년에 그는 자신이 고안한 새로운 동력 기계인 내연 기관에 관해 특허를 출원하였다. 그는 우선 시제품을 제작했다. 시제품을 제작할 때 실린더 내에는 굉장한 압력이 생겨 폭발을 일으키기도 하여 디젤은 죽을 뻔 하기도 하였다. 그는 이에 굴하지 않고 실린더의 결함을 찾아 이를 계속 보완해 나갔다.

실패를 거듭한 디젤은 우여곡절 끝에 내연 기관을 움직이는 엔진 모델을 생산하는 데 성공하였다. 이것은 연료 소비와 기계적 효율성에서 와트의 증기 기관을 크게 능가하는 것이었다.

증기 화물선과 여객선을 위해 설계된 디젤 엔진

1897년 1월 18일, 디젤이 39세 되던 해에 발명한 엔진(기관)은 폭음을 내며 돌아갔다. 주위의 사람들은 환호성을 질렀고, 디젤과 그의 아내 마르타는 기쁨의 눈물을 흘렸다. 디젤의 내연 기관은 그의 이름을 따서 '디젤 엔진'이라 불리게 되었다. 디젤의 연구와 끈질긴 집념의 결과가 결실을 본 것이다.

디젤 엔진(기관)은 처음에는 중유를 사용하였으나 빠른 회전 수와 원활한 동력을 추진시키기 위하여 착화성이 좋은 경유를 사용하게 되었다. 초기에는 육상에서만 사용되던 디젤 엔진은 현재는 선박, 자동차, 기차, 잠수함 등 다양하게 활용되고 있다.

루돌프 디젤의 안타까운 최후

디젤 엔진은 경유를 사용하기 때문에 가솔린 내연 기관보다 경제적인 이점이 있었지만, 엔진의 중량이 훨씬 무겁고 잡음이 심하며 배기 가스가 많이 나오는 단점도 있었다. 20세기 초에는 와트의 증기 기관 대신 디젤 엔진이 모든 기계의 주동력원으로 확고한 위치를 차지했다. 그는 발명의 대가로 백만장자가 될 수 있었지만 재산에 대한 잘못된 관리와 무관심으로 재정적으로 부유하지는 못했다.

1913년 9월 29일 55세 되던 해에 디젤은 영국에 새로 설립한 디젤 엔진 공장의 시찰과 기술 회의에 참석하기 위해 우편물을 운반하는 선박 드레스텐호로 런던으로 가던 중 영국 해협에서 애석하게 실종되었다. 매우 안타까운 일이었다. 사람들은 그가 바다에 뛰어들어 자살했을 것이라고들 추측하기도 하였지만 자살을 할 만한 이유는 없었다.

디젤이 디젤 엔진을 발명하여 산업과 인류 문명을 빠른 속도로 앞당겨 놓은 덕분에 우리는 현재까지 그 문명을 누리고 있고, 지금도 디젤 엔진은 세계 곳곳에서 힘차게 돌아가고 있다. 하지만 루돌프 디젤의 최후의 죽음은 어느 누구도 아는 사람 없이 영원한 수수께끼로 남아 있다.

항공 교통 시대의 문을 연 집념의 형제
윌버 라이트와 오빌 라이트

비행기 연구의 선구자

형 윌버 라이트(Wilbur Wright, 1867년 4월 16일 ~ 1912년 5월 3일)는 미국 인디애나 주의 미르빌에서, 동생인 오빌 라이트(Orville Wright, 1871년 8월 19일 ~ 1948년 1월 30일)는 데이턴에서 전도사의 아들로 태어났다.

라이트 형제

두 형제는 어렸을 때부터 과학에 큰 흥미를 느꼈으며 특히 기계에 대한 관심이 커서 기계의 작동 원리를 알아내는 것을 즐겼다. 그들은 처음 인쇄 기계를 제작하여 판매했다. 그리고 자전거를 개량했으며 자전거 점포를 내어 판매와 수리를 하여 많은 수입을 올렸다.

두 형제는 1896년 8월에 세계적인 글라이더 연구가였던 독일의 오토 릴리엔탈(Otto Lilienthal, 1848년 ~ 1896년)이 시험 비행 중에 추락사했다는 신문 기사를 읽고 큰 충격을 받았다. 릴리엔탈은 버드나무로 골격을 만든 다음 면직물을 씌워 글라이더를 만들었다. 그리고 날개가 고정되어 있으므로 풍향에 따라 몸의 위치를 변화시켜 글라이더를 조정하는 비행 방법을 사용하였다. 그러나 불행하게도 비행 도중 갑자기 분 강한 바람에 추락하여 사망했다.

릴리엔탈은 세상을 떠나기 직전 "인류의 행복을 위해 누군가 내 뒤를 이을 사람이 나타나리라고 믿는다. 나는 그것을 생각하면 이제까지의 나의 노력과 연구가 결코 헛된 일이 아니었다고 생각한다. 그러므로 나는 기쁜 마음으로 눈을 감는다."라는 말을 남겼다.

기계의 힘으로 반드시 날겠다고 결심하다

라이트 형제는 자전거 점포를 경영하면서 생긴 많은 수입금으로 릴리엔탈의 뒤를 이어 비행기를 연구하기로 결심했다. 두 형제는 처음부터 착실하고 조직적으로 비행기를 연구하기 시작했다. 비행에는 안정성뿐만 아니라 조정도 매우 중요하다는 사실을 인식한 그들은 상승 기류에서 새들이 급강하할 때 조정하는 방법을 관찰하고 연구하기 시작했다.

두 형제는 시카고에 사는 옥타브 차누트(Octave Chanute)가 글라이더를 연구하고 있다는 소식을 듣고 편지를 보내 연구에 필요한 자료를 얻었으며, 이미 고인이 된 릴리엔탈의 글라이더도 참고하였다. 그리고 1899년 드디어 라이트 형제는 그들의 착상을 실험하기 위해 쌍날개가 달린 글라이더를 제작하여 대서양 연안에 있는 노스캐롤라이나 주 키티호크라는 어촌에서 실험을 했다.

그러나 라이트 형제의 글라이더는 약 30m 정도 날다가 추락했다. 그들은 바람이 불어도 조종할 수 있도록 상하로 움직이는 키를 달기로 했다. 그들은 상하 조정과 좌우 회전, 흔들림이 매우 중요하다는 사실을 깨닫고 하나하나 개량해 나갔다. 기계에 조예가 깊은 라이트 형제는 계속 실험하여 강한 바람이 불어도 마음대로 조종할 수 있는 조종 장치를 달아 비행하는 데 성공했다.

글라이더에 성공한 라이트 형제는 비행기 제작에도 자신감을 갖게 되었다. 공기보다 무거운 글라이더의 비행 조정에 성공함으로써 경사 비행과 회전 비행 그리고 출발점으로 다시 되돌아오는 비행 등이 시범으로 이루어졌다. 그러나 그때까지만 해도 세상 사람들은 거짓말이거나 과장된 자랑일 것이라며 믿으려 하지 않았다.

라이트 형제의 최초의 비행기

기계에 대한 많은 지식을 가지고 있는 라이트 형제는 더욱 기발한 생각을 가지고 비행기 제작에 심혈을 기울였다. 그들은 기계의 힘으로 창공을 날아보고 싶었다.

그들은 글라이더 전면에서 프로펠러를 돌려 스스로 바람을 만들어 이용하면 기체를 떠오르게 할 수 있을 것 같았다. 그렇게 하면 자연의 바람에 의존하지 않고도 스스로의 힘으로 하늘을 날 수 있을 것이라고 생각했다. 라이트 형제는 곧 실천에 옮겼다. 엔진을 글라이더에 장치하고, 가문비나무로 깎아 만든 프로펠러를 엔진에 연결시켰다.

1903년 12월 17일, 키티호크 어촌에서는 세계에서 처음으로 엔진을 단 비행기 1호가 넓은 하늘을 나는 행사가 거행되었다. 요란스러운 프로펠러 소리와 구경꾼들의 환호성으로 어촌이 떠나갈 듯 소란했다. 이날 월버가 운전한 글라이더는 53m의 거리를 약 50초 동안 날았으며, 두 번째 비행에는 지상으로부터 6m의 높이로 240m나 비행한 기록을 남겼다. 키티호크에서의 역사적인 비행의 성공이 세상에 알려지자 세계의 과학자들은 깜짝 놀랐다.

비행기 제작 회사를 설립하다

라이트 형제는 기계 역학의 지식을 쌓아 나갔다. 그리고 1908년에 새로운 비행기의 모델을 유럽으로 가지고 가서 시험 비행을 하여 세상 사람들을 놀라게 했다.

같은 해 미국에서는 동생 오빌 라이트가 육군과 계약을 맺기 위해 시험 비행을 하다가 추락하여 중상을 입어 좌절하기도 했다. 그러나 시험 비행은 계속되었으며 드디어 1909년에는 아메리칸 라이트 비행기 제작 회사를 설립했다.

유럽에서 비행기 제작에 대한 계약이 성사되었고 미국 육군도 군용 모델 비행기를 주문하기 시작했다. 이 일련의 성과들에 크게 자극을 받은 세계 각국의 비행기 연구가들은 다시 비행기 연구에 열을 올리기 시작했다.

그 후 2년 간 라이트 형제는 비행기 설계와 제작에서 선두를 달렸지만 새로운 경쟁자들은 언제까지 그들을 기다리고 있지는 않았다. 더욱 발전한 새로운 특허를 거머쥔 맹렬한 경쟁자들이 주도권을 빼앗기 시작했다. 새로운 비행 기술이 라이트 형제의 개념을 앞질러 가기 시작했다.

그렇지만 라이트 형제의 공적은 결코 과소평가 될 수 없다. 많은 사람들이 불가능하다고 생각했던 공기보다 무거우면서 기계 역학적으로 설계된, 기계로 추진되고 조정되는 비행기를 만드는 데 최초로 성공하였기 때문이다.

형인 윌버는 1912년 5월 30일에 장티푸스에 걸려 45세의 나이로 세상을 일찍 떠났고, 동생인 오빌은 1948년 1월 30일, 77세의 나이로 데이턴에서 세상을 하직하였다. 이들은 비행기 연구에 몰두한 나머지 평생을 독신으로 살았다고 한다.

동생 오빌이 살던 그림 같은 저택은 현재 데이턴 남쪽 오크드 거리 하우돈 언덕에 보존되어 있다. 그리고 최초로 동력 비행을 실험했던 키티호크에는 라이트 형제의 동상과 기념관이 세워져 있으며, 데이턴에는 라이트 형제의 이름을 딴 미국 공군의 라이튼 연구소가 세워져 그들의 업적을 기리고 있다. 두 형제는 가족이 안치되어 있는 오하이오 주에 안치되어 있다.

질소 공정으로 비료 공업의 기초를 이룩한
프리츠 하버

유태계 독일인으로 태어나다

제1차 세계 대전 당시 독일에 커다란 공헌을 했으나, 독일에서 국외 추방이라는 아픔을 경험했던 유태계의 과학자 프리츠 하버 (Fritz Haber, 1868년 12월 9일 ~ 1934년 1월 29일)는 브레슬라우에서 독일 국적을 가진 유태 인의 아들로 태어났다.

프리츠 하버

고등학교 때에는 김나지움(인문계)에 들어가 고전 교육을 받았으나 과학에 흥미가 있어 독학으로 과학을 공부했다. 하버는 열심히 공부하여 하이델베르크 등의 대학에서 유기 화학을 공부하였으며 1894년에는 베를린의 카를스루 공과 대학에서 물리 화학 분야의 강사직을 맡게 되었고, 유기 화학 분야의 박사 학위도 받았다.

그는 물리 화학 분야에서 기초 연구를 기술적으로 응용하는 데 크게 공헌했으며, 열역학과 전기 화학 분야에서 큰 업적을 세워 교수직에 오르게 되었다. 하버가 대기 중의 질소를 화학적으로 고정해 보려고 생각했던 것도 그가 열역학을 연구했기 때문이었다.

공기 중의 질소 공정법을 발견

식물이 성장하기 위해서는 질소 인산 칼륨이 필요하다. 그러므로 토양 중에 부족한 원소는 비료로 충분히 보충해 주어야 한다. 20세기 초기까지는 비료의 원료인 질산은 대부분 남미의 여러 나라, 특히 칠레에서 많이 생산되는 초석으로 만들었다. 그러나 비료의 원료인 자연산 초석은 생산에 한계가 있었고 전쟁 중에는 화약의 원료로 사용되었기 때문에 더욱 구하기가 어려웠다.

그래서 제1차 세계 대전이 일어나기 수년 전부터 여러 열강들은 화학자들을 통해 초석을 원료로 하지 않고, 공기 중에 20%를 차지하고 있는 막대한 양의 질소로부터 암모니아를 얻어 비료를 만드는 방법을 연구했다.

하버는 열역학의 지식을 바탕으로, 기체 질소를 얻을 수 있는 방법은 수소를 화학적으로 결합시켜 암모니아를 얻는 것이라고 생각했다. 열역학적으로 문제가 되었던 기체를 반응시키려면 고온이 필요하지만 이때의 고온은 암모니아의 생성을 억제시키기 때문에 하버는 질소와 수소의 혼합물을 가열한 후 고압에서 반응시켜 그 문제를 해결했다.

공기 중의 질소에 물을 전기 분해하거나 소금물을 전기 분해해서 얻은 수소를 섞은 혼합 기체를 섭씨 450℃로 가열하고 1,000기압에서 반응시켜 만든 암모니아를 산화시키면 질산이 되는 것이다.

노벨 화학상을 수상하다

하버는 그가 발명한 방법으로 만든 암모니아를 원료로 하여 비료를 만들었다. 그는 암모니아 합성법을 개발한 공로로 1918년에 노벨 화학상을 수상했다.

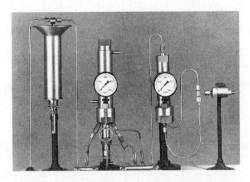

암모니아를 연속적으로 합성하는 데 사용된 하버의 실험 기구들

하버가 실험실에서 성공한 암모니아 합성은 대규모 산업 공정의 기본 원리가 되었다. 따라서 독일 지도자들은 많은 질소 제조 공장

을 세웠으며 초석에서 질산을 만들지 않고서도 대량의 화학 원료를
생산할 수 있게 되었다.

그 당시는 제1차 세계 대전으로 초석의 수입이 어려웠기 때문에
독일 지도자들은 암모니아의 합성법을 발명한 하버를 가장 위대한
화학자라고 칭송하였다. 하버 자신도 자기가 태어난 독일에 충성을
다하겠다고 마음먹었다.

하버가 실험실에서 성공한 공정을 산업화한 또 한 사람의 화학자
는 카를 보슈였다. 그는 생산 공정을 향상시키고 개선하는 한편 이
에 적당한 촉매도 연구하여 질소 비료를 대량으로 생산할 수 있게
되었다. 이 방법은 '하버-보슈 공정'으로 알려졌다.

화학 무기 제조의 책임을 맡다

그 당시 전쟁은 끝날 줄 모르고 계속되었다. 제1차 세계 대전의
주요 전투 요원은 보병과 기병대였으며, 참호를 이용했기 때문에 새
로운 전쟁 무기가 필요했다.

영국에서는 탱크를 발명했고, 독일에서는 독가스를 개발하였다.
독가스 연구에 공헌한 화학자가 바로 하버였다. 그는 열심히 독가
스를 연구했으며 나중에는 화학 무기 제조의 책임자로 일했다.

독가스에 의한 살상은 전쟁 후에도 많은 지탄을 받았다. 독가스
는 병사들을 곧바로 죽이거나 그렇지 않으면 독가스에 중독시켜 식

물 인간이 되게 하거나 일시적으로 얼이 빠지게 만들었다.

독가스를 제작하기란 쉬운 일이 아니었다. 독가스는 가라앉아야 하기에 공기보다 무거워야 하지만 지상 2m 이상을 올라가지 않아야 한다. 또한 쉽게 알 수 없도록 무색이어야 하며 원료도 쉽게 구할 수 있어야 했다.

화학자 하버는 다양한 실험을 거듭했다. 소금을 분해하여 만든 염소는 용기에 넣어 보관할 수 있어 수송하기 편리하고, 공기보다 2.5배나 무거워 개인호, 참호, 방공호에 가라앉아 병사들에게 치명상을 줄 수 있는 장점이 있었다. 그러나 염소는 황록색의 색깔을 내고, 고약한 냄새도 풍기기 때문에 적군이 독가스의 존재를 쉽게 판단할 수 있는 단점도 가지고 있었다.

하버의 화학 무기 개발에 대해 그의 아내 클라라는 적극적으로 반대했다. 그녀는 하버의 화학 무기 개발에 반대하며 하버를 설득하였지만 실패하였고, 프랑스군이 화학 무기로 대량 학살을 당했다는 소식을 들은 클라라는 자신의 목숨을 끊었다고 한다.

그러나 하버는 계속 연구하여 압축된 염소 170톤을 생산하여 5,700개의 용기에 담았다. 그리고 연합군 참호를 향해 비치했다가 바람이 연합군 쪽으로 부는 날 염소 가스를 방출했다. 아무 것도 알지 못하는 연합군의 참호는 아비규환이 되었다. 연합군은 눈과 코, 목구멍이 쑤시거나 아프고 심하게 기침이 나오고 구토를 하면서 피를 토하기 시작했다. 독일군은 때를 놓치지 않고 속수무책으로 아비규환이 된 연합군을 격파했다. 그러나 독가스는 바람이 적군을 향해 불어야만 쓸모가 있어 사용할 수 있는 기회가 흔하지 않았으며, 잘못하면 오히려 독일군에게 큰 피해를 줄 수도 있었으므로 사용하는 데 불편함이 많았다.

하버는 독일의 화학 부장의 높은 자리에 올랐으나 1918년 독일의 패배로 전쟁은 끝나고 말았다.

만년에는 외국으로 추방당하다

전쟁이 끝난 후 하버는 그의 연구실을 세계에서 가장 유명한 물리 화학 연구실로 성장시켰고, 국제적인 명성도 얻게 되었다.

그러나 1933년 히틀러가 정권을 잡은 후, 유태인인 하버에게 박해와 학대가 가해지기 시작했다. 처음에는 나치스의 유태인 박해에 항의도 했으나, 유명한 과학자도 독재자 히틀러에게는 통하지 않았다. 히틀러는 노벨상을 수상한 위대한 독일의 화학자이며 애국자인 하버를 외국으로 추방시켰다. 이에 많은 충격을 받은 하버는 스위스의 발젤 요양원에서 치료를 받다가 1934년 1월 29일에 심장마비로 세상을 떠났다.

원자핵 붕괴를 알아낸 핵물리학의 아버지
어니스트 러더퍼드

천재성을 발휘한 수재

어니스트 러더퍼드(Ernest Rutherford, 1871년 8월 30일~1937년 10월 19일)는 뉴질랜드의 넬슨 근교의 브라이트 워터라는 마을에서 12남매 중 장남으로 태어났다. 그의 아버지 제임스 러더퍼드는 스코틀랜드 출신으로 완고한 성격의 소유자로 원래는 수레바퀴를 제작하는 목수였으나 농

어니스트 러더퍼드

업으로 전환하여 성공한 사람이었다. 러더퍼드의 어머니 마르다 톰슨은 교사 출신으로 이들은 넬슨에서 결혼하였다.

어니스트 러더퍼드는 아버지를 돕기 위해 농장 일을 거들었으나 그의 부모는 교육을 중요하게 생각하였으므로 농장을 돕는 일보다 공부에 열중하도록 했다.

러더퍼드는 공립 학교인 넬슨 대학에 입학했다. 그는 재학 중 수

학, 물리학, 화학은 물론 라틴어, 프랑스어, 역사 등 여러 과목에서 뛰어난 성적을 발휘했고 장학금도 독차지하는 천재성을 보였다. 러더퍼드는 넬슨 대학에서 3년을 수학한 뒤 전도 유망한 그리스도 계통의 캔터베리 대학에 장학생으로 입학했다.

방사능과 원자 구조에 관심을 갖다

장학생으로 입학한 러더퍼드는 대학교 2학년 때 이미 물리학 분야에서 총망받기 시작했다. 그는 교류 방전이 일어날 때의 철의 자기화에 관한 헤르츠의 실험에 큰 흥미를 느꼈다. 러더퍼드는 이 분야에서 처음으로 독창적인 연구를 하여 라디오파의 자기 탐지기를 발명하였다.

러더퍼드는 뛰어난 수학 능력 덕분에 케임브리지 대학에서 장학금을 받았고, 캐번디시 연구소에서 연구를 하게 되었다. 그는 이 곳에서 그의 인생에 전환점이 된 유명한 물리학자인 톰슨을 만났다.

그 당시 빌헬름 뢴트겐이 엑스선을 발견하자 톰슨이 공동 연구를 제의해 왔다. 그는 기체에 미치는 엑스선 효과에 관한 그에게 공동 연구에 참여하게 되었고 톰슨은 러더퍼드의 연구를 독려해 주었다. 이것은 러더퍼드가 평생 동안 방사능과 원자 구조에 대해 관심을 갖게 된 계기가 되었다.

1898년 러더퍼드는 톰슨 교수의 추천으로 캐나다의 몬트리올에 있는 먹길 대학의 물리학 교수로 부임했다. 먹길 대학의 물리학 연구실은 담배 장사로 백만장자가 된 맥도날드 사장이 충분한 재정 지원을 하여 연구 시설이 매우 좋았고 우수한 연구원들이 많았다.

엑스선에 관한 뢴트겐의 연구는 러더퍼드를 매혹시켰다. 그는 먹길 대학에 와서도 캐번디시 연구소에서 하던 방사능에 관한 연구를 계속하였다.

알파선, 베타선, 감마선을 발견

러더퍼드는 우라늄 같은 원소에서 방출되는 방사선을 분석하는 연구를 시작했다. 그 결과 방사선은 3개의 성분으로 구성되어 있다는 것을 발견했다. 그 중의 2개는 매우 작은 입자광이어서 흡수성이 좋은 것을 알파선이라 명명하고 투과성이 큰 것은 베타선이라 명명했다. 또 하나의 성분은 고주파의 전자파로 그것은 감마선이라 명명했다.

방사성 물질 곁에 물질을 놓으면 그 물질이 방사능을 지니게 되는 현상인 물질의 방사성 변환이라는 개념이 성립되어 나갔다. 토륨에서 나오는 기체의 방사성 물질을 연구해서 유도 방사능을 해명하기 시작한 러더퍼드는 영국의 유명한 화학자 프레더릭 소디와 공동으로 화학적 추적을 계속해서 물질 변화를 확인하고 우라늄 및 토륨 같은 원소들은 방사성 붕괴시에 자발적으로 다른 중간 원소로 전환된다는 사실을 확인하였다.

더욱이 각 중간 원소들은 스스로 일정한 속도로 붕괴되어 일정 양의 절반이 붕괴되기까지에는 일정한 시간이 걸린다는 사실을 확인하였다. 러더퍼드는 그 기간을 원소의 '반감기'라고 명명하였다.

러더퍼드의 이러한 발견은 큰 파문을 일으켰으며 과학자들은 원소가 변한다는 그의 이론은 중세의 연금술과 다름없다고 비웃었다. 그러나 1904년 그의 보고서인 《방사능》이 출판되면서 러더퍼드의 뛰어난 업적은 전 세계적으로 인정을 받게 되었다.

물리학자로서 노벨 화학상을 수상

1907년 그가 맨체스터 대학의 교수로 임명되어 영국으로 부임할 즈음 그는 자연 방사능에 관한 연구를 시작했다. 1908년 러더퍼드와 한스 가이거는 충돌에 의한 이온화 현상을 이용하여 원자를 이루는 알맹이를 검출하고 측정하는 방법을 개발하였다.

같은 해 러더퍼드는 원소의 붕괴 및 방사성 물질의 화학적 연구 결과 노벨 화학상을 수상했다. 시상식에 참석하기 위해 스톡홀름에 간 그는 스웨덴 국왕과 왕비가 베푸는 연회에 초대되어 축배를 들면서 물리학 교수로서 노벨 화학상을 받게 된 영광을 만끽했다. 또 그 해에 이탈리아의 토리노 과학 아카데미에서 수여하는 브레사상도 러더퍼드에게 주어져 그의 기쁨은 더욱 컸다. 그는 1919년에는 기사 작위도 받았다.

노벨상을 받는 러더퍼드(중앙)

러더퍼드는 원자를 조사할 수 있는 방법을 알아내려고 노력했다. 원자에 일어나는 현상을 보기 위해 발사체를 원자에 발사하기로 하였다. 발사체를 원자에 발사하기 위해서는 가장 먼저 표적과 거의 비슷한 정도의 아주 작은 발사체를 찾아야만 했다. 그는 발사체로 알파선을 사용하기로 하고, 쉽게 구할 수 있는 재료인 라듐을 선택했다.

1909년 그는 좁은 알파선을 $\frac{1}{1,000}$ cm 보다 얇은 금박 표적에 발사하는 실험을 시작했다. 대부분의 알파 알맹이는 금박을 바로 투과하였으나 어떤 것은 가끔 고체에 부딪친 것처럼 회절 하였다. 그는 이 실험으로 금박 내의 원자와의 충돌로 산란된 알맹이들의 양상을 조사하여, 원자 자체의 내부 구조를 상세히 규명하였다.

한 원소를 다른 원소로 바꾼 현대의 연금술사

러더퍼드는 실험 결과를 토대로 원자 모형을 만들었다. 그의 원자 모형은 매우 발달된 과학 측정 기구로 이루어진 최초의 발견이라는 점에서 오늘날까지도 매우 중요하게 여겨진다.

러더퍼드는 알파 알맹이로 수소가 들어 있는 용기를 사격해 보았다. 그 결과로 그는 황화 아연 스크린 위에 밝은 섬광을 관찰했다. 그는 사격에 의한 충돌 때문에 하전된 수소 원자가 생긴 것이 틀림없다고 믿었다. 그는 그 새로운 알맹이를 양전자라고 불렀다.

러더퍼드는 알파 알맹이와 질소 원자핵이 충돌하면 질소 원자들이 붕괴되고 그 결과 수소 원자핵이 나온다고 결론지었다. 그러므로 방출된 수소 원자핵은 질소 원자핵의 성분임이 틀림없었다. 그는 한 원소를 다른 원소로 바꾼 현대의 연금술사였다.

1919년에 톰슨이 은퇴하자 후임으로 러더퍼드가 캐번디시 연구소의 4대 소장으로 취임했다. 러더퍼드는 자연 방사능을 설명하고 원자핵의 모형을 만들어 처음으로 인공 원자핵 반응을 시도하였는데 이것은 큰 업적으로 기록되고 있다.

그 밖에도 수많은 업적을 남기고 1937년 10월 19일에 캠브리지에서 영면하였으며 웨스트민스터 사원에 아이작 뉴턴과 캘빈 옆에 안치되었다.

플라스틱을 발명한
리오 헨드릭 베이클랜드

고분자 화학 연구에 몰두

합성 플라스틱의 시조인 베이클라이트를 개발한 리오 헨드릭 베이클랜드(Leo Hendric Baekeland, 1863년 11월 14일~1944년 2월 23일)는 벨기에의 겐트에서 출생하여 대학 강사로 재직하다가 1889년 미국으로 이주한 뒤에는 오직 발명에만 힘을 쏟았다.

리오 헨드릭 베이클랜드

오늘날 플라스틱은 우리의 일상생활에서 떼어 놓을 수 없다. 식기류, 완구류, 건축 재료, 자동차와 비행기 부품 등 모든 공업 용품에 플라스틱이 사용되지 않는 것은 거의 없다.

플라스틱의 종류도 페놀 수지, 요소 수지, 멜라민 수지, 염화 비닐 수지, 질산 비닐 수지, 폴리에스터 수지, 폴리스티롤 수지, 메타크릴 수지, 폴리에틸렌 수지 등 매우 다양하다. 이 수지들은 대부분은 석유나 석탄 등으로 만들어지는 모두 고분자 화합물이다.

이와 같은 플라스틱은 가볍고 질길 뿐만 아니라 강하고 광택이 밝다. 또 착색이 용이하고 부식성이 없어 생활용품에 일대 변혁을 가져왔다. 합성 플라스틱인 베이클라이트는 최초의 열경화성 플라스틱으로 오늘날 플라스틱 기술의 기초가 되었다. 그러나 이 열경화성 플라스틱인 베이클라이트가 발명되기까지는 세계의 많은 화학자들의 피나는 노력이 있었다.

19세기에 유기 화학이 발달함으로써 산업에 유용한 많은 합성 제품과 부산품이 만들어졌다. 영국의 화학자 알렉산더 파크스는 도이칠란트의 쇤바인이라는 과학자가 보내 준 질산 섬유소로 연구 실험을 했다. 그는 에테르와 알코올에 질산 섬유소를 녹여 콜로디온을 만든 후 여러 틀을 만들어 모형을 뜨는 방법으로 생활용품을 만들었다. 파크스는 이것을 파크신이라 이름을 붙였다. 그는 제품을 만들어 미국 박람회에 출품하여 호평을 받았으나 에테르와 알코올이 증발하면 제품이 줄어드는 결점이 있었다.

파크스는 그것을 보완하기 위하여 실험을 계속했다. 그는 피마자 기름과 장뇌를 섞어 새로운 품질의 파크신을 만드는 데 성공하자 오늘날의 셀룰로이드와 같은 파크신을 만들어 대규모의 제품을 생산하기 위해 공장을 세웠다. 그러나 널리 알려지지 않은 제품이었기 때문에 산업화에는 성공하지 못하고 2년 만에 큰 손해만 보고 공장의 문을 닫아야만 했다.

최초의 플라스틱 발명

1863년 어느 날 뉴욕 거리에는 상아 대신 상아와 비슷한 물질로 당구공을 만드는 사람에게 1만 불의 상금을 주겠다는 광고가 크게 붙었다. 그 당시 당구공은 상아로만 만들었기 때문에 당구공의 값이 매우 비쌀 수밖에 없었다. 많은 발명가들이 이에 큰 관심을 나타냈다. 그 중에서도 미국의 발명가 존 웨슬리 하이아트는 누구보다도 큰 관심을 갖었다.

하이아트는 영국의 화학자인 파크스의 방법을 연구했다. 그는 원료 성분의 양을 조절하면서 실험을 계속했다. 그리고 고압과 고열을 가하면서 실험을 계속하였는데 여러 실험을 통하여 콜로리온 속의 질산 섬유소를 녹이는 물질을 넣으면 질이 좋아진다는 사실을 알아냈다. 특히 장뇌가 효과가 크다는 것도 알아냈다.

하이아트는 이제까지 실험한 물질에다 장뇌를 넣어 당구공으로 사용할 수 있는 대용품을 만드는 데 성공했다. 그는 그 재료를 셀룰로이드라 불렀으며, 이것이 최초의 플라스틱이다. 셀룰로이드는 놀라울 정도로 그 용도가 다양했다. 하이아트는 다양한 모양의 단추, 상자, 자를 비롯한 학용품은 물론 사진의 필름까지도 만들었다.

이처럼 다양한 제품을 만들 수 있게 된 것은, 셀룰로이드는 100℃에 쉽게 유연해져 성형할 수 있었으며 식으면 강도가 지속되어 틀을 만들어 같은 제품을 계속 생산해 낼 수 있었기 때문이었다. 또 구멍을 뚫거나 절단할 수도 있어, 임의로 모양을 만들 수 있기도 했다. 그러나 오직 한 가지 결점은, 니트로셀룰로오스를 원료로 하였기 때문에 불에 타기 쉬운 성질이었다. 셀룰로이드는 열가소성 수지이므로 열을 가하면 유연해지기 때문에 용도가 제한되었다. 그래서 한 번 냉각하면 다시는 유연해지지 않는 열경화성 수지를 개발하려고 화학자들은 노력했다.

베이클라이트의 발명

베이클랜드는 전기 절연체를 연구하다가 28년 전인 1872년 독일의 유명한 화학자 아돌프 폰 바이어 교수가 두 가지 화약 약품을 섞어 천연 수지인 셸락과 비슷한 물질을 만들었다는 중요한 사실을 우연히 알게 되었다. 바이어 교수는 석탄산(페놀)과 포르말린과의 반응을 연구하다가 셸락과는 달리 열에도 강하고 약품에도 잘 녹지 않는 성질을 가진 물질을 합성했다. 그러나 실제적인 합성수지가 만들었음에도 불구하고 실용화하지는 못했다.

베이클랜드는 즉시 바이어 교수가 만들었다는 물질의 재현을 시도했다. 페놀과 포르말린에 산을 넣어서 결합시켜 보았지만 급속히 딱딱하게 굳어버렸다. 그는 천천히 굳게 할 수 있는 방법을 찾기 위해 실험을 거듭했다.

그는 산 대신 알칼리를 넣어서 실험했다. 페놀과 포르말린에 암모니아를 넣어 결합시킨 결과 빨리 굳어지지 않는 이상적인 플라스틱을 얻었다. 이 플라스틱은 일정한 압력하에서 가열하면 성형할 수 있고, 경화되는 유연한 고체였다. 또한 분말로 만들어 압력과 열을 가하면 딱딱한 고체 형태로도 만들 수도 있었다. 이 물질은 완전 부도체이므로 전기 기구와 플러그 제작에 안성맞춤이었다. 또한 열과 부식에도 강했다.

실험실에서 일하고 있는 베이클랜드

베이클랜드는 이 새로운 수지로 전기 제품은 물론 식기류와 재떨이, 그리고 생활에 필요한 다양한 상자를 제조하여 상품으로 판매하기 시작했다. 그는 열경화수지인 이 신비의 화합물을 자신의 이름을 따서 베이클라이트라고 이름을 붙였다.

베이클랜드는 베이클라이트의 우수한 성질을 설명하기 위하여 강연회를 갖는 등, 계몽 활동에 노력하는 한편 베이클라이트를 사용한 안전하고 편리한 전기 기구를 개발하고 보급하는 데도 주력했다. 그리고 세계적으로 유명한 웨스팅하우스 전기 회사도 베이클라이트를 사용하는 전기 제품을 만들기 시작했다.

오늘날에는 베이클라이트의 용도가 더욱 다양해져 가정 생활 용품에 일대 혁명을 몰고 왔다. 분명 베이클라이트는 플라스틱 산업의 시발점이었고 혁명이었다.

무선 통신 시대의 문을 연
굴리엘모 마르코니

과학자의 전기물을 탐독한 청소년 시절

마르코니의 아버지는 이탈리아의 대지 주였고 어머니는 영국의 귀족이었다. 청소년 시절의 굴리엘모 마르코니(Guglielmo Marconi, 1874년 4월 25일~1937년 7월 20일)는 부유한 가정에서 자랐으며, 성격이 침착하고 온순한 편이었고, 저택 안에 마련된 훌륭한 도서실에서 과학 기술자의 전기물

굴리엘모 마르코니

을 즐겨 읽었다. 특히 증기 기관과 전기에 관한 책에 흥미를 갖었다.

어린 아들 교육에 남다른 관심을 가지고 있었던 그의 어머니는 마르코니가 자연 과학에 소질이 있는 것을 알고 그를 과학자로 키워야겠다고 결심했다. 그는 청소년 시절에는 레그혼 공업 학교에서 교육을 받았으며 물리학 교수로부터 개인 지도도 받았다.

마르코니는 블로야 근처의 가족 사유지에서 연구와 실험을 시작

하였다. "우리가 사는 우주 공간에는 어디에나 과학자 맥스웰이 발견한 냄새도 없고 무게와 빛깔도 없는 에테르라고 하는 것이 있어서 그것이 전파를 전달해 주는 역할을 한다."라는 헤르츠의 연구 논문을 읽은 마르코니는 매우 감명을 받았다. 마르코니는 그 글을 읽고 문득 무엇인가 머리에 떠올랐다.

만일 그것이 사실이라면 방 안에서 뿐만 아니라 밖의 어느 곳에서나 같은 현상이 일어날 것이라고 생각했다. 그것을 통신에 이용한다면 굳이 긴 전선을 사용하지 않더라도 먼 거리에서 서로 통신할 수 있을 것이라고 생각하였으며. 도시와 도시 그리고 더 멀리 떨어져 있는 국가와 국가도 전선 없이 통신이 가능할 것이라고 생각했다. 마르코니는 그러한 확신을 가지고 연구와 실험을 시작했다.

무선 통신의 역사

방송국과 각 가정이 전선으로 연결되어 있지 않지만 전파가 전달되기 때문에 우리는 안방에 앉아 국내외에서 일어나는 소식을 바로 보고 들을 수 있다.

우리는 이처럼 과학 문명의 혜택을 일상생활에서 누리고 있지만 그것을 이룬 수많은 과학자들의 피나는 노력과 공적을 잊고 살아가고 있다. 방송도 마찬가지이다. 많은 과학자들이 무선 방송의 이론적인 면과 실험적인 면에서 결정적인 공헌을 하였기 때문에 우리들은 그 혜택을 입고 있는 것이다.

마르코니 전에 이미 3인의 과학자가 무선 통신을 연구한 내용을 살펴보면 영국의 과학자 맥스웰은 1860년에 전자파의 전파 속도가 광속도와 같고 전자파가 횡파라는 사실을 밝혀냈다.

20년 후에 독일의 과학자 하인리히 헤르츠는 헤르츠파라는 연구 논문을 발표하였다. 그는 두 개의 금속공 사이에 전기 방전을 일으키면 매우 작은 전기 불꽃이 그 틈 사이를 뛰어넘어 금속환으로 파를 일으키는 것을 탐지하였다. 그는 이것을 헤르츠파라고 하였다.

또 1894년 영국의 과학자 올리버 로지는 전파를 보내는 발신기를 만들어 모스 기호로 1.6km까지 신호를 보낼 수 있었다. 그러나 그들은 모두 전파를 보내는 방법만 연구했을 뿐 먼 곳에서 오는 전파를 수신하는 장치는 연구하지 못하였다.

마르코니는 이 세 과학자의 연구 논문을 열심히 읽어 이들이 제기한 이론과 자신의 이론을 종합하여 최초로 무선 통신을 성공시켰다.

세계 최초의 무선 전신 회사를 설립하다

마르코니는 발신기의 한쪽 끝을 긴 전선으로 전신주 꼭대기의 판에 연결하고 다른 한쪽 끝을 땅에 묻으면 신호를 증폭시킬 수 있다는 것을 알아냈다.

1895년 9월 어느 날 마르코니는 언덕 넘어의 약 1.7km나 떨어진 곳에 신호를 보내는 데 성공하여 주위 사람들을 깜짝 놀라게 하였으며 1896년에는 22세의 젊은 나이로 무선 전신 특허를 받아냈다.

그는 특허를 받기까지 단 한 번도 전문적인 학자나 기술자에게 무선 전신에 관한 자문이나 지도를 받지 않고 스스로 모든 어려움을 감내하며 독자적으로 연구하였다.

마르코니가 무선 통신의 특허를 획득하고 연구 결과를 발표하자 여기저기서 항의가 빗발쳤다. 어떤 사람은 자기가 이미 성공시킨 것이라고 했고, 또 어떤 사람은 마르코니가 부분적으로 자신의 연구를 표절했다고 했다.

사과나무에서 사과가 떨어지는 것을 보고 아이작 뉴턴은 만유 인력의 법칙을 발견하였다. 그러나 뉴턴 이전에도 무수한 사람들이 사과가 떨어지는 것을 보았을 것이다. 마르코니에 대한 이런 항의는 뉴턴보다 내가 먼저 사과가 떨어지는 것을 보았으니 만유 인력의 법칙은 내가 발견한 것이라고 우겨대는 억지와 같았다. 그러나 마르코니는 간단한 부분품과 개량품의 특허까지 사들이기로 하였고, 이탈리아 정부에 지원을 요청하였으나 무선 통신의 중요성을 인식하지 못한 정부는 거절하였다.

마르코니가 만든 최초의 발신기

실의에 빠져있던 마르코니는 1896년에 한 가닥 희망을 걸고 어머니의 고국인 영국으로 떠났다. 그는 런던에 도착하자마자 영국 체신부에 달려가 자기의 발명품을 자세히 설명하고 400m 떨어진 곳에서 송신하는 과정도 실험해 보였다.

영국 정부는 그의 발명품의 가치를 인정하여 적극적으로 재정 지원을 하였다. 그 덕분에 마르코니는 착실히 연구와 실험을 계속할 수 있었다. 그리하여 그는 1897년 세계 최초의 무선 전신 회사를 설립했다. 그는 우선 해안선에 있는 모든 등대와 등대선에 무선을 설치하고 통신을 하도록 추진했다.

대서양을 건너 통신하다

1899년 마르코니는 무선 통신 주식 회사를 확충 개편하여 영국 해협을 넘어 50km나 떨어져 있는 프랑스의 무선 통신소와 교신하는 데 성공했다.

그 당시에는 땅 표면의 굴곡 때문에 전파도 기껏해야 300km 정도 밖에 전달되지 못할 것이라고 생각했었다. 그러나 마르코니의 꿈은 넓은 바다를 건너 유럽 대륙뿐만 아니라 대서양 건너에 있는 아메리카 대륙과의 무선 통신까지 성공시키는 것이었다.

그 꿈은 곧 실현되었다. 1901년 12월 11일 마르코니는 콘웰 주의 폴두에서 대서양 넘어 320km나 떨어진 곳에 있는 뉴마운드랜드의 존스 송신소까지 전파를 보내는 데 성공하였다. 그는 연구와 실험을 거듭했다. 긴 파장에 의한 무선 통신을 시작으로 연구를 거듭하여 짧은 파장의 무선 통신까지 그 범위를 넓혀 나갔다. 그 결과 더욱 강한 전파를 보낼 수 있었으며 신호가 쉽게 차단되지도 않았다.

마르코니의 정열적인 활약과 불굴의 도전 정신으로 무선 통신 시대가 열린 것이다. 마르코니가 통신에 이용한 전자기파는 오늘날에도 우리 생활 깊숙이 침투해 있다. 우리가 사용하는 개인용 스마트폰에서 텔레비전 방송국에서 영상과 음성을 전자기파에 실어 가정까지 보낸다. 얼마나 편리한 세상인가?

영국에 설립한 마르코니 무선 전신 주식 회사는 아직도 세계에서 선구적인 전신기 회사로 존재하고 있다. 마르코니는 1909년에 칼 페르디난트 브라운과 함께 노벨 물리학상을 공동 수상했다. 마르코니가 통신에 이용한 전자기파는 오늘날에도 편리한 생활을 돕고 있다. 개인용 스마트폰에서, TV 방송국에서 영상과 음성을 전자기파에 실어 가정까지 전달한다.

아쉽게도 마르코니는 63세의 나이로 세상을 떠나고 말았다. 그는 세상을 떠났지만 이 시간에도 무수한 통신 전파는 공중을 날고 있고, 우리들은 그 전파를 사용하여 생활에 편리하게 응용하고 있다.

라듐 방사능 원소를 발견한 천재
마리 퀴리

마리 퀴리의 젊은 시절

라듐의 발견으로 이름이 널리 알려져 있는 마리 퀴리(Marie Curie, 1867년 11월 7일 ~ 1954년 7월 4일)는 1867년 전쟁의 소용돌이에 빠져 있던 폴란드의 수도 바르샤바에서 5형제 중 막내로 태어났다.

마리 퀴리

그의 결혼 전 이름은 마리 스쿼도프스카(Marie Sklodowska)였다. 아버지는 중학교에서 수학과 물리학을 가르치는 교사였고 어머니는 여자 중학교의 교장까지 지냈으나, 집안은 가난한 편이었다. 그러나 마리는 바르샤바에서 7년제 여자 중학교를 수석으로 졸업하고, 가정 교사를 하여 언니인 브로냐의 학비를 대었다. 그 후 언니가 소르본 대학의 의학부를 졸업한 다음에야 24살에 소르본 대학 이학부에 들어가 수학과 물리학을 공부했다. 대학에 다니기에는 나이가 좀 많은 편이었지만 가난과 온갖 고초를 무릅쓰고 열심히 공부하여 마리는 2년 후 소르본 대학 물리학과를 수석으로 졸업했다.

마리는 대학에 남아서 물리를 계속 연구하면서 수학과 졸업 시험 준비를 할 무렵 남편이 될 피에르를 알게 되었다. 피에르 퀴리(Pierre Curie, 1859년 5월 15일 ~ 1906년 4월 19일)는 파리의 공업 물리 화학 학교의 실험 주임으로 재직하고 있는 젊고 유망한 과학자였다. 물리학을 좋아하는 마리와 피에르는 인류애에 대해서도 깊은 관심을 갖고 서로 토의하였으며 의견이 상통하였다. 마침내 이 두 천재는 1895년 7월에 결혼하였고 그녀는 마리 퀴리라고 불리게 되었다.

결혼 후 마리 퀴리는 남편이 근무하는 학교 실험실에서 박사 학위를 취득하기 위한 논문 준비를 시작하였다. 그리고 결혼한 지 2년 후인 1897년에 맏딸 이렌(Iréne)이 태어났다. 마리 퀴리는 어머니로서 또 아내로서 더욱이 연구원으로서 맡은 소임에 최선을 다했다.

두 번의 노벨상 수상

퀴리 부부는 얼마 후 피치블렌드에서 우라늄을 빼내 폴로늄과 라듐이라는 두 방사성 원소를 발견하였다. 그들은 피치블렌드에서 빼낸 비스무트 화합물 속에 우라늄보다 400배나 강한 방사능을 가진 폴로늄이 들어 있는 것을 알았다. 그리고 바륨 화합물 속에 우라늄의 200만 배나 센 방사능을 내는 라듐(radium)이 들어 있는 것을 발견하였다. 이 새로운 두 원소의 이름, 즉 폴로늄과 라듐은 퀴리 부부가 지은 이름이다.

　퀴리 부부의 업적은 점차 학계의 인정을 받기 시작했다. 1900년에 피에르는 파리 대학 의과 대학 실험 교실에서 물리학을 강의했고, 마리 퀴리는 세브르 여자 고등 사범 학교에서 교편을 잡았다. 1903년에는 피에르와 마리, 그리고 베크렐의 세 사람에게 공동으로 노벨 물리학상이 수여되었다. 퀴리 부부의 연구 결과는 프랑스보다 외국에서 더 인정받았다. 피에르 퀴리는 1904년에 파리 대학의 교수로 임명되었고 그 이듬해에 프랑스 아카데미 회원으로 선임되었다.

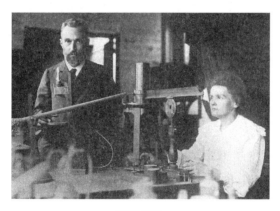

퀴리 부부

　퀴리 부부는 이를 자랑으로 삼지 않았다. 오히려 연구하는 데 더욱 심혈을 기울였으며 좋은 연구소를 세우는 꿈을 꾸었다. 그러나 피에르가 세상을 떠날 때까지 그 뜻을 이루지는 못했다.

그러던 중 퀴리 집안에 뜻밖의 불행이 닥쳐 왔다. 1904년 4월에 피에르 퀴리가 그의 아내 마리와 두 딸을 남겨둔 채 마차 사고로 세상을 뜨고 말았다. 마리 퀴리는 비통에 잠겼지만 슬픔을 딛고 연구를 계속하였다. 마리 퀴리는 남편 피에르의 뒤를 이어 파리 대학의 강의를 담당하였고, 프랑스에서 최초의 여자 대학 교수가 되었다.

마리는 연구와 실험을 거듭하여 라듐 물질 분류에 성공하여 1911년에 또 다시 노벨 화학상을 수상했다. 마리는 노벨상을 두 번 수상한 첫 번째 여성 과학자가 되었다. 소르본 대학은 1914년 마리 퀴리를 위해 라듐 연구소를 창설하였으며 마리는 소장으로 취임했다. 마리는 그의 남편을 기리는 마음으로 연구소의 새 거리를 '피에르 거리'라 명명했다. 마리는 그 연구소에서 많은 과학자를 키웠으며, 자기 자신도 연구를 계속하였다.

제1차 세계 대전 때에는 직접 전쟁터에서 방사선을 사용하여 부상병을 치료하는 일에도 종사했다. 그리고 1921년에는 미국에 초청되어 큰 환영을 받았으며 당시의 미국 대통령 하딩(Harding)은 1kg의 라듐을 마리 퀴리에게 선물하기도 했다.

라듐의 발견과 제조법은 퀴리 부부가 발명한 것이므로 그것을 국제 특허로 출원했다면 백만장자가 되었을 것이나 그들은 인류에 도움이 될 라듐을 독점할 생각을 하지 않았다. 마리 퀴리는 오랜 세월에 걸친 연구로 라듐의 방사선을 과하게 쬐어 악성 빈혈을 일으켜 1934년 7월 4일, 67세의 나이에 산세르모스에서 백혈병으로 세상을 떠났다. 그녀는 세상을 하직할 때까지 후세를 위한 교육과 스스로의 연구를 조금도 게을리하지 않았다.

퀴리 부부의 업적

1897년에 마리가 학위 논문으로 제출한 연구 제목은 '우라늄의 신기한 작용'이었다. 이 작용은 훗날 마리에 의해 방사능이라고 이름지어졌다. 마리는 우라늄 이외에 토륨에도 방사성이 있다는 것을 확인했고 또 어떤 종류의 광석은 그 속에 들어 있는 우라늄이나 토륨 함량으로 추정되는 방사능보다 훨씬 강한 방사능을 나타낸다는 것을 발견하였다. 이것은 훨씬 강한 방사능을 가진 미지의 물질을 함유하고 있다는 것을 암시하는 것이었다.

그들은 우라늄의 원광석인 피치블렌드의 조직적인 분석을 시작했다. 그들은 강한 방사성을 가진 두 종류의 새 물질인 폴로늄과 라듐을 발견하여 보고하였다. 퀴리 부부는 계속 라듐의 발열 작용과 전자와의 관계 등 방사능에 관한 여러 중요한 연구 결과를 발표하여 방사능 시대를 출현시켰다.

마리는 피에르의 죽음으로 정신적으로나 연구적으로나 의지할 사람을 잃었지만 연구에 몰두함으로써 라듐과 폴로늄을 화합물이 아니라 원소로 분리하는 데 성공했다. 그리고 계속해서 방사능의 측정법, 방사능 단위의 결정 등 연구를 발표하여 마리 퀴리가 세상을 떠날 때까지 500편의 연구 논문을 발표했다.

마리 퀴리의 맏딸 이렌(Irène)과 이렌의 남편 장 프레데리크 졸리오퀴리(Jean Frédéric Joliot-Curie, 1900년 3월 19일 ~ 1958년 8월 14일)도 평생을 과학계와 세계 평화에 이바지했다. 본래 철강 공장에서 일하던 졸리오퀴리는 물리학자인 랑즈방의 소개로 마리 퀴리의 라듐 연구소의 조수가 되었고, 그 연구소에서 조수로 수년간 방사능 연구에 종사한 퀴리의 맏딸 이렌과 1926년 결혼하였다.

졸리오퀴리도 실험 물리학자로서 뛰어난 재능을 발휘하여 많은 논문을 발표했다. 1934년에 마침내 졸리오퀴리 부부는 인공 방사능 현상을 발견하였고, 그 공로로 1935년에 노벨 화학상을 수상했다. 인공 방사성 원소의 갖가지 응용의 길이 열리게 되었다. 졸리오퀴리는 원자핵이 분열할 때에 몇 개의 중성자가 함께 방출되는 것을 확인하였다. 따라서 졸리오 부부는 핵분열의 연쇄 반응이 가능한 것을 알게 되어 중수(重水, 중수소와 산소의 결합으로 만들어진 물, D_2O)를 사용하여 원자로를 설계하였다.

졸리오퀴리는 제2차 세계 대전이 끝나자 프랑스 원자력청의 장관으로 임명되어 다른 나라의 도움 없이 프랑스의 원자로 제1호기를 만들었다. 그는 1948년 이래 세계 평화 평의회 의장으로 취임하여 세계 평화 운동에 앞장섰다. 이처럼 퀴리가(家)는 그의 딸 이렌까지 노벨상을 3회나 수상한 천재적 집안이었다.

퀴리 부부가 노벨상을 받을 때 기념 강연에서 피에르 퀴리는 다음과 같이 말했다.

"만약 라듐을 나쁜 사람이 사용한다면 얼마나 위험하겠습니까? 이와 같은 점을 생각한다면 인류는 과연 자연의 비밀을 알 자격이 있을까요? 새로운 지식이란 어쩌면 인류에 해가 되는 것이 아닐까 하고 의심할 수도 있습니다. 그러나 나는 인류가 새로운 발견에서 악(惡)보다는 선(善)을 찾아낼 것이라고 믿고 있습니다."

위대한 과학자 피에르와 마리는 비록 이미 세상을 떠났지만 이 생각은 온 세상 사람들의 마음을 울리고 있다.

자동차 회사를 설립해 교통 혁명을 일으킨
헨리 포드

기계 다루기를 즐겼던 어린 시절

헨리 포드(Henry Ford, 1863년 7월 30일~1947년 4월 7일)는 미시간 주 디서본의 작은 농장에서 태어났다. 미국의 초기 발명가나 기업들과 마찬가지로 헨리 포드도 시골에서 제한된 교육밖에 받지 못했다. 그런 그에게 직접 글을 가르치고 절대적인 영향을 준 사람은 어머니였다.

헨리 포드

포드는 어렸을 때부터 기계 다루기를 즐겼으며 한 번 본 기계는 똑같이 만들어 내는 재능이 있었다. 그가 노는 곳은 항상 기계가 옆에 있었다. 시계도 하나하나 분해해서 조립했고 고장 난 기계나 농기구를 고치는 일을 가장 즐거워했다. 소년 헨리 포드는 친구의 고장 난 회중 시계를 고쳐 주위를 깜짝 놀라게 하기도 했다.

그는 17세 되던 해에 디트로이트로의 공장에 취직을 하여 기계에 관해 연구해 보기로 결심했다. 농부였던 아버지는 아들이 농장을 물려받아 농사 일에 전념하기를 바랐지만 포드의 기계에 대한 소질을 존중하여 도시로 떠나는 것을 만류하지 않았다.

에디슨 전기 회사에 입사

포드는 처음에는 디트로이트에 있는 제임스 플리워 기계 제작 회사에 취직하여 실습공으로 출발하였으나 곧 선박 회사를 거쳐 에디슨 전기 회사인 디트로이트 출장소에 입사했다. 그리고 그곳에서 발전기에 관한 연구를 하였다.

얼마 후 그 회사의 출장 소장은 기계에 관한 포드의 재능과 창의성, 성실성을 인정하여 포드를 기계 부장으로 승진시켰다. 그의 기술은 날로 발전했다. 퇴근 시간이 되면 곧장 집으로 달려가, 자신의 연구실에서 밤이 가는 줄도 모르며 자신이 구상하는 기계에 대한 연구를 거듭했다. 그의 연구실에는 착암기, 선박 기계, 도가니, 모터, 각종 공구 등이 널려 있어 공장

헨리 포드의 최초의 작업장 내부

을 방불케 했다.

1893년에 포드는 자신이 제작한 가솔린 차로 시운전에 성공하여 주위 사람들을 놀라게 했다. 그 후 헨리 포드는 뉴욕에서 개최한 에디슨 전기 회사 연차 총회에 디트로이트 출장소를 대표하여 참석했다. 그곳에서 그는 세계적으로 유명한 미국의 발명왕이었던 에디슨을 처음으로 만났다. 그때 그의 나이는 30세였고, 에디슨의 나이는 49세였다.

에디슨은 포드가 만든 가솔린 엔진 차의 설명을 듣고 칭찬과 격려를 아끼지 않았다. 세계의 발명왕 에디슨에게 칭찬을 받은 포드는 더욱 자신감과 용기를 가지게 되었다.

그 당시 미국에서는 경마와 증기 동력차의 경기가 한참 유행이었다. 포드는 경기용 가솔린 차를 연구하기 위해 친구에게 재정적 도움을 받아 에디슨 전기 회사도 사임하고 자동차 제작에만 전념했다.

포드 자동차 회사를 설립하다

포드가 만든 경기용 자동차는 날렵했다. 그가 제작한 자동차는 다른 차들보다 1km나 더 앞서 달려 승리하였으므로 미국의 기업가들은 깜짝 놀랐다. 그의 경기용 자동차가 놀라운 승리를 거두자 포드의 자동차 회사에 투자하겠다는 자본가들이 늘어났다.

1896년에는 포드의 제1호 차가 나왔다. 제1호 차는 4사이클, 2

기통 엔진이 뒤쪽에 장치되어 있으며 무게는 불과 220kg였고 기름을 가득 채우면 40km를 달릴 수 있었다.

1896년에 제작된 포드의 제1호 차

1903년에는 드디어 포드는 청소년 시절에 꿈꾸던 달리는 자동차를 생산할 수 있는 회사를 설립하게 되었다. 그 당시만 해도 자동차는 사치품이었다. 초창기 대부분의 자동차는 한 대씩 주문에 의해서만 생산되었기 때문에 가격이 매우 비쌌다. 포드는 자동차 부품을 표준화하고 규격화하여 보다 싼 가격으로 자동차를 생산하려고 노력했다. 가격이 싸지면 보급이 확산되어 이익도 늘어날 것이므로 자동차 가격을 더 내릴 수 있을 것이라고 확신한 것이다. 그는 값싼 자동차를 대량으로 생산하여 보급한다면 막대한 수입을 올릴 수 있을 것으로 자신했다. 그의 동료들은 어리석은 생각이라고 비웃었지만 포드의 예측은 적중했다.

1908년에 값싼 포드 모델 T형 자동차가 생산되기 시작했다. 모델 T형 자동차는 창틀과 엔진 계통이 규격화되어 조립식 연속 장치

로 제작되었다. 모델 T형 자동차는 차체가 가볍고 작았으며, 속력
도 빨랐다.

1909년 9월 미국의 대륙 횡단 자동차 경주 대회에서 모델 T형
자동차는 차체가 크고 강해 보이는 다른 많은 차들을 물리치고 당
당히 우승을 차지했다. 모델 T형 자동차는 하루아침에 포드를 억만
장자로 만들었다.

부품의 규격화로 대량 생산에 성공

자동차 부품을 규격화하여 조립식 제작에 성공한 포드의 공장은
1925년에는 하루 평균 1만대를 생산하는 규모로 성장했다. 그리고
1927년에는 무려 1천 5백만 대의 포드 모델 T형 자동차를 생산했
으며 자동차 가격도 890달러에서 290달러로 크게 인하시켰다.

포드는 작업 시간을 단축시켰을 뿐만 아니라 근로자들의 임금을
올려 주고 최초로 이익 배당금 제도를 도입했다. 나머지 이익금은
회사가 성장하는 데 사용하여야 한다고 생각했다. 포드 자동차 회
사의 근로자들은 사기가 충천되었고, 전 종업원이 힘을 합쳐 열심
히 일한 덕분에 회사는 날로 발전했다. 이처럼 포드는 자동차 대량
생산의 판매 이익을 근로자들과 고객들에게 돌려 주었다.

경제가 점차 발전하자 고객들의 취향도 변하기 시작했다. 고객들
은 사회적 지위를 드러낼 수 있으며, 좀 더 편안하고 유행에 걸맞는

차를 원했기 때문에 포드는 모델 T형 자동차 생산을 중단하고 고급형의 자동차를 새롭게 생산하기 시작했다. 포드는 그 후 모델을 바꾸어 자동차를 생산하였고, 제2차 세계 대전 때에는 수많은 군용차와 수송용 차량을 생산했다.

포드는 개인 재산의 대부분을 포드 재단의 설립에 투자했다. 포드 재단은 예술 활동의 지원에서부터 구제 사업에 이르기까지 모든 사회 계층에서 필요로 하는 일을 활발히 지원했다. 그는 또한 상원의원으로 출마하여 정치에도 관여하였으나 정치인으로는 성공하지 못했다.

그러나 포드는 기술 공정과 산업 공정을 혁신한 업적으로 명성을 떨쳤다. 포드가 이처럼 과학자로서, 기업가로서 성공을 거두기까지는 그의 뛰어난 창의력과 피나는 고통, 그리고 끊임 없는 노력이 밑바탕이 되었다.

위대한 업적을 남긴 과학자이며 대기업가인 포드는 1947년 4월 7일, 84세의 나이로 세상을 떠나는 순간까지도 일손을 놓지 않고 부지런히 일했다. 오늘날 무수히 쏟아지는 자동차의 편리함을 누릴 때 우리는 포드의 업적을 기억해야겠다.

푸른곰팡이에서 페니실린을 발견한
알렉산더 플레밍 경

가난한 농부의 아들로 태어나다

알렉산더 플레밍 경(Sir Alexander Fleming, 1881년 8월 6일 ~ 1955년 3월 11일)은 1881 년 스코틀랜드의 에어셔 지방의 로흐필드에서 가난한 농부였던 휴즈 플레밍과 그레이스 스텔링의 셋째 아들로 태어났다. 그는 라우딘무어 학교와 다불 중학교를 다니고 왕립 고등학교를 졸업한 후에는 가정 형편이 어려워 16세

알렉산더 플레밍 경

때에 선박 회사에 취직하여 4년 동안 근무했다. 그 후 1901년에 삼촌 존 플레밍의 지원을 받아 학업을 계속할 수 있었으며 의사인 형의 권유로 20세에 세인트 메리 병원(St. Mary's Hospital) 의과 대학에 입학하여 의학을 공부하였다.

플레밍은 의과 대학에서 성적이 뛰어나 여러 학생들의 선망의 대상이었다. 그는 재능이 뛰어났을 뿐만 아니라 취미도 다양했다. 플

레밍은 1906년에 의과 대학을 우수한 성적으로 졸업하고 의학 면허도 취득하였다. 그는 과학자로서 천재성을 인정받아 그 당시 장티푸스의 예방 주사약을 발명한 올모스 라이트 교수에게 발탁되어 연구를 계속했다. 라이트 교수는 백신 치료와 면역학의 개척자였으며, 특히 장티푸스 백신 개발로 유명하였다. 젊은 엘리트인 플레밍은 라이트 교수의 조수로 의학계에 첫발을 디딘 이후 장래가 촉망되는 세균 연구의 병리학자가 되었다.

플레밍은 1차 세계 대전이 일어났을 때 영국 왕립 군사 의무단에 입대하여 프랑스의 야전 병원에서 의무 장교로 근무했다. 그때 간호사였던 사라와 결혼도 하였다. 그 후 플레밍은 세인트 메리 병원의 예방 접종과 교수가 되어 연구를 계속하였다.

플레밍은 종기(고름)에서 세균을 추출하여 배양하는 실험을 하였다. 그는 백금 철사로 엮은 고리를 불에 넣어 가열함으로써 고리에 붙어 있을지 모를 잡균을 모두 죽인 다음 그 철사를 배양기 표면에 대고 지그재그 모양으로 그어서 고름에 포함되어 있는 세균의 일부를 배양기로 옮겨 수천수만 마리로 번식시키는 세균 배양법을 사용하여 실험하였다.

그러던 어느 날 여자 조수가 배양액을 담은 접시의 뚜껑을 덮는 것을 깜박하고 뚜껑을 덮지 않아 공기 중에 날아다니던 곰팡이 포자가 젤라틴 위에 떨어져 푸른곰팡이가 생긴 것을 발견하였다. 플레밍은 그 우연한 일을 그냥 넘기지 않았다. 그는 접시를 자세히 살펴보았고 접시 주위의 세균의 한 부분이 녹은 것처럼 없어진 것을 발견하였다.

플레밍은 세균을 깨끗이 녹여 없애는 것은 이보다 매우 강한 살균력을 가진 어떤 물질이 있기 때문이라고 생각했다. 그는 이 어떤 물질이 푸른곰팡이라는 확신을 가지고 푸른곰팡이를 연구하기 시작하였다.

푸른곰팡이는 그 종류가 650여 종이나 되고, 병균도 수천 종류나 된다. 그 중에서 페니실린을 생산할 수 있는 곰팡이는 불과 몇 종류 밖에 되지 않는데, 그 특수한 곰팡이 포자가 플레밍의 실험에 그것도 우연히 뚜껑이 열린 페트리 접시 위에 떨어졌다는 사실은 참으로 우연 중 우연이라 하지 않을 수 없다.

집중 연구한 푸른곰팡이

플레밍은 유리 접시 위에 생긴 푸른곰팡이 둘레에는 왜 세균이 없는가를 곰곰이 생각하였다. 그는 우선 푸른곰팡이를 배양하기 시작했다. 접시 속에 한천을 놓고, 그 위에 푸른곰팡이의 포자를 가꾸었더니 얼마 지나지 않아 상한 한천 위에 털 같은 곰팡이가 피어났다. 플레밍은 다른 접시에 배양하고 있던 포도상 구균(상처의 고름)을 한천의 푸른곰팡이 위에 놓아 보았다. 그러자 그 포도상 구균은 푸른곰팡이 근처에만 가도 봄 눈 녹듯이 모두 죽어 버렸다. 그는 푸른곰팡이를 포도상 구균을 죽이는 약으로 쓸 수 있을 것이라 확신하고 그 곰팡이가 어떤 종류인가를 알아보았다.

그 푸른곰팡이는 페니실륨 노타툼(Penicillium notatum)이라는 곰팡이였다. 그러나 그 푸른곰팡이를 약으로 사용하려면 더 많은 실험이 필요했다. 아무리 병원균을 잘 죽인다고 하더라도 그 푸른곰팡이를 사람 몸에 넣었을 때 다른 큰 부작용을 수반한다면 약으로써 값어치가 없어지기 때문이다. 그래서 플레밍은 우선 모르모트(실험쥐)에게 푸른곰팡이를 주사하여 관찰해 보았으나 부작용이 나타나지 않았다. 그는 동물에 주사하여 부작용이 없다면 사람에게 주사하여도 특별한 부작용이 없이 병균만을 죽일 것이라 확신하고, '푸른곰팡이의 배양물이 세균에 작용하는 성질'이라는 연구 논문을 발표했다.

푸른곰팡이에서 페니실린을 발견한 기적

플레밍이 푸른곰팡이를 발견한 후 9년이 지나서야 배양물은 빛을 보기 시작하였다. 옥스퍼드 대학의 생화학 교수인 하워드 월터 플로리(Howard Walter Florey)와 그의 조수인 언스트 보리스 체인 경(Sir Ernst Boris chain)이 페니실린 용액에 관한 연구를 시작했다. 플로리와 체인은 고기 스프에서 약간의 페니실린을 분리하는 데 성공하였다. 이들은 실험을 되풀이하여 갈색의 가루를 취하는 데 성공하였으며, 그것은 매우 강력한 살균력을 지니고 있었다.

그 갈색의 가루는 100만분의 1의 확률로 연쇄상 구균의 생장을 멈추게 하였다.

그런데 처음 얻은 물질 속에는 페니실린의 유효 성분이 불과 2% 밖에 들어 있지 않았다. 요즈음 우리들이 사용하고 있는 페니실린은 유효 성분이 60%이상이다. 페니실린이 세균을 죽이는 어떤 힘을 가지고 있다는 사실은 밝혀졌으나 생물체 실험은 계속할 필요가 있었다.

플로리 교수는 1940년 5월에 포도상 구균의 침범을 받은 20마리의 생쥐에 푸른곰팡이의 추출물을 주사하여 실험했다. 매우 미량의 추출물을 주사했더니 병든 쥐가 완전히 치료되었다.

세포 속의 세균의 모습

이 실험으로 페니실린이 단순히 병균을 공격할 뿐 아니라, 화학 요법제로서도 뛰어난 성질을 지니고 있음이 밝혀졌다. 이 물질은 혈관에 주사하면 주사한 부위에서 멀리 떨어진 곳에 있는 상처를 찾아가 상처에 모여 있는 세균을 없애버리는 놀라운 성질이 있었던 것이다.

1939년에 제2차 세계 대전 당시 부상병들의 상처에 세균이 감염되어 사망률이 높아져 병원균을 저지할 수 있는 물질 연구에 주력하기 시작했다.

페니실린을 분리하는 데 성공한 플로리 교수는 1941년 6월에 동물 실험을 마치고 사람을 상대로 임상 실험을 시작했다. 전쟁 중에 입원 환자 6명에게 주사하여 좋은 성과를 얻었으나 페니실린이 부족하여 2명은 사망하고 말았다. 이 실험으로 페니실린의 대량 생산이 필요하다는 것을 알게 되었으며 이 페니실린은 인체에는 아무런 해가 없다는 확신을 갖게 되었다. 페니실린의 효험은 입증되었고 이제는 페니실린을 대량 생산하는 일만 남아 있었다.

플로리 교수는 미국으로 건너가 연구를 계속하였다. 페니실린을 대량 생산하기 위한 연구는 12년의 긴 세월이 지나서야 결실을 보게 되었다. 플로리 교수는 미국에서 많은 과학자들과 협력해서 페니실린을 분리하는 방법을 연구하여 대량 생산의 길을 열었다. 페니실린의 발견과 페니실린의 대량 생산은 제2차 세계 대전 때 새로운 무기를 개발한 것 못지 않게 중요한 성과였다.

페니실린은 디프테리아, 폐렴, 패혈증, 인후 카타르 등뿐만 아니라 심한 상처를 입은 환자 또는 악성 종기가 생긴 환자의 혈관에 주사하면 놀랄 정도의 효능이 나타난다. 특히 수술할 때 환부가 감염되거나 곪는 것을 방지하기 위해서 환자에게 사용한다.

노벨 생리의학상 수상

이 모든 과정은 우연에 우연이 더하여 이루어졌다. 그 우연은 첫째, 플레밍이 실험하고 있던 젤라틴 접시 위에 떨어진 곰팡이의 포자가 페니실륨 노타툼이었다는 것이다. 페니실륨이라는 곰팡이는 종류만도 650여 종이 되지만, 그 중 페니실린 원료가 되는 곰팡이는 단 몇 종류의 포자뿐이다. 그런데 그것이 실험 접시에 떨어진 것이다. 이는 650분의 1의 기적적인 우연이었다.

둘째, 플레밍이 배양 실험한 세균이 수많은 세균 중에서 페니실린의 작용을 받는 세균이었다는 것이다. 페니실린이 모든 균에 작용하는 것이 아니기 때문이다.

셋째, 그 실험을 한 사람이 바로 플레밍이었다는 사실이다. 플레밍은 100만분의 1이라는 우연을 포착하여 꾸준히 연구하였고, 페니실린을 발견함으로써 수천만 명의 생명을 구할 수 있게 되었다.

플레밍은 1944년에 기사 작위를 받았으며 1945년에 노벨 생리의학상을 받았다. 그는 1948년에 라이트-플레밍 연구소의 책임자가 되었다. 알렉산더 플레밍은 1955년에 심장마비로 사망하였으며 런던 세인트 폴 대성당에 안치되었다.

액체 연료를 사용한 로켓의 개척자
로버트 허칭스 고더드

공상 소설을 즐긴 어린 시절

로버트 허칭스 고더드(Robert Hutchings Goddard, 1882년 10월 5일~1945년 8월 10일)는 매사추세츠 주의 우스터에서 태어났다. 소년 시절에 병약하여 학교를 자주 쉬었으나 그때마다 그는 집에서 공상 과학책을 읽으며 지냈다.

로버트 허칭스 고더드

그는 16세에 문어처럼 생긴 우주인이 지구를 습격한다는 내용의 우주 전쟁의 공상 과학 소설을 애독하면서 우주 여행에 대한 공상에 빠져들기도 했다.

고더드는 자전거 가게와 자동차 수리점 등에서 부품을 구해서 모형 로켓을 만들기도 했다. 주위 사람들은 위험한 장난이라고 그를 만류하였지만 그는 실험을 그만두지 않았다.

1908년에 우스터 공예 학교를 수석으로 졸업한 그는 멀지 않는 장래에는 원자력으로 추진하는 로켓을 활용하여 우주 비행을 하게 될 것이라는 내용의 원고를 과학 잡지에 게재하여 큰 화제를 불러 일으키기도 했다.

고더드는 공학과 물리학을 공부하여 1911년에 클라크 대학에서 박사 학위를 취득했다. 그는 클라크 대학에서 물리학을 가르치는 교수가 되었고 달 여행에 관한 강의를 했으며 1916년에는 미국의 스미소니언 재단으로부터 로켓 연구비를 지원 받아 로켓 모터를 설계하기도 하였다. 그는 그 당시 뉴턴의 제3법칙인 '작용과 반작용'을 거론하면서 진공인 우주에서도 이 법칙으로 추진할 수 있다고 역설하였다. 고더드는 어릴 시절의 꿈을 기억하며 우주 비행을 실현해 보려고 연구하고 노력했다.

최초의 액체 추진 로켓을 발명

고더드는 우주 비행에 관련된 문헌과 자료를 수집하여 본격적으로 연구하기 시작했다. 그리고 다년간의 연구 성과를 정리하여 1919년에 《초고공에 도달하는 방법》이라는 책을 출판했다. 이 책에서 그는 화약 로켓을 사용하여 달까지 물체를 운반할 수 있다고 하였고 마그네슘을 가득 싣고 달에 명중시키면 지상에서 그 빛을 망원경으로 볼 수 있을 것이라고 하였다. 그러나 그 내용은 세상 사람들의 조롱거리가 되었다. 대학교 교수임에도 고더드가 고교생

정도의 상식밖에 없는 사람이라며 헐뜯는 사람도 있었다.

그는 온갖 비웃음에도 굴하지 않고 연구를 계속했다. 제작하기 쉬운 화약을 사용한 추진 로켓은 있었지만 기능과 효율이 좋지 않았다. 더욱이 우주에 물체를 실어 보내기에는 추진력이 너무 약해 실용적 가치가 없었다. 그래서 고더드는 추진력이 매우 강하고 실용성이 좋은 연료를 연구했다.

고더드는 액체 연료를 이용한 로켓을 연구하기 시작했다. 그리고 스미소니언 재단에서는 연구에 지장이 없도록 계속 연구비를 지원하였다. 그는 두 개의 연료 탱크를 제작하여 한 탱크에는 가솔린을 다른 탱크에는 액체 산소를 채우는 방법을 고안했다. 그는 만약 두 종류의 물질이 특수 제작된 연소 통에서 혼합되어 점화된다면 혼합물의 연소로 생기는 가스의 팽창으로 막대한 힘이 생겨 로켓의 추진력이 강해질 것이라고 믿었다.

1925년 가을 드디어 고더드가 설계한 액체 연료 로켓이 완성되었다. 그는 자신이 설계한 액체 연료 로켓의 발사 장소를 물색했고, 다행히 그의 큰 어머니의 소유인 매사추세츠의 농장을 활용할 수 있었다. 1926년 3월 16일에 발사한 그의 발사 장치는 중간 크기의 수도관으로 만든 아주 간단한 구조였다. 액체 연료 로켓은 꽝하는 폭음과 함께 하늘로 날았다. 고더드는 폭음에 놀라 옆에 있는 오두막집에 몸을 피했다고 전해진다. 눈 덮인 벌판에서 쏘아 올린 최초의 액체 연료 로켓은 2.5초 동안 55m나 비행했고 12.3m의 높이까지 올라갔다.

세계 최초로 과학 장비를 실고 날다

고더드는 더욱 열심히 실험을 계속했다. 1927년에는 20배나 더 많은 연료를 실은 로켓을 제작하였으나 너무 무거워 날지 못했다. 1929년에는 기압계와 온도계, 카메라 등을 로켓에 탑재했다. 그것은 과학 장비를 탑재한 최초의 로켓이었다.

고더드는 외롭게 연구를 계속했지만, 로켓을 발사할 때마다 나는 요란한 폭음은 구급차와 경찰관, 심지어 신문 기자들까지 모여 들게 했다. 결국 고더드는 매사추세츠 주정부로부터 로켓 실험을 금지당하게 되었다.

그가 실의에 빠져 있을 때 절호의 행운이 찾아왔다. 대서양 횡단 비행에 최초로 성공한 린드버그 대령이 그의 로켓 실험에 흥미를 보이며 그가 계속 연구와 실험을 할 수 있도록 재정 지원을 제의했고, 발사 실험 장소까지 제공하겠다고 한 것이다.

뉴멕시코 주 사막의 한적한 곳에서 고더드는 새로운 발사 방법을 연구하기 시작했고 로켓의 발진 경로를 조정하는 정밀한 유도 장치에 관해서도 세심한 연구를 했다.

그는 그곳에서 더욱 발전된 로켓을 제작하여 마침내 2.5km 상공까지 로켓을 쏘아 올리는 데 성공했다. 삭막한 골짜기에서의 실험은 1940년까지 계속되었으나 제2차 세계 대전으로 중단되었다. 미국 정부는 고더드의 로켓 연구를 외면했고, 그가 쓴 '우주 비행'에 대한 논문은 미국에서 한낱 조롱거리로 취급받았다.

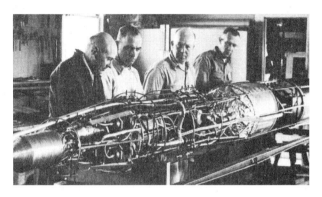

뉴멕시코의 로스웰에 있는 고더드의 연구실에서
3명의 조수와 함께 외피가 없는 로켓을 연구하고 있는 고더드(좌)

그러나 독일에서는 로켓 연구에 대해 많은 관심을 가지고 있었다. 고더드는 오랜 세월 실험을 계속하면서 세계 각지의 로켓 전문가와도 서신을 교환했다. 그러다가 독일이 로켓을 제작하고 있다는 소식을 듣고 무척 괴로워했다. 미국과는 달리 독일은 로켓을 군사 목적으로 사용할 것이라고 생각했기 때문이었다. 독일 측에서는 미국 정부가 고더드의 로켓 연구에 무관심한 것을 보고 매우 놀랐다.

세상을 떠나고 15년 만에 받은 보상

제2차 세계 대전의 첫 포화가 울린 1939년부터 독일 정부는 수천 명의 과학자를 동원하여 로켓 제작에 몰두했다. 그리하여 드디어 V2호 로켓을 완성하였고, 1942년에 첫 발사 시험을 했다.

미국이 참전하게 되자, 고더드는 해군의 요청을 받고 일반 항공기의 로켓 이륙 장치를 고안했다. 1945년 3월 고더드는 독일이 제작한 V2 로켓이 크기를 제외하고는 3년 전에 자신이 발사했던 로켓과 거의 유사한 것을 확인하고 안타까워했다. 이미 그는 근대 로켓의 구조를 갖춘 로켓을 제작했었던 것이다.

미국의 가장 훌륭한 로켓 전문가인 고더드는 그로부터 몇 달 뒤인 1945년 8월 10일 발티모어 병원에서 인후암으로 세상을 떠났다. 1950년에서야 고더드의 특허를 조사한 베르너 폰 브라운 박사는 그의 로켓은 독일의 어떤 연구보다 앞선 것이었다고 평가했다.

고더드는 주위의 시선이나 비아냥거림에 개의치 않고 고집스러운 집념으로 연구를 계속해서 보편화된 액체를 사용하는 지금의 로켓을 성공리에 발사하고 이론적인 토대를 정립하였다. 그가 취득한 214건의 특허 중 대부분은 액체 연료 로켓에 관한 것이었다. 그러나 그가 살아있는 동안에 그는 로켓이 우주를 날아가는 것을 보지 못했다.

미국 정부는 고다드가 세상을 떠난 지 15년이 지난 1960년에 와서야 그의 공적을 인정하고 특허 사용료로 고더드의 유족에게 100만 달러를 보상했다. 그를 비아냥거렸던 뉴욕 타임즈지는 암스트롱이 달을 밟기 3일 전에서야 '우리가 틀렸다'고 사과문을 발표하였다.

텔레비전 시대를 연 선구자
존 로지 베어드

영리한 소년 베어드

오늘날 세계 곳곳에서 일어나고 있는 소식들을 텔레비전을 통해 안방에서 바로 보고 들을 수 있도록 해 준 발명가이며 과학자인 베어드를 기억하는 사람은 많지 않다.

존 로지 베어드

영국의 과학자 존 로지 베어드(John Logie Baird, 1888년 8월 13일~1946년 6월 14일)는 소년 시절부터 매우 영리했다. 그는 영국 스코틀랜드의 헬렌즈버그에서 목사의 아들로 태어나 글라스고우의 라크필드 학교를 졸업한 후 글라스고우 왕립 공과 대학에서 수학을 공부하였다.

영리한 소년 베어드는 학교 성적이 우수했을 뿐만 아니라 여러 가지 자료를 수집하여 운동하는 기계를 만드는 것을 좋아했다. 그 당시는 그레이엄 벨이 전화를 발명한 지 이미 25년이 지났으나, 글라스고우에는 아직 전화를 가설한 집이 한 집도 없었다. 베어드는 1900년 봄에 과학 잡지에 실린 전화기의 원리와 내부의 설계도면을 읽고 간이 전화기를 만들어 사람들을 깜짝 놀라게 했다. 전화기 만들기에 성공한 소년 베어드는 과학 잡지에 실려 있는 발전기, 사진기, 글라이더 등의 원리를 연구하여 실제로 만들어 보기도 했다.

왕립 공과 대학을 졸업

베어드는 1905년에 글라스고우 왕립 공과 대학에 우수한 성적으로 입학했다. 그는 세상 사람들에게 봉사하며 헌신할 수 있는 훌륭한 과학자가 되기로 마음먹고 과학자로서의 자질을 쌓기 시작했다. 그는 공과 대학에서 훗날 텔레비전을 발명하는 데 결정적 동기가 된 수수께끼 금속인 셀레늄을 연구했다.

그러나 그가 대학을 졸업하고 연구를 계속할 무렵 제1차 세계 대전이 발발하여 그의 연구는 중단되었고, 베어드는 구두약과 면도날을 판매하면서 생계를 이어 나갔다.

생계 유지에만 급급했던 그는 10년이 지난 어느 날 전파를 타고 라디오 방송이 시작된다는 것을 알고 다시 연구를 계속하기로 결심했다. 그는 소리만 보내는 라디오 방송뿐만 아니라 형체와 모양까지도 보내는 방송을 할 수 있을 것이라고 확신했다.

그는 10년 만에 헤이스팅즈 항구 도시로 이사한 다음 조그만 다락방을 개조하고 연구실을 만들어 다시 연구와 실험을 시작했다. 그의 연구실에는 텔레비전 발명의 기초가 된 독일의 과학자 포올 닙코우가 발명한 닙코우식 주사원판(走査圓板)과 인형이 놓여 있었다. 베어드는 셀레늄을 사용하여 빛의 강약을 변화시켜 스크린에 인형이 비추어지도록 날마다 연구와 실험을 거듭했다.

1925년 10월 2일 그는 다락방 연구실에서 인형을 희미하게 송신하는 데 성공하였다. 눈으로 볼 수 있는 텔레비전 발명의 실마리가 풀리기 시작한 것이다. 그는 즉시 아래층 사무실로 뛰어 내려가 아무 영문도 모르는 직원을 끌고 올라갔다. 그리고는 인형이 놓여 있는 자리에 소년을 대신 앉혔다. 밝은 램프 아래 앉아 있는 소년의 모습이 영상으로 생방송되는 순간이었다.

옆방에 장치한 수상기의 스크린을 바라보던 베어드는 심장이 멈출 것처럼 놀랐고, 눈물이 쏟아질 정도로 기뻤다. 이 사실이 알려지자 그는 하룻밤 사이에 유명인이 되었고, 연구를 하는 데 필요한 자금도 확보하게 되었다.

세계 최초의 텔레비전 방영

베어드는 부족한 점을 다시 보완하고 개량하여 1926년에는 영국 최고의 과학자들의 모임인 왕립 협회 회의에서 텔레비전을 공개 실험했다. 회원들은 처음 보는 신기한 광경에 열렬한 박수를 보냈으며 각 신문사는 이를 대대적으로 보도했다.

베어드의 텔레비전은 1927년에는 런던에서 글라스고우까지 방영하는 데 성공하였고, 1928년에는 런던에서 뉴욕까지 방영하는 데 성공하였다. 텔레비전 방영이 세상에 알려지자 과학자들은 경탄을 금치 못했다. 미국의 벨 연구소도 텔레비전 연구를 시작했다. 베어드에게 뜻하지 않은 강적이 나타난 것이다.

비록 생방송으로 방영되기는 했지만 베어드의 텔레비전은 기계식이어서 보완할 점이 많았다. 납고우판으로 생기는 깜빡깜빡하는 현상은 어느 정도까지만 개선이 가능했고 더 이상은 개선할 수가 없었다. 독일의 노학자 포올 닙코우 자신도 베어드의 발명품인 기계식 텔레비전은 기술적으로 재고할 필요가 있다고 말했다.

그러나 베어드의 기계식 텔레비전이 비록 초기 단계에 지나지 못했다고 하더라도 다음 단계로 나아가는 기술 발전의 계기가 되었던 것은 사실이었고, 그 원리는 기계식에서 전자식으로 전환하는 기초가 되었다. 이처럼 베어드는 끈기 있게 노력하는 발명가로서 안방극장의 시대를 열어 준 선구자인 것이다.

전자파가 형광 기체로 채워진 관을 통과하여 관 끝에 있는 스크린에 영상을 형성하는 음극선 역전류 검출관은 1897년 독일의 과학자 칼 페르디난트 브라운이 발명했다. 그는 영국의 과학자 윌리엄 크루크스가 고안한 크루크관을 개량하여 이를 만들었다. 음극선 역전류 검출관은 최초의 텔레비전 주사기(走査機)인 송상관(送像管)이 된 카메라의 기초가 되었다.

실험 단계의 벽걸이 텔레비전

　1923년 ·미국의 발명가 즈보리킨은 송상관에서 수상기의 역할을 하는 브라운관의 특허를 획득했다. 그러므로 사실상 최초의 전자 텔레비전의 원리는 베어드의 획기적인 발명이 있기 전에 이미 이론상으로 존재하고 있었다고 볼 수 있다. 이를 상품화하고 실용화하는 데 관심이 없었던 즈보리킨은 그의 고안품을 계속 보완하여 1929년에서야 비로소 작동하는 실험 모형을 제작했다. 즈보리킨의 전자식 텔레비전은 기계식 텔레비전보다 시각적인 선명도가 매우 우수했으며 오늘날의 텔레비전은 모두 즈보리킨의 연구에 기초를 두고 있다.

　베어드는 자신이 발명한 기계식 텔레비전이 영국과 독일에서는 전자식으로 바뀌고 있다는 것을 알았다. 그러나 끈기 있게 노력하는 천재 과학자 베어드는 단념하지 않고 연구와 실험을 계속했다. 그는 어둠 속에서도 볼 수 있는 텔레비전도 연구하기 시작했다. 그리고 입체 텔레비전 시설의 개발과 영화 화면에 텔레비전 영상을 투사하는 연구도 했다.

그러나 오랫동안 인내심만으로 견딘 연구 생활과 제2차 세계 대전으로 인한 물자 부족으로 베어드의 허약한 지병이 악화되었다.

베어드는 "목사인 나의 선친은 내가 성직자가 되어 후계자가 되길 바랐다. 그러나 나는 과학자의 길을 택했다. 내가 걸어온 길은 역경과 파란만장한 길이었지만 텔레비전 발명의 업적을 남겨 인류에 조금이라도라도 헌신하였다고 생각할 때 내 인생을 결코 후회하지 않는다."라고 자신을 회고했다.

제2차 세계 대전이 끝난 다음 해인 1946년 6월 14일에 텔레비전의 개척자 존 로지 베어드는 조용히 세상을 떠났다. 그가 떠난 지 10년도 되지 않아 텔레비전 시대의 문이 활짝 열렸다. 우리들이 안방 극장에 앉아서 즐거움을 느낄 때 그 배후에는 존 로지 베어드라는 훌륭한 과학자의 피나는 연구와 노력이 있었다는 것을 잊어서는 안 될 것이다.

현대 원자의 구조를 밝힌 창시자
닐스 헨리크 다비드 보어

과학자 집안에서 태어나

닐스 헨리크 다비드 보어(Niels Henrik David Bohr, 1885년 10월 7일 ~ 1962년 11월 18일)는 덴마크 코펜하겐 대학 생리학 교수인 아버지 크리스티안 보어와 어머니인 엘렌 아들러의 맏아들로 태어났다. 그는 축구 선수였던 수학자 남동생 하랄보어와 여동생 애니와 함께 3남매로 단란하게 자랐다.

닐스 헨리크 다비드 보어

어렸을 때부터 머리가 명석했던 닐스와 동생 하랄 보어는 코펜하겐 대학에 나란히 입학하여, 형은 물리학을 전공했고 동생은 수학을 전공했다. 특히 닐스 보어는 대학 시절부터 전공에 두각을 나타내었으며, 1907년에는 표면 장력에 관한 연구로 덴마크의 왕립 과학 아카데미에서 금메달을 획득하기도 했다.

그는 젊었을 때부터 스포츠에도 관심이 많아, 축구 선수로 활약을 하기도 하였고 나이가 들어서도 스포츠는 계속했다. 닐스 보어는 1911년 코펜하겐 대학에서 이론 물리학을 연구하여 박사 학위를 받았다. 그리고 그는 곧 영국으로 건너가 캠브리지 대학교에서 연구비를 받아 5년 동안 공부를 하게 되었지만 중도에 맨체스터 대학으로 옮겨갔다.

닐스 보어가 맨체스터 대학에서 어니스트 러더퍼드 교수를 만나게 된 것은 참으로 행운이었다. 이로 인해서 그가 훗날 노벨 물리학상을 받을 수 있었기 때문이다.

그는 러더퍼드 교수가 연구하는 원자 구조에 깊은 관심을 가져교수보다도 더 진지하게 원자 모형을 연구하기 시작했다. 그리고 1913년에 그는 원자 구조에 관한 새 이론을 발표했다.

원자 구조의 새 이론 발표

닐스 보어는 '원자란 양전하를 띤 핵 주위를 음전하를 띤 전자가 궤도를 그리며 회전하는 일종의 태양계의 축소판과 같은 것'이라는 러더퍼드 교수의 이론에 깊은 감명을 받았다. 러더퍼드 교수에 의하면 원자는 어떤 물질의 가장 작은 알맹이, 즉 물질의 기본적인 구성 요소이다. 원자 자체는 두 부분으로 이루어져 있는데 원자핵이 있으며 그것과 떨어져 전자라는 아주 작은 알맹이가 원자핵을 중심으로 태양계 모양으로 원 운동을 한다는 것이었다.

원자는 믿을 수 없을 만큼 아주 작고, 원자핵은 그보다 더욱 작아 원자의 10만분의 1밖에 되지 않는다고 했다. 원자핵보다 더욱 작은 전자는 멋대로 돌지 않고 고정된 궤도를 따라 돌고 있다고 하였다. 닐스 보어는 실험을 위해 원자가 가장 간단한 수소를 택하였다. 수소의 원자핵은 한 개의 양성자로 되어 있으며, 그 둘레를 한 개의 전자가 돌고 있다. 양성자는 전자와 반대의 전자를 갖지만 그 무게는 전자의 2,000배나 된다. 닐스 보어는 원자가 가장 낮은 에너지 상태에 있는 동안은 전자가 에너지를 방출하지 않으므로 원자핵 둘레를 계속해서 막연히 돌 수 있다고 생각했다.

이때 만약 원자에 에너지가 공급되면 전자는 더 큰 궤도로 뛰어올라갔다가 다시 돌아온다고 생각했다. 그는 전자들이 궤도에서 더 큰 궤도로 뛰어넘을 때에는 빛이 생긴다고 믿었다.

닐스 보어는 원자의 구조에 있어서 전자 궤도에서 뛰어넘을 때 빛의 파장을 예측할 수 있었다. 많은 과학자들은 이와 같은 개념에 공감하려 하지 않았지만 수소에서 방출되는 빛의 스펙트럼을 정확히 설명함으로써 그의 연구는 입증되었다.

젊은 나이에 수상한 노벨상

닐스 보어의 개념은 후에 다듬어지고 수정되었지만 현대 원자 이론의 기초가 되었다. 그는 맨체스터 대학의 강사를 사임하고 모교인 코펜하겐 대학의 이론 물리학 교수가 되었으며 4년 후에는 새로 설립된 코펜하겐 대학의 이론 물리학 연구소의 소장이 되었다. 그는 코펜하겐 대학의 수학 연구소장인 그의 동생 하랄드 보어와 학문의 세계에서 쌍벽을 이루게 되었다.

닐스 보어가 세계적으로 널리 알려지자 젊은 과학자들이 모여들기 시작했다. 코펜하겐 대학의 이론 물리학 연구소에는 하이젠베르크, 프리쉬, 가모브 등 젊은 과학자들이 모여 그곳은 양자 이론 연구의 중심지가 되었다.

1920년 보어가 소장이 된 이론 물리학 연구소의 연례 모임 광경

닐스 보어는 원자 구조 연구에 대한 놀랄 만한 공헌으로 1922년에 37세의 젊은 나이로 노벨 물리학상을 수상했다. 그것은 노벨상 위원회가 4년 만에 그의 업적을 인정하여 상을 수여한 것인데 그 당시에는 물리학 분야에서 가장 젊은 수상자였다. 닐스 보어는 과

학적 명성이 대단했으며 국가에서도 그에 대한 존경과 예우가 돈독했다.

국가 원수에게 주는 작위를 받다

제2차 세계 대전이 시작되었을 때 닐스 보어는 코펜하겐에 있었다. 히틀러가 덴마크를 점령한 압제 하에서도 그는 가능한 국민들에게 기여하기 위해서 조국에 머물러 있으면서 존경 받는 과학자로 또 지하 운동의 지도자로 위험한 생활을 계속했다.

그러나 닐스 보어에게도 정든 코펜하겐을 떠나야 할 운명의 날이 다가왔다. 당시 이탈리아의 과학자 페르미와 독일의 유명한 과학자 아인슈타인 등은 독재의 사슬에서 벗어나기 위하여 이미 조국을 떠난 상태였다. 그도 덴마크의 지하 운동 단체로부터 내일 아침 비밀 경찰이 지하 운동 지도자인 그를 체포하기로 되어 있다는 연락을 받고 부랴부랴 스웨덴으로 도피했다.

닐스 보어는 스웨덴 정부로부터 유태계 덴마크 인들을 보호하겠다는 보장을 받았으나 독일 대표부에서 언제 보어를 납치 혹은 암살할지 알 수 없었다. 그는 불안 속에서 생활하다가 미국의 핵분열 폭탄 계획의 특별 과학 고문으로 초대되어 미국으로 건너가게 되었다. 그는 미국에서 원자 폭탄을 개발하는 거대한 계획에 참여하여 중요한 역할을 했다.

제2차 세계 대전이 끝나자 닐스 보어는 꿈에도 잊지 못하던 그리운 덴마크로 귀국했다. 그리고 코펜하겐의 이론 물리학 연구소에서 영원한 평화를 위해 또 후진 물리학자를 양성하기 위해 노력하고 연구에도 열중했다.

그가 덴마크를 떠날 때 귀중한 노벨상 메달을 산에 용해하여 병에 넣어 숨겼다가 귀국한 후 메달을 다시 만들어냈다는 에피소드도 있다.

1947년 덴마크의 프레드릭 왕은 닐스 보어에게 국가 원수나 왕족에게만 수여하는 기사 작위를 수여했다. 그리고 1955년에는 덴마크 원자력 위원회의 의장에 취임하여 원자력의 평화적 이용을 위해 노력했다. 그는 또 원자력의 평화적 이용에 관한 국제 회의 의장으로도 선출되었고 원자상도 수상했다.

평화를 앞당기는 데 공헌하였고, 원자력의 평화적 이용에도 기여한 닐스 보어는 1962년 11월 18일에 77세의 나이로 세상을 떠났다. 세계의 과학자들은 모두 그의 죽음에 깊이 애도했다. 닐스 보어는 코펜하겐에 안장되어 있다.

합성 섬유(나일론) 공업의 혁명을 일으킨
월리스 흄 캐러더스

가난한 가정에서 자라다

월리스 흄 캐러더스(Wallace Hume Carothers, 1896년 4월 27일 ~ 1937년 4월 29일)는 미국 아이오와 주 디모인에서 태어났다. 어려서부터 신체가 매우 허약했으며 가정 형편도 몹시 어려워서 상업 학교의 교사로 근무한 그의 아버지는 캐러더스를 대학에는 보낼 엄두도 내지 못했다.

월리스 흄 캐러더스

그의 담임 선생인 빈케르는 캐러더스가 진학해서 물리 공학이나 기계학을 공부하는 것이 좋겠다고 권유했지만 학비 문제로 진학을 거의 포기했으며, 그의 어머니는 캐러더스가 가까운 학교에서 속성 부기를 배워 빨리 직장을 얻기를 바라고 있었다.

그러던 중 캐러더스에게 행운이 찾아왔다. 그의 아버지가 승진하여 지방 학교의 교감으로 부임하게 되어 가정의 수입이 늘어난 것이다. 드디어 캐러더스는 대학에 갈 수 있게 되었다. 캐러더스는 캐피탈시의 상과 대학 속성과에 입학하게 되었고, 열심히 노력하여 타카오 대학에서 조교로 일할 수 있게 되었다.

28세에 이학 박사 학위를 받다

캐러더스에게 행운이 이어졌다. 그는 조교로 일하면서 이학부의 강의를 청강할 수 있었다. 특히 독일의 코셀 교수라든가 캘리포니아 대학의 루이스 교수 등이 발표한 논문을 읽은 것은 그가 유기 화학을 전공하게 된 결정적인 계기가 되었다. 그는 원자와 분자에 관해서 많은 흥미를 가졌으며 그는 그것을 유기 화학과 연관시켜 연구하기로 결심했다.

캐러더스는 집념이 강한 사람이었다. 1918년에는 대학에서 화학실험 조교를 맡게 되었으며 하급 학년 학생들에게 화학 강의도 하게 되었다. 그는 1920년에 대학을 졸업하고 일리노이 대학의 대학원에 진학하여 로저 아담스 교수 밑에서 유기 화학 분야를 본격적으로 공부하기 시작하였다. 그리고 1924년에 그는 유기 화학 분야에서 분자 결합론을 응용하는 과정을 연구하여 28세에 이학 박사학위를 취득했다.

그는 많은 동료와 교수들의 주목을 받는 수재였으며, 장래가 촉망되는 젊은 학자였다. 그는 일리노이 대학에서 강사로 일하면서 실험실에서 창의적이고 뛰어난 머리로 연구와 실험을 계속했다. 그러나 그의 건강이 그의 열정을 따르지 못하는 것은 늘 걱정이었다.

캐러더스는 실력이 인정되어 31세에 미국 하버드 대학에서 강의를 하게 되었다. 그는 하버드 대학에서 유명한 코난트 교수의 연구실에서 독창적인 연구를 하게 되었고, 특히 고분자 화학에 관심이 많아 합성 화학에 눈을 돌리게 되었다.

캐러더스는 고분자 연구야말로 그의 독창성을 충분히 발휘할 수 있는 분야라고 생각했다. 그러나 그는 고분자 분야를 연구하는 데 있어서 의문점이 많았다. 그는 고분자가 이루어지는 방법과, 합성할 때 고분자와 저분자가 따로되는 것이 원료의 차이에서 비롯된 것인지 등의 의문점을 파헤치는 데 전심전력하였다.

듀폰 회사의 연구부장으로 활약

미국의 듀퐁 회사는 예나 지금이나 인견, 폭약, 염료, 약품 등 유기 화학 제품 등을 제조하는 최대의 회사이다. 캐러더스는 코난트 교수의 소개로 이 회사 중앙 연구소의 기초 연구부장으로 초빙되어 연구와 실험을 할 수 있게 되었다. 듀폰 회사의 실험실은 유명한 대학의 실험실보다 훌륭한 기자재와 시설을 갖추고 있었으며 연구진도 대단했다. 대학에서는 몇 명의 대학원생만이 그의 연구를 돕고 있었으나 듀퐁 회사의 중앙 연구소에서는 수 명의 박사를 포함하여 20여 명의 연구진이 그를 도왔다.

캐러더스는 그곳에서 처음으로 합성 고분자 화학 분야에서 합성 고무인 클로로프렌의 합성에 성공하여 듀프렌을 생산하게 되었다. 캐러더스는 옷감을 식물이나 동물에 의존하지 않고 실험실에서 화학적으로 만들 수 있는 방법을 찾는 데 골몰했다.

최초의 인조 섬유는 영국의 화학자 조셉 스완경이 전구의 필라멘트를 연구하기 위하여 부수적으로 니트로 셀룰로스 용액을 작은 구멍으로 뽑아내서 실로 만들어 섬유를 생성한 것이다. 그것을 화학 처리하여 내연성을 갖게 해서 나온 섬유를 처음에는 인조 비단 혹은 레이온이라 불렀다. 그것은 비단보다 더 질긴 장점이 있으나 물에 젖었을 때는 탄력이 없어져 약해지는 단점이 있었다. 그리고 인조 비단은 목재나 솜 같은 천연물을 원료로 해서 만들어지는 것이기 때문에 화학적으로 합성한 인조 섬유를 만드는 것이 큰 과제였다.

화학 인공 나일론 발명

1930년 초에 캐러더스는 견직물의 섬유와 면직물의 섬유가 어떤 모양으로 결합되어 있는가를 연구하기 시작했다. 그는 아디픽산을 헥사메틸렌 지아민과 화합시켜 나일론이라는 고분자를 개발했다.

그러나 그가 처음 개발한 섬유는 개개의 분자가 물을 만들면서 서로 결합하기 때문에 약해서 쓸모가 없었다. 그는 작은 물방울들이 반응 용액으로 다시 들어가 중합 공정을 억제하여 약해진 것을 알게 되었다.

캐러더스는 장치를 재배열하여 증발된 물을 유리관으로 빼내서 냉각시켜 제거하였다. 그는 레이온 섬유 가공과 유사한 방법으로 고분자를 응용시켜 방적 돌기를 통해 압축시켜 최초로 나일론실을 생산하는 데 성공했다.

영국 섬유 공장에 쌓여 있는 나일론 실타래들

그는 식물이나 동물에서 화학 처리하여 만든 레이온과 같은 천연물이 아닌 순전히 화학 약품만으로 나일론을 만들어 냈다. 1935년 캐러더스의 연구와 노력으로 만든 최초의 화학 인조 섬유인 나일론은 매우 질기고 탄력성이 커서 의류뿐만 아니라 공업에도 대대적으로 이용할 수 있었다.

듀폰 회사는 1938년 9월에 나일론을 생산하기 시작했다. 물과 공기와 석탄으로부터 얻어진 합성 섬유라는 선전문은 많은 사람들을 놀라게 했고 특히 듀폰 회사의 제품인 구두창은 큰 인기를 끌었다.

본격적으로 나일론 섬유를 생산

제2차 세계 대전이 시작될 즈음에는 나일론을 군수품으로 많이 이용하였다. 어떤 섬유보다도 질긴 나일론은 낙하산 재료로 매우 적합했다.

그리고 최초의 나일론 양말이 생산되었다. 그 후 속옷과 양말의 주요 직물로 직물계를 압도했다. 그 밖에도 시트, 낚싯줄, 수술용 실을 만드는 데도 사용되었다. 나일론은 지금도 의류뿐만 아니라 가구, 설비, 공업 재료 등 광범위하게 이용되고 있다.

캐러더스는 1936년 2월에 40세의 늦은 나이에 결혼하였으나 심한 우울증으로 고통을 받다가 그 이듬해인 1937년에 41세의 젊은 나이에 우울증을 견디지 못하고 청산가리를 레몬 주스에 타서 마셔, 자살로 쓸쓸히 생을 마쳤다. 그러나 캐러더스는 합성 고무인 클로로프렌과 합성 섬유인 나일론을 발명한 위대한 과학자로서 그의 이름은 길이 기억될 것이다.

상대성 이론을 정립한
알베르트 아인슈타인

질문이 많았던 청소년 시절

알베르트 아인슈타인(Albert Einstein, 1879년 3월 14일 ~ 1955년 4월 18일)은 독일의 서남쪽에 있는 울름이라는 작은 도시에서 태어났으나 아이슈타인이 태어난 이듬해인 1880년에 가족 모두가 뮌헨으로 이사를 했다.

알베르트 아인슈타인

아이슈타인의 아버지 헤르만은 작은 전기 상회를 개점하였다. 이사를 온 지 1년 후에 누이동생 마야가 태어났고, 아인슈타인 일가(一家)는 도시의 중심지에서 조금 떨어진 한적한 곳으로 옮겨 갔다. 이 집은 아인슈타인 기념관으로 지정되어 지금까지도 보존되어 있다.

아이슈타인은 어렸을 때에는 신통한 재간을 나타내지 않았다. 성격이 내성적이고 온순한 편이었으며, 말을 배우는 것도 남보다 뒤떨어졌다. 늘 고독한 표정이었고 매사에 소극적이었으므로 그의 어머니는 피아노를 반주하며 즐거운 분위기를 조성하려 애썼고, 아이슈타인에게도 바이올린을 가르쳤다.

아이슈타인은 성장하면서 수학에 흥미를 갖기 시작했다. 그는 삼촌으로부터 "모르는 것을 X라고 써 놓고 X를 찾아가기 시작하면 끝내는 X의 값을 알게 된다."라고 교육받았고 그것이 곧 대수(代數)인 것을 알게 되었다. 삼촌의 가르침은 그의 일생에 많은 영향을 미쳤다. 미지의 X를 추적하는 것은 그에게 큰 매력이었으며 수학은 가장 마음에 드는 학문으로 자리 잡게 되었다. 그리하여 그는 대수와 기하와 물리 과목은 늘 반에서 최고점을 받았다. 그는 유클리트 기하학 책을 입수해서 독파했으며 16세에는 미분과 적분까지 습득했다.

1895년 그의 아버지가 경영하는 전기 상회의 사업이 기울어지기 시작하면서 일가족은 뮌헨을 떠나 이탈리아의 밀라노로 옮겨 가게 되었다. 아이슈타인은 김나지움(고등학교)의 공부를 계속하기 위해 혼자 뮌헨에 남아 있었지만 얼마 지나지 않아 자퇴하고 부모가 있는 이탈리아로 왔다.

그 당시 아이슈타인은 공부를 가장 잘하는 우등생이었고 질문도 남들보다 많이 하는 편이었다. 그러자 학교 교사들은 아이슈타인이 교사들보다 더 많이 알고 있다는 것을 자랑하기 위해 질문을 하는 것이라고 오해하여 그가 질문을 할 때마다 화를 냈다. 그는 벌은 받지 않았지만 교사들은 기회만 있으면 학교 동료들 앞에서 그를 바보로 만들려고 애를 썼다. 아이슈타인의 학급 동료들이 그를 유태인이라고 놀릴 때면 교사들은 딴곳을 바라보며 모르는 척하였다. 아이슈타인은 결국 독일의 군주주의적인 풍조를 미워하게 되었고 독일 국적을 포기하였다. 부모는 이탈리아로 돌아온 아이슈타인을 반가워하였지만 학업을 중단하고 돌아온 것을 안타까워했다.

수학과 물리학에 뛰어났던 대학 시절

아이슈타인은 학업을 계속하기 위해 부모의 허락을 받아 스위스 취리히에 있는 연방 공과 대학에 입학 원서를 제출했다. 그러나 김나지움을 중도에 자퇴했기 때문에 학력 검정 고시를 치러야 했다. 시험 결과 그는 수학과 물리학의 성적은 매우 뛰어났으나, 어학과 박물학의 성적은 좋지 않아 낙방하고 말았다. 아이슈타인과 그의 부모는 크게 실망했다. 그러나 공과 대학장이 아이슈타인의 수학과 물리학 재능을 높이 평가하여 스위스에 있는 아르가우 주립 고등학교에 편입생으로 추천해 주었다.

그 학교는 군대식으로 교육하는 독일의 학교와는 전혀 달랐다. 분위기도 자유로웠고 선생님들도 매우 친절하였다. 그는 1년 후에 무사히 졸업하여 희망했던 취리히의 연방 공과 대학에 입학했다.

연방 공과 대학의 선생 가운데는 훗날 아이슈타인의 특수 상대성 이론을 기하학적으로 설명한 민코프스키(H. Minkowski) 교수가 있었다. 또한 후에 상대성 이론의 수식화를 도운 그로스만(M.

Crosswann)도 있었다. 아인슈타인은 "내가 한창 배울 시기에 훌륭한 교수를 만났던 것은 나에게 크나 큰 행복이었으며, 감사한 마음 금할 수 없다."라고 대학 시절을 회고하였다.

아인슈타인은 수학도 재미있었지만 물리학에 더 많은 관심이 있었기 때문에 물리학을 전공하기로 결심했다. 그 시절 아인슈타인은 하숙 생활로 매우 궁핍한 생활을 하면서도 많은 책을 사서 탐독하였다. 특히 마하(E. Mach)의 《역학의 발견》은 아인슈타인에게 큰 영향을 주었다. 절대적인 시간과 공간에 대한 마하의 비판은 훗날 아인슈타인이 상대성 이론을 탄생시키는 하나의 계기가 되었다.

그는 1900년에 공과 대학을 졸업한 후 대학의 조수로 남아 연구에 전념하고 싶었으나 소망이 이루어지지 않아 같은 과인 밀레바와 동거하며 2년간 가정 교사 생활로 전전하였다.

특허국에서 일하다

1901년에 아인슈타인은 스위스의 시민권을 획득했고 1902년에 친구인 그로스만의 아버지가 주선하여 특허국에 취직했다. 특허국의 기사로서 아인슈타인이 하는 일은 특허 신청서를 검토하여 그것이 특허의 값어치가 있는 것인지를 판단하는 일이었다. 복잡한 문제에서 핵심을 뽑아내는 재능이 있는 아인슈타인에게 그 업무는 매우 쉬운 일이었다. 다른 사람이 하루 꼬박 걸려야 하는 일을 3시간이면 해치웠다. 그리고 나머지 시간은 물리학 연구나 사색으로 활용했다. 이 무렵 아이슈타인은 친구들과 그룹을 만들어 물리학이나 철학에 관한 책을 읽고 토론을 벌이기도 했다.

4편의 대형 논문을 발표

아이슈타인은 대학을 졸업한 지 5년째 되는 1905년에 4편의 대형 논문을 발표했다. 그 논문은 19세기의 물리학자들이 많은 노력을 하였음에도 불구하고 해결하지 못한 어려운 문제를 풀어내 물리학의 역사에 새로운 길을 열어 준 획기적인 논문이었다.

하나는 '브라운 운동' 이론으로, 이에 의해 분자의 존재와 분자의 열 운동을 실험적으로 증명할 수 있게 되었다. 다른 하나는 '광양자'에 관한 이론으로 빛은 입자와 같은 성질을 갖는다는 이론을 서술하여 양자 역학의 길을 열었다. 또 하나는 유명한 '상대성 이론'을 확립한 논문으로 뉴턴 이래 사람들의 시간과 공간의 개념을 완전히 뒤집어 놓아 여러 의문을 일거에 해결하였다. 이 이론에서는 "질량과 에너지는 '$E=mc^2$(E는 에너지, m은 질량, c는 진공에서의 빛의 속도)'라는 식에 따라서 옮기고 변할 수 있다."라는 결론을 얻었다. 즉, 물질은 에너지로 변할 수 있고 에너지가 물질로 변환될 수 있다는 것이다. 이 결론은 후에 원자 폭탄 이론의 핵심이 되었다.

아이슈타인의 상대성 이론은 처음에는 학계의 주목을 끌지 못했다. 특허국에 근무하는 이름도 없는 청년 기사의 논문의 가치를 처음으로 인정한 사람은 막스 플랑크(Max Planck)와 몇몇 학자 정도였다. 플랑크는 1907년에 아이슈타인의 이론을 더욱 발전시켜 그 중요성을 세상에 알렸다. 이 후 많은 물리학자들이 아이슈타인의 이론을 두고 토론하였고, 1908년에는 질량은 속도와 더불어 변화한다는 상대성 이론이 실험으로 확인되었다.

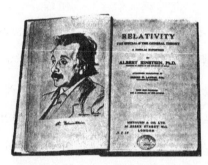

아인슈타인의 상대성 이론 특수 및 일반 이론의
최초의 영문판 표지(1920년)

아이슈타인은 마침내 학계의 인정을 받아 1908년에 취리히 대학의 이론 물리학 교수가 되었고, 1911년 봄에는 체코슬로바키아 프라하 대학의 이론 물리학 교수로 초빙되었다. 그 이듬해 10월에는 모교인 연방 공과 대학의 교수가 되어 다시 취리히로 돌아왔으나, 1년이 지나 베를린의 프러시아 과학 아카데미와 카이저 빌헬름 연구소에 파격적인 대우로 초빙되어 1914년에 베를린으로 거처를 옮겼다. 그 당시 독일 제국은 아이슈타인에게 프러시아의 명예 시민권을 수여했다.

노벨 물리학상 수상

아이슈타인은 1905년에 발표한 이론을 더욱 발전시켜 1915년에 일반 상대성 이론을 발표했다. 이 이론은 빛의 진로가 강한 중력의 장(場) 속에서 굽어진다는 것을 예언하고 있었다. 이 예언은 개기일식 때 태양 바로 옆에 보이는 별의 위치를 측정하여 증명할 수 있다. 만약 별에서 나오는 빛이 태양의 중력으로 굽어진다면 별은 평소의 위치에서 어긋나 보일 것이다. 아이슈타인의 예언이 옳다는 것은 1919년 5월 29일 영국의 과학자들이 개기일식을 관측함으로써 증명되었다.

뉴턴의 이론을 뒤집은 이 발표는 세계를 깜짝 놀라게 했다. 아인슈타인의 이름은 과학자들뿐만 아니라 전 세계의 모든 사람들에게까지 널리 알려지게 되었고, 1921년에는 뒤늦게 그에게 노벨 물리학상이 수여되었다.

아이슈타인은 1955년 4월 18일 새벽에 76세의 나이로 조용히 눈을 감았다. 그는 타계했지만 그의 이름은 지구상에서 영원히 잊혀지지 않을 것이다. 위대한 업적을 남기고 노벨상까지 수상한 아이슈타인은 "지식보다 중요한 것은 상상력이다."라는 명언을 남겼다.

최초로 원자핵 연쇄 반응을 성취한
엔리코 페르미

21살에 박사 학위를 받은 천재

엔리코 페르미(Enrico Fermi, 1901년 9
월 29일~1954년 11월 28일)는 이탈리아
로마에서 철도청에 근무하는 아버지 알베
르토 페르미와 초등학교 교사인 어머니 이
다 데 가티스 슬하 3남매의 막내로 태어났
다. 손위로 마리아와 기울리오가 있었다.

엔리코 페르미

엔리코 페르미는 청소년 시절부터 과학에
소질이 있어, 발전기와 비행기 엔진 등을 설계하여 주위 사람들을
놀라게 했다. 특히 그는 수학과 물리학에 특별한 소질이 있었다. 그
의 천재성은 대학교 입학 때부터 나타났다. 그는 1918년에 수재들
만 입학할 수 있는 피사 대학에 수석으로 들어갔으며, 그의 답안지
를 본 시험관들은 그의 뛰어난 실력에 감탄하여 그를 장학생으로
선발하였다.

페르미는 1922년에 엑스선을 이용한 연구로 21세의 젊은 나이에 박사 학위를 받았다. 정부가 지원하는 연구비로 독일에서 유학하면서 괴팅겐 대학의 유명한 물리학자인 막스 보른 교수의 지도를 받게 되었으며 1929년에는 28세의 나이로 로마 대학의 정교수가 되었다.

페르미는 피사 대학에서 만난 프랑코 라세티와 함께 로마 대학에 연구소를 만들어 물리학 연구에 박차를 가했다.

원자핵 분열 때 발생하는 엄청난 에너지

로마 대학의 물리학 연구소에서는 페르미가 주축이 되어 미래의 원자 폭탄을 낳은 원자를 연구하기 시작했다. 원자는 양자와 중성자로 구성된 원자핵과 그 주위를 돌고 있는 전자로 되어 있는데, 원자핵에 아주 작은 알맹이를 충돌시키면 그 성질을 인공적으로 변화시켜 방사능을 가진 물질로 바꿀 수 있다.

페르미는 충돌시키는 작은 알맹이로는 중성자가 가장 좋을 것이라 생각했다. 왜냐하면 전자의 알맹이는 너무 가벼울 뿐만 아니라 속도도 느리기 때문에 적합하지 않고, 양성자는 전자보다 1,800배나 무겁지만 양전기를 지니고 있어 원자핵에 들어 있는 양성자와 서로 반발하기 때문에 적합하지 않기 때문이었다. 중성자는 양성자를 띠고 있지 않기 때문에 가장 적합하다고 생각했다.

페르미는 중성자를 충돌시켜 많은 원소를 방사성 물질로 바꿀 수 있었다. 그리고 우라늄에 중성자를 충돌시켰더니 이제까지 세상에 알려지지 않은 새로운 방사성 물질이 생겼다. 따라서 많은 과학자들은 이 물질을 밝혀내기 위해 우라늄 원자핵에 중성자를 충돌시키는 실험을 하기 시작했다.

그 결과 독일 과학자들에 의해 중성자 충돌을 받은 우라늄 원자핵은 둘로 갈라진다는 사실이 밝혀졌고, 우라늄 원자핵이 둘로 갈라질 때 많은 에너지를 방출한다는 사실도 알아냈다. 그리고 핵분열이 일어날 때 어떤 물질이 없어지는 대신 막대한 에너지를 방출한다는 사실도 밝혀졌다.

페르미는 1934년에 다시 놀랄 만한 발견을 했다. 중성자와 충돌할 원자핵 사이에 어떤 물질을 두면 중성자의 충돌 속도를 늦출 수 있다는 사실을 발견한 것이다. 속도가 감속된 중성자가 원자핵을 지날 때 원자핵은 그 중성자를 쉽게 잡아당겨 충돌할 수 있게 되었다. 페르미가 발견한 속도를 늦춘 중성자를 충돌시킴으로써 인공 방사성 물질의 방사능은 더욱 커지게 되었다.

미국 뉴욕의 컬럼비아로 망명하다

페르미가 이처럼 활발하게 연구를 진행하는 동안 이탈리아의 총통 무솔리니는 파시즘 독재 정치로 국민을 억압하기 시작했고 독일의 악명 높은 독재자 히틀러와도 손을 잡았다. 이로 인해 유태인 배척 운동이 서서히 시작되어 모든 유태인은 시민권이 박탈되고 직장에서도 쫓겨나기 시작했다. 페르미는 아내인 카폰이 유태인이었기 때문에 박해가 닥칠 것을 예상하고 미국으로 망명하기로 결심하고 있었다. 그러던 차에 페르미에게 뜻밖의 행운이 찾아왔다.

1938년 페르미의 나이 37세 되던 해에 그에게 노벨 물리학상을 수여한다는 소식이 들린 것이다. 중성자 충돌에 의한 인공 방사성 원소의 연구와 속도가 느린 중성자에 의한 핵반응을 발견한 업적이 평가를 받은 것이다. 그해 12월에 그는 부인과 자녀들을 동반하고 노벨 물리학상을 받기 위해 스톡홀름으로 떠났다. 절호의 기회를 만난 그들은 노벨상 수여식이 끝난 다음 이탈리아로 돌아가지 않고 뉴욕으로 향했다. 뉴욕의 컬럼비아 대학에서는 그를 환영하여 물리학 교수로 맞이했다.

1939년 페르미의 가족들이 미국에 정착한 지 얼마 되지 않아서 제2차 세계 대전이 발발했다. 연합군과 독일군 간의 치열한 승부는 누가 먼저 강력한 원자핵 무기를 만드느냐에 달려 있었다.

페르미는 시카고에 정착하여 원자핵 분열에 관한 연구를 다시 시작하였다. 당시 과학자들은 방사성 원소인 우라늄이 값싼 에너지를 무한정 공급할 수 있을 것이라고 생각하고 있었다. 한편 페르미와 아인슈타인 등을 포함한 몇몇 우수 과학자들은 우라늄 핵분열 과정에서 나오는 에너지로 가공할 만한 무기인 원자 폭탄을 제조할 수 있음을 알았다. 그래서 루즈벨트 대통령에게 히틀러가 먼저 원자탄을 만들지 모른다는 서한을 보냈다. 원자 폭탄 제조를 예견한 과학자들의 서신을 받는 미국 정부는 즉시 페르미를 실용 원자로 설계 연구팀의 책임자로 임명하여 연구를 추진하게 했다.

1921년 페르미는 2편의 논문을 발표했다. 1편은 '병진 운동하는 전하 강성계의 동역학에 관하여'이고, 2편은 '중력이 균일한 전자기 전하장의 정전기학과 전자기 전하의 무게에 관하여'였다. 그 후에도 그는 계속 수편의 논문을 학술지에 발표하였다.

원자로의 탄생

하나의 우라늄 원자핵을 분열시키기 위해서는 한 개의 중성자가 필요하다. 그것이 2개로 분열되었다면 원자핵도, 중성자도 두 개로 나타난다. 두 번째 핵분열에서는 네 개의 중성자가 분리되어 나타나게 되고 그것들은 다시 여덟 개의 우라늄 원자핵이 되며 분열되어 여덟 개의 중성자가 생기게 된다. 즉, 인공적으로 만든 한 개의 중성자로 어떤 양의 우라늄 원자핵을 치기 시작하면 모든 우라늄 원자핵이 모두 분열될 때까지 연속해서 반응을 나타내는 것이다. 이것을 '연쇄 반응'이라 한다.

우라늄의 연쇄 반응이 한번에 빨리 일어나면 반응할 때마다 일어나는 에너지가 한번에 모여 엄청난 에너지를 얻게 되며 무서운 파괴력으로 나타난다. 페르미는 연구소에서 실제로 핵 연쇄 반응이 일어날 수 있는가를 실험했다.

　그는 이미 1934년에 로마 대학에서 중성자의 속도를 늦추면 연쇄 반응이 일어난다는 사실을 확인했고 또 실제로 속도를 늦추어 본 경험이 있었다. 이번에는 중성자의 속도를 늦추기 위해 흑연을 사용하기로 하였다. 따라서 페르미는 연쇄 반응을 조절할 수 있는 수단으로 카드뮴 막대를 중성자 흡수제로 사용하기로 하였다. 연쇄 반응이 가속되면 카드뮴 막대를 원자로에 넣어 중성자 수를 줄여 반응을 늦추기로 한 것이다.

　드디어 1942년 12월 2일, 원자로를 가동하여 첫 시험을 하게 되었다. 시카고 대학교의 정구장 한 구석에 세워진 원자로가 원자로 건설에 종사한 42명의 과학자와 군부의 고위 관계자들이 지켜 보는 가운데 최초의 연쇄 반응을 일으키기 위해 가동되었다. 매우 긴장된 순간이었다. 만약 페르미의 이론이 빗나간다면 원자로는 폭탄으로 변해 시카고 전체가 파괴될 수도 있었기 때문이었다.

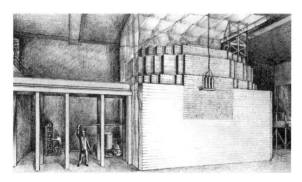

1942년 12월 2일 시카고에서 작동한 최초의 원자로

원자로에서 카드뮴 막대를 인출하자 연쇄 반응이 시작되었고 카드뮴 막대를 조절한 결과 원자핵 연쇄 반응을 마음대로 조절할 수 있었다. 페르미의 착상이 멋지게 적중한 것이다. 깨끗한 성공이었다. 이로써 새로운 원자력 시대의 문이 열렸다.

성공의 기쁜 소식이 정부에 보고 되었다. 그 메시지는 페르미에게는 큰 영광과 기쁨을, 과학계와 미국 정부에게는 충격과 감격을 안겨 주었다. 1945년 7월 16일 뉴멕시코의 사막에 있는 지로에서 최초의 원자탄 실험이 성공적으로 이루어졌다. 그리고 일본 히로시마에서의 원자 폭탄 투하는 제2차 세계 대전의 종식을 가져왔다.

1946년 3월에 미국 의회는 원자탄 개발에 기여한 페르미의 지대한 공헌을 인정하여 '최초로 원자핵 연쇄 반응을 성취한 개척자'라고 찬양하면서 공로 훈장을 수여했다. 페르미의 역사적이고 성공적인 실험 이후 원자로의 규모는 매우 커지고 복잡해졌으며 점차 크게 발전했다.

위대한 과학자 페르미가 핵의 연쇄 반응을 성취시켜 평화적 이용의 길을 열어 놓은 것은 인류 복지 향상에 크게 기여한 쾌거였다고 할 수 있다. 이처럼 원자력 조정 등 새롭고 복잡한 기술이 개발되고 발전되어 국민 복지가 향상되었지만, 한편으로는 방사선 폐기물 처리와 불의의 사고 시 큰 위험이 뒤따르게 되는 문제들은 여전히 논란이 되고 있다.

오늘날에는 방사선 폐기물 처리로 온 세계가 고민하고 있다. 우리나라도 안면도에 연구소를 건립하려다 주민들의 거센 저항으로 철

회한 적이 있다. 핵에 대한 이해 부족이 원인이겠지만 당국의 홍보 부족도 아쉬웠다고 지적하는 사람들이 많았다. 현재는 경주에 저준위 방사선 폐기물 저장고가 건설되어 운용되고 있다.

원자핵이 분열할 때에는 막대한 에너지가 방출된다. 그 힘을 평화적으로 이용하게 되면 인류에게 커다란 복지와 행복을 가져다 주겠지만 전쟁의 무기로 사용한다면 지구의 종말을 초래할 정도의 가공할 무기가 될 수도 있다.

1954년 11월 28일에 모든 영예를 안고 이태리 출생의 위대한 과학자 페르미는 53세의 나이에 위암으로 세상을 떠나 미국 시카고 오크 우즈 묘지에 잠들었다.

헬리콥터의 꿈을 실현한
이고리 이바노비치 시코르스키

꿈이 많았던 청소년 시절

헬리콥터 개발의 선구자인 이고리 이바노
비치 시코르스키(Igor' lvanovich Sikorsky,
1889년 5월 25일 ~ 1972년 10월 26일)는
러시아 남부의 아름다운 도시인 키예프에서
부유한 대학 교수의 아들로 태어났다. 그는
키예프에서 초등 교육을 마친 후 프랑스로
건너가 파리에서 고등 교육을 받았다. 그는

이고리 이바노비치
시코르스키

청소년 시절에 항상 하늘에 대한 동경심을 가득 안고 있었다.

그는 언덕에 오를 때마다 높은 하늘에 뛰어 올라 아름다운 키예프
를 한눈에 내려다보는 꿈에 사로잡히곤 하였다. 그는 1903년에 공
군 사관 생도가 되었으나 헬리콥터를 연구하기 위해 장교가 되는 것
을 포기하고 공학 공부를 시작했다. 제펠린하면 누구나 비행선을 생
각하고, 라이트 형제하면 누구나 비행기를 생각하듯이, 시코르스키

하면 누구나 헬리콥터를 연상할 수 있게 해야겠다고 굳게 결심했다.

시코르스키는 미래에는 수직으로 이착륙하는 항공기의 발전이 중요하다고 생각하고, 고국에 돌아가 헬리콥터를 설계하기 시작했다.

그는 이미 12세에 고무줄을 이용하여 움직이는 장난감 헬리콥터를 만든 적이 있었다. 그것은 1483년 레오나르도 다빈치가 스케치한 헬리콥터의 모형 그림을 보고 착상한 것이었다.

그는 한 쌍의 회전 날개를 이용하여 헬리콥터 두 대를 시험 제작하였으나 지상에서 약간 떴을 뿐 헬리콥터로서의 구실은 제대로 하지 못했다. 그는 1912년에 레닌그라드의 발틱 철도 공장이 새로 설립한 항공사에 들어가 설계 주임으로 근무했으나 1917년의 10월 혁명으로 인한 사회 혼란과 독일의 패망을 경험한 시코르스키는 유럽에서는 더 이상 희망이 없다고 생각하여 1919년에 미국으로 건너갔다.

그는 미국에 영주하면서 몇몇 친구와 함께 자본을 모아 시코르스키 항공 회사를 설립하여 비행기 제작에 심혈을 기울였으며, 특히 수륙 양용 비행기 개발에 힘을 쏟았다.

헬리콥터 연구의 역사

새처럼 창공을 나는 것은 인간의 오랜 꿈이었다. 사람들은 하늘을 나는 새나 독수리를 보면서 사람도 새처럼 날 수 있었으면 하는 꿈을 꾸었다.

그래서 공기보다 가벼운 가스를 주머니에 넣어 하늘에 띄운 다음 그 밑에 사람이 탈 수 있는 자리를 만들어 인류 최초로 하늘을 날기도 했다. 그것이 발전하여 오늘날의 비행선이 된 것이다.

헬리콥터에 대한 최초의 상상은 이탈리아의 화가이며 과학자인 레오나르도 다빈치가 1483년에 작성한 스케치에 잘 나타나 있다. 레오나르도 다빈치에 의해서 헬리콥터의 모형도가 그려진 지 300년이 지난 1784년 프랑스의 르노아와 비앙브뉴가 처음으로 헬리콥터의 모형을 만들었다. 그러나 사람들의 이목을 끌 지는 못했다.

헬리콥터가 실제로 조정사를 태우고 하늘로 올라간 것은 비행기 발명보다 4년이 늦은 1907년경이었다. 그때까지 많은 과학자들이 헬리콥터 연구에 심혈을 기울였다.

1903년 미국의 라이트 형제가 최초로 비행기를 발명하여 큰 화제를 불러일으키자 세상 사람들의 관심은 모두 비행기에 집중되었다. 이로 인해 헬리콥터에 대한 연구는 점점 관심 밖으로 밀려났지만 몇몇 연구가들에 의해 헬리콥터 시험 제작에 성공하였다.

맨 처음 포올 고뉴가 헬리콥터를 만들어 시험 비행을 했다. 그는 두 사람을 태우고 1.5m 높이를 1분 동안 날았다. 또 같은 해에 프랑스의 르네브르게가 사람을 태우고 1.2m 높이를 날았지만 조정 장치가 없었기 때문에 자유 비행은 할 수 없었다. 그 후 1910년에 러시아 사람인 시코르스키가 25마력의 엔진을 헬리콥터에 부착하여 지상을 나는 데 얼마간 성공하였다.

꿈을 실현한 시코르스키

시코르스키는 러시아에서 출생하였으나 미국으로 이주하여 미국 시민권을 얻어 미국 시민이 되었다. 그는 물 위에 착륙할 수 있는 클리퍼 비행기(사람들은 날아다니는 배라고 부름.)를 제작하여 대서양을 횡단하는 승객과 우편물의 신속한 수송을 도왔다.

1928년에는 스페인의 항공 기술자인 후안드라 시이르바가 오토자이로라는 비행기를 발명했다. 오토자이로는 엔진 바로 앞에 있는 재래식 프로펠러로부터 추진력을 얻고, 회전 날개를 돌려 위로 뜨게 되어 있었으나 날지는 못했다.

수륙 양용 비행기에만 전력하던 시코르스키는 오토자이로의 실패에 자극을 받아 다시 헬리콥터 연구에 몰두했다. 이 무렵에는 기체 역학이 발전하였고 새로운 재료가 연구되어 있었기 때문에 헬리콥터 제작은 큰 힘을 얻었다.

드디어 1939년에 시코르스키는 단일 회전체의 헬리콥터 제작에 성공했다. 헬리콥터는 기체의 상단 중심 부분에 커다란 회전 날개를 설치하고 또 하나의 작은 회전 날개는 기체 꼬리 부분에 설치한 것이었다. 그가 처음 개발한 VS-300 헬리콥터는 날 수 있을 뿐만 아니라 수직으로 이착륙도 할 수도 있으며 앞뒤와 좌우로 움직일 수 있다는 점에서 크게 성공한 것이었다.

미국의 미주리 주에서 큰 홍수가 일어났다. 갑작스러운 폭우에

강이 범람하고 댐이 무너지는 등 큰 혼란이 일어났다. 낮은 지역에 사는 사람들은 지붕 위에 올라가 구조를 요청했고 어떤 사람들은 떠내려가는 통나무에 매달려 구조를 요청했지만 방법이 없었다. 구조대원들도 속수무책이었다.

그때 연락을 받은 시코르스키의 헬리콥터가 요란한 소리를 내며 나타나 사람들의 머리 위 가까이 떠서 밧줄을 내려 보냈다. 죽을 뻔했던 사람들이 밧줄을 타고 헬리콥터에 올라 구조되었다. 이 광경을 본 사람들은 큰 갈채를 보냈다.

단(單)로터리의 터빈 헬리콥터(시코르스키 S-62)

오늘날 헬리콥터의 활약은 설명을 부가하지 않아도 모르는 사람이 없을 정도이다. 인명 구조는 물론 군수 물자와 병력의 수송 등 군사적 측면에서 뿐만 아니라 농사와 관광, 측량, 교통 등 많은 분야에서 유용하게 이용되고 있다.

그는 1939년 9월 시험용 헬리콥터 1호가 하늘을 날은 후부터 유나이티드 항공 회사를 퇴직한 1957년까지 그의 모든 열정과 정성을 오직 헬리콥터 연구와 제작에 쏟았다.

청소년 시절에 고향의 언덕에서 맑고 푸른 하늘을 날고 싶어 하던 꿈을 가졌던 한 청년의 연구와 노력으로 헬리콥터가 발명되었다. 웅장한 소리를 내며 하늘을 자유자재로 나는 헬리콥터를 이 땅에 남겨 놓고 시코르스키는 1972년 10월, 84세의 나이에 심장마비를 일으켜 세상을 떠나고 말았다. 그러나 오늘도 단일 회전체의 시코르스키 헬리콥터는 웅장한 소리를 내며 세계 평화와 인명 구조를 위해서 창공을 날고 있다.

로켓 연구로 우주 여행의 꿈을 실현한
베른헤르 폰 브라운

공상에 젖은 청소년 시절

독일에서 대(大) 실업가의 아들로 태어난
베른헤르 폰 브라운(Wernher von Braun,
1912년 3월 23일 ~ 1977년 6월 16일)은 독
일 출신의 미국인 로켓 과학자이다. 아버
지 마그누스는 후에 바이마르 공화국의 농
림부 장관을 지냈고, 어머니 애미는 영국의
에드워드 3세의 후손이었다.

베른헤르 폰 브라운

그는 부모에게 교육을 받았다. 그는 어려서부터 밤하늘의 달과
별을 바라보는 것을 즐기며 공상에 잠기는 일이 많았고, 특히 수학
에 남다른 소질이 있었다. 그의 어머니는 자식의 소질을 살리기 위
해 망원경을 사 주었다. 브라운은 어려서 스위스 취리히에서 초등
교육을 받았고, 1930년에 독일로 돌아와서는 베를린 대학에서 공
학을 공부했다.

어릴 때부터 공상의 날개를 펼치곤 했던 브라운은 이미 우주 비행의 가능성을 예상했었다. 프랑스의 소설가 쥘 베른이 쓴 《달나라 여행》이란 공상 과학 소설을 읽고 나서는 우주에 더욱 재미를 붙여 이에 관한 책을 많이 읽었다. 《달나라 여행》에는 달로 로켓을 쏘아 올리는 이야기와 로켓에서 뿜어져 나오는 분사의 힘으로 조용히 달에 착륙하는 이야기가 실려 있었다. 브라운은 쥘 베른의 공상 과학 소설을 읽고 깊은 감명을 받아 인간도 우주 여행을 할 수 있을 것이라고 확신했다.

그는 중학교를 졸업한 17세의 어린 나이에 자신도 우주 여행을 할 수 있을 것이라는 기대감으로 로켓을 연구하기 시작했다. 베를린으로 돌아온 브라운은 로켓을 연구할 목적으로 독일 우주 여행 협회의 회원으로 가입했다. 우주 여행 협회는 우주 여행에 관심이 있는 청소년들로 구성되어 있었다. 협회 지도자인 헤르만 오베르트가 저술한 《위성 공간을 나는 로켓》을 읽은 회원들은 더욱 많은 지식과 우주 여행에 대한 희망을 갖게 되었다.

우주 여행의 희망을 안고 로켓 연구에 열광적인 청소년들은 협회가 설립된 지 2년 만에 80여 회나 로켓 발사 실험을 하였다.

한편 우주 공간을 비행하는 로켓에 관한 연구는 오베르트가 책을 저술하기 20년 전인 1903년에 소련의 과학자 치올콥스키에 의해서 '로켓에 의한 공간 연구'라는 제목의 논문으로 소련 과학 잡지에 발표된 적이 있었다.

치올콥스키는 논문에서 로켓 연료는 액체 수소로 하고 로켓은 열차형으로 여러 개를 이어서 발사해야 한다고 했다. 가장 뒤쪽 로켓은 연료가 떨어지면 스스로 떨어져 나가야 하며 바로 앞에 있는 로켓을 밀어 올리고, 다음 두 번째 로켓이 발진되어 앞쪽의 로켓을 밀어 올리는 방식을 통해 결국 제일 앞의 로켓이 달을 향해 날아가게 된다는 내용이었다. 소련의 카루카시 학교의 수학 교사였던 치올콥프스키는 이렇게 훌륭한 구상을 발표하였지만 아깝게도 이론에만 그치고 실제로 로켓을 쏘아 올리지는 못했다.

한편 미국의 과학자 고더드는 1926년에 세계 최초로 발사대를 만들어 액체 연료를 사용한 로켓을 발사하는 데 성공하였다.

로켓 실험에 미치다시피 한 브라운은 그의 동료의 로켓 실험장에서 연일 모여드는 관중들을 앞에 두고 실험을 계속하였다. 그러다가 하루는 구경을 나온 독일 육군의 로켓 연구소장 드룬베르거를 만나게 되었다. 브라운은 드룬베르거 소장의 권유로 베를린 공과대학의 조병(造兵) 학과에 입학하고 드룬베르거 연구소의 연구원으로 로켓 실험을 계속했다.

브라운이 처음으로 핵 연료 로켓을 만든 것은 1933년이었다. 그는 처음으로 만들어낸 로켓을 A-1호라 명명하고, 다음 해는 A-2호를 만들어 실험했다. 그러나 그 무렵 히틀러가 정권을 잡아 로켓을 연구하는 목적이 변질되었다.

전쟁 준비에 광분한 히틀러는 모든 연구는 전쟁과 관련되도록 지시했다. 따라서 군사용 이외의 로켓 실험이나 연구는 일체 허용되지 않았다. 당연히 우주 여행 협회도 해산되고 협회의 일부 회원은 육군 로켓 연구소로 흡수되었다.

독일 군사 연구소에서 활약

1936년에 히틀러의 지시로 독일 발틱 해안에 있는 페네뮌데에 로켓 연구소가 설치되었을 때 브라운의 나이는 24세였다. 페네뮌데 연구소에서는 브라운이 중심이 되어 연구와 실험이 진행되었다. 브라운은 곧 17,6km를 비행할 수 있는 길이 6m의 A-3호 로켓을 완성했다.

한편 히틀러는 이미 전쟁 준비를 완료하고 기회만 노리고 있었다. 1939년 9월 1일 독일은 히틀러의 지휘 아래 국경을 넘어 폴란드를 침입하여 제2차 세계 대전의 포문을 열었다. 독일의 과학자들은 전시 체제 아래 로켓의 무기화 연구에 징집되고 브라운은 그 연구의 중심이 되어 A-4호 즉, V-2호 미사일 연구에 몰두했다.

1942년 10월 브라운 연구팀은 드디어 V-2 로켓의 실험에 성공했다. 이것은 최초의 실제

런던을 향해 발사되고 있는 V-2 로켓

미사일로, 이 신무기는 700kg의 폭약 탄두를 300km 밖의 표적지까지 나를 수 있으며 초속 1.5km라는 초음속 비행이 가능한 최신 무기였다. 그러나 V-2의 최초 미사일은 늦게 완성되었기 때문에 히틀러는 이를 전쟁에 활용해 보지도 못하고 패망했다.

독일이 패망하자 브라운은 미국으로 건너가 다시 로켓 연구를 시작했다. 그리고 1950년에는 미국 레트스톤 육군 조병창(무기·장비를 만드는 곳)의 유도탄 연구부장으로 취임했다.

인공위성 발사에 성공하다

브라운은 미국 연구소에서 처음에는 로켓 설계를 전담하였지만 좀 더 향상된 발사 장치를 연구하는 데 노력했다. 그리하여 1957년에 브라운은 2,400km를 나는 4단식 탄도탄 주피터를 만드는 실험에 성공했다. 브라운의 청소년 시절부터의 꿈이었던 사람을 태운 우주선을 띄우는 일이 주피터의 실험 성공으로 실현된 것이다.

미국 의회는 미국 최초의 민간 우주 기관인 국립 항공 우주국(NASA)의 설립과 유인 우주선의 연구 사업을 승인했다. 이 사업의 최초의 책임자로 임명된 사람이 세계 제일의 로켓 기술자이면서 과학자였던 브라운이었다.

그러나 1957년 10월 24일 소련은 세계 최초로 다단식 로켓을 사용한 인공위성 스푸트니크 1호를 발사하여 성공하였다. 스푸트니크 인공위성의 발사 소식을 접했을 때 브라운은 우주 여행이 실현될 수 있다는 기대로 설레면서도 한편으로는 미국이 먼저 세운 인공위성의 발사 계획을 소련이 먼저 성공하였으므로 당황스럽고 착잡했다.

소련의 스푸트니크 발사 성공은 미국 사람들에게 큰 자극제가 되었다. 미국은 브라운에게 연구 과제를 주고 인공위성 발사 계획을 서두르게 하였다.

브라운은 주피터 로켓을 개량하여 1958년 1월 31일에 미국에서 최초로 인공위성 발사에 성공하였다. 익스플로러(탐험자)라고 명명된 인공위성의 발사가 성공함으로써 드디어 인류의 우주 탐험의 문은 열리게 되었다.

아폴로 우주선이 달에 착륙한 그 충격적인 소식이 온 세계에 전달되는 순간 브라운은 벌써 화성까지 갈 우주 탐험선을 계획하고 있었다. 그러나 그는 아폴로 계획이 취소되자 실망감을 감추지 못했고, 결국 1972년 나사(NASA)를 떠나 미국 메릴랜드 주의 페어차일드 항공 우주 회사의 기술 개발 부장으로 부임하여 일하였으나 신장암에 걸려서 투병하다가 병세가 더 악화되어 회사를 떠났다.

그는 1975년 국제 과학 공로상을 수여받았으나, 참석하지 못하고 1977년 6월 16일에 65세의 나이로 세상을 떠났다. 그는 미국 알렉산드리아 아이비 힐 묘지에 안장되었다.

생명체의 신비를 벗겨낸
제임스 (듀이) 왓슨

두뇌가 명석했던 청소년 시절

제임스 (듀이) 왓슨(James (Dewey) Watson,
1928년 4월 6일~)은 미국 시카고에서 태어
났으며 어려서부터 두뇌가 매우 명석하였다.
초등학교에 들어가기도 전부터 라디오의 어린
이 퀴즈 프로를 청취하면서 답을 척척 맞히는
우수한 어린이였다.

제임스 (듀이) 왓슨

15세에 전교에서 1등으로 고등학교를 졸업
했고 시카고 대학도 우수한 성적으로 입학했을 뿐만 아니라 재학
시절에 뛰어난 두뇌로 두각을 나타내어 교수들을 놀라게 한 수재
였다.

제임스 왓슨은 시카고 대학을 졸업하고 1950년 인디애나 대학에
서 박테리아 바이러스에 관한 연구 논문으로 22세의 어린 나이에
박사 학위를 취득했다.

디엔에이(DNA)의 정체를 밝혀내다

생명이란 과연 무엇인가? 생명체의 기본이 되는 것인 유전의 본질은 무엇인가? 그의 핵심인 디엔에이(DNA, deoxyribonucleic acid)의 이중 나선 구조를 발견함으로써 생명의 신비를 알게 되었다.

디엔에이(DNA)는 모든 생명체의 세포핵에 들어 있으며 유전의 단위인 유전 인자의 근본을 이루는 것으로 막연히 알려져 왔다. 즉, 디엔에이(DNA)는 퓨린 염기(아데닌과 구아닌 등)와 피리미딘 염기(티민과 사이토신 등) 및 당분으로 구성된 데옥시리보스와 인산염으로 구성되어 있다는 것 외에 더 알려진 것은 별로 없었다.

왓슨이 디엔에이(DNA)에 관심을 갖기 시작한 것은 대학교 4학년 때부터였다. 당시 그는 지도 교수였던 루리아 교수의 권유로 코펜하겐 대학의 생화학자인 헤르만 칼카르의 연구실에서 연구하게 되었다. 그러나 그는 코펜하겐 대학에서 1년을 지내면서도 생화학에 전혀 흥미를 느끼지 못했으며 발전도 없었다.

그러던 어느 날 나폴리의 동물학 연구소에서 개최된 고분자에 관한 학술 회의에서 영국의 물리학자인 모리스 윌킨스(Maurice Wilkins)의 강연을 듣고 크게 감명을 받았다. 그는 윌킨스가 제시한 디엔에이(DNA) 분자의 X선 회절 무늬 사진을 잊을 수 없었다. 그는 그 사진을 보고 디엔에이(DNA)가 나선형이라는 생각을 했으며 생명의 신비를 꼭 풀어 보겠다고 결심했다.

그 당시 미국의 화학자 라이너스 칼 폴링(Linus Carl Pauling)이 단백질 구조의 일부를 해결했다는 놀라운 소식을 듣고 왓슨은 더욱 용기를 얻었다. 1951년 왓슨은 엑스선 회절상의 해독법과 3차원적인 단백질 구조를 연구하기 위하여 영국 케임브리지 대학의 유명한 캐번디시 연구소를 찾아갔다. 캐번디시 연구소는 영국 의학 연구회가 분자 생물학 연구를 위해 설립한 연구소였다.

캐번디시 연구소장인 브래그 경은 과학계에서 가장 우수한 과학자들을 초빙하여 연구를 시켰는데 왓슨도 일원으로 참여하게 되었다. 그는 그 연구소에서 디엔에이(DNA)를 함께 연구할 수 있는 동반자인 프란시스 크릭(Francis Crick)을 만날 수 있었다. 영국 사람인 크릭은 활달한 성격의 물리학자로서 매우 우수한 과학자였다. 왓슨은 크릭에게 디엔에이(DNA)의 비밀에 대해 열심히 설명해 주면서 생물학을 가르쳐 주었고, 크릭은 왓슨에게 물리학을 가르쳐 주었다. 이는 이들이 디엔에이(DNA)를 연구하는 데 큰 도움이 되었다.

생물학에 일대 혁신을 일으키다

왓슨과 크릭은 함께 힘을 모아 디엔에이(DNA) 구조를 연구하고 규명하는 데 여념이 없었다. 크릭과 왓슨은 디엔에이(DNA)는 한 가닥의 꼬인 줄과 같은 형태의 나선형 구조일 것이라고 주장한 라이너스 폴링의 견해를 상기했으며 그들은 나선형 구조는 새끼줄처럼 두 가닥으로 되어있을 것이라고 생각했다. 그들은 모든 성분의 구조를 나타내는 모형을 만들어서 그것을 함께 맞추어 보기도 하였으며, 떨어져 나간 모형을 손질하기도 하고 이리저리 맞추어 보기도 했지만 계속 실패했다.

그 당시 생물학자들 중에 자기들이 살아 있는 동안에 유전 인자의 신비가 풀리게 될 것이라고 기대하는 사람은 아무도 없었기 때문에 모두가 두 사람을 비웃었다. 멘델은 규칙적인 수학 배열 법칙에 따라 대대로 유전 정보를 전달하는 물질의 존재를 가정했으나 그 물질들의 화학적 성질과 그들이 세포의 어디에 위치하는지조차 알지 못했다.

왓슨과 크릭은 윌킨스가 제시한 디엔에이(DNA) 분자의 엑스선 회절 무늬 사진을 보고 디엔에이(DNA) 모형을 다시 만들었다. 그들은 길고 우아하며 둘둘 말린 사다리 꼴의 2중 나선 모형을 만들었다. 마치 회전 계단과 같은 그 모형에 당-인산의 두 뼈대는 분자의 바깥쪽에서 서로 꼬여 있고, 그속에 수소

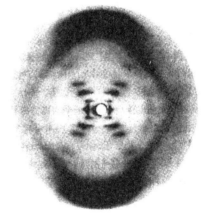

1952년에 찍은 디엔에이(DNA) 분자의 X선 회절 무늬

검은 X형의 모습이 명백한 이 사진은 디엔에이(DNA)가 나선형 구조라는 것을 암시하며, 디엔에이(DNA)의 이중 나선형 구조를 확인시켰다.

결합으로 연결된 염기쌍이 들어 있는 구조였다.

1953년 어느 이른 봄날 모든 실마리가 풀리기 시작했다. 어떤 종류의 디엔에이(DNA)인지에 상관없이 사이토신과 구아닌의 경우와 마찬가지로 아데닌과 티민의 양이 언제나 같다는 사실을 발견한 것이다. 그리고 아데닌과 티민이 결합하여 형성된 구조의 모습이 사이토신과 구아닌 쌍이 결합하여 생긴 구조와 동일하다는 것을 알아냈다.

만일 자연에서 아데닌이 항상 티민과 결합하고, 구아닌이 항상 사이토신과 결합한다면 이것만으로 왜 그들 쌍의 각 성분이 같은 이유가 설명될 것이다. 이 쌍들은 나선형 구조로 잘 배열되어 있으며 줄들이 서로 보완되고 한쪽 줄이 다른 줄과 화합물을 합성하는 데 보기가 된다는 것을 의미하는 것이다. 왓슨과 크릭은 아주 간단하며 아름다운 디엔에이(DNA) 모형을 만들었다. 그 모형은 결정학적 자료와 입체 화학적 원리를 만족시켰던 것이다.

노벨 생리의학상 수상

구아닌과 사이토신, 그리고 아데닌과 티민의 4개 염기들은 생명의 코드를 제공한다. 즉, 살아있는 동물과 식물을 설계하는 데 필요한 유전 정보를 구체화하여 차세대로 전달하는 역할을 한다. 이들은 헤아릴 수 없는 많은 조합을 이루면서 생물의 모양과 주위 환경에 대한 반응을 결정하는 정보를 전달하고 있다.

같은 종의 개체들 사이의 차이점과 다른 생물들의 개체 사이의 차이도 모두 디엔에이(DNA) 분자 안에 연결된 4개의 염기 총수와 다양한 조합에 의해 결정된다.

디엔에이(DNA)의 신비하고 놀라운 사실은 세포가 분열하거나 생물이 생식할 때마다 자신을 충실히 복제한다. 세포가 분열할 때 2중 나선의 꼬인 두 줄은 풀려서 두 개의 외가닥이 되고 각 사슬은 분열된 두 세포에 갈라져 들어간다. 새로 갈라져 들어간 각각의 외가닥 줄은 세포질 안에서 새로운 나선을 형성하며 이때도 역시 구아닌과 사이토신 그리고 아데닌과 티민의 짝짓기가 이루어져 어미 세포에서의 것과 똑같게 된다. 이와 같은 방법으로 한 생물의 형질은 언제까지나 충실히 보존되고 이어져 나가게 되는 것이다.

왓슨과 크릭은 신비와 베일에 싸여 있던 생물의 유전 메커니즘을 해명함으로써 20세기 생명 과학에 최대의 성과를 거두었다. 1953년 4월 2일 왓슨과 크릭은 영국에서 발행되는 《자연(Nature)》이라는 잡지에 연구 논문을 발표했다. 많은 과학자들은 그들의 논문을 읽고 20세기의 가장 크고 놀라운 발견이며 업적이라고 극찬했다. 1962년 왓슨과 크릭은 윌킨스와 함께 핵산(DNA)의 분자 구조와 음성 정보 전달에 관한 연구 업적으로 노벨 생리의학상을 공동 수상했다. 왓슨은 1977년에 대통령 자유 훈장을 받았으며 1981년에는 왕립 학회의 명예 회원이 되었다.

용불용설을 제창하여 진화론의 기초를 세운
장 바티스트 피에르 앙투안 드 모네 슈발리에 드 라마르크

신학교에서 공부한 소년 시절

장 바티스트 피에르 앙투안 드 모네 슈발리에 드 라마르크(Jean Baptiste Pierre Antoine de Monet, Chevalier de Lamarck, 1744년 8월 1일~1829년 12월 18일)는 1744년 8월에 프랑스 피카르디 지방의 아름다운 도시 바장탱의 귀족 가문에서 12남매의 막내로 태어났다. 귀족 가문에서 태어났지만 생활은 매우 빈곤하였다.

라마르크

그는 아버지의 권유로 수도사가 되기 위해서 아미앙에 있는 신학교에서 공부하게 되었다. 그러나 그는 수도사보다는 되느니 씩씩한 군인이 되고 싶었다. 라마르크가 16세 되던 해에 아버지가 세상을 떠나자 그는 곧바로 군대에 입대하였다. 그 당시 프랑스와 독일이 전쟁 중이었기 때문에 그는 일선으로 배치되었다. 그의 용맹성과 기지로 프랑스의 해당 부대는 전멸을 모면할 수 있었다. 지휘관도 라마르크의 용맹성과 공과를 인정하여 그를 중위로 승진시켰지만 7년 전쟁이 끝날 무렵 동료들끼리 장난을 하다가 부상을 당하여 제대하게 되었다.

루소를 만나 자극을 받다

제대 후에 라마르크는 은행에 취직하여 일하면서 의학 공부도 하였다. 그는 종종 명상에 잠기길 좋아했고 일요일이면 정기적으로 산책을 했다. 라마르크는 일요일에 파리 근교를 산책하다가 유명한 철학자 장 자크 루소를 만나게 되었다.

그 후로 그는 루소와 자주 대화를 하게 되었고 그와 함께 교외에서 식물 채집도 하는 등 식물학에 집중하였다. '자연으로 돌아가라'는 유명한 명언을 남긴 루소와 채집을 다니면서 그는 나무와 풀과 꽃에 관심과 흥미를 느꼈다.

루소와 식물원을 견학하고 나온 라마르크는 의학을 포기하고 식물학자가 되기로 결심했다. 그는 각종 식물에 대한 책과 연구 보고서를 상세히 조사하기 시작했다. 그는 그 중에서도 린네의 식물 분류법에 매우 흥미를 가졌다. 라마르크는 린네의 분류법을 탐독하면서 이보다 더욱 발전된 방법을 생각했다.

그는 식물의 다양한 종(種)을 다시 몇 개의 아종(亞種)으로 나누어 보았다. 그는 꽃도 이와 같은 방법으로 나누어 보았다. 라마르크는 자기의 생각을 정리하여 국내에 자생하고 있는 모든 식물에 간명한 해설을 곁들인《프랑스 식물지》라는 책자 3권을 1778년에 출간하여 큰 호평을 받았다.

그는 프랑스 식물지를 발행하여 배포함으로서 유명해졌다. 식물학에 관심이 많았던 사람들은 라마르크를 칭찬하였고 프랑스 학계에서는 라마르크를 과학 학사원의 회원으로 추대하였다. 일약 유명해진 라마르크는 뷔퐁 백작의 추천으로 왕립 식물원의 연구원으로 일하게 되었다. 그러나 1789년에 프랑스 혁명이 일어나 국왕의 추종자들은 모두 몰락하고 말았다.

그러나 의지가 굳은 라마르크는 혁명 의회에 탄원서를 내서 왕립 식물원은 국민의 것이니 폐쇄하지 말고 교육의 장으로 활용해야 한다고 주장하였다. 새 정부에서는 라마르크의 의견을 받아들여 식물원 내에 동물학도 개설하여 그를 무척추동물학의 교수로 임명하였다. 수년간 식물학을 연구하던 라마르크는 1793년 49세가 되던 해에 동물학 연구 교수가 되어 다시 동물학을 연구하면서 학생들을 가르치게 되었다.

용불용설(用不用說)을 발표하다

라마르크는 동물학을 연구하면서 화석과 지질학에도 관심을 갖게 되었고 점차 진화에 눈을 뜨기 시작하였다. 그가 수집한 각종 표본들을 모아서 상호 유사점을 찾아 분류하기도 하였다. 그는 밤낮을 가리지 않고 현미경과 해부기를 활용하여 계통 분류 작업을 하였다. 라마르크는 동물을 포유 동물, 조류, 파충류, 어류, 연체 동물, 환형 동물 등으로 분류하니 하나의 사다리꼴 체계가 형성되었다. 그는 1801년에 《무척추동물의 세계》라는 책을 출간했다.

라마르크는 어떤 생물이든지 반드시 하등한 원시 동물에서 발달했을 것이라는 최초의 진화 사상을 가지게 되었다. 모든 생물은 가장 간단한 구조의 생물에서 발달했을 것이라는 것이다.

이 사상은 다윈의 《종의 기원》이 나오기 57년 전에 나온 것으로 라마르크가 최초의 진화론자임을 입증하는 것이다. 라마르크는 모든 생물은 스스로 발전하는 능력을 갖고 있을 것이라고 생각하였다. 그리고 한 걸음 더 나아가 주위 환경에 따라서 긴 세월에 걸쳐 조금씩 생김새가 달라진다고 생각하였다.

그는 어떤 기관을 많이 쓰면 그 기관은 계속 발달하고, 반대로 계속 쓰지 않으면 퇴화한다고 말하고 이러한 변화가 장기적으로 계속되면 종의 변화를 일으킨다고 역설하며 이와 같은 변화는 지금 이 순간에도 계속되고 있다고 말하였다. 그는 "생물의 기관은 쓰면 쓸수록 계속적으로 발달한다."라는 말을 정리해서 '용불용설(用不用說)'이라고 발표하였다.

예를 들어서 히드라는 환경의 영향을 받아 수천 년이 지나면 방사충류로 변하고, 방사충류는 편형 동물이 되고, 또 편형 동물은 곤충류가 되고, 계속 발전을 거듭하여 끝내는 포유류가 되었다고 주장하여 이른바 '획득형질 유전성'을 제창하였다.

용불용설(用不用說)

분류학에 따른 진화론의 체계 세우다

라마르크는 최초의 생물은 무기물에서 가장 단순한 형태의 유기물로 변화되어 발전하고 형성되었다고 하는 '자연 발생설'을 주장하였다. 오늘날에는 획득 형질의 유전과 용불용설이 인정되지 않지만 그 당시에는 이 학설을 문제 삼는 사람이 거의 없었고, 다만 퀴비에 등 천변지이설(天變地異說, 지구상에서 일어난 몇 번의 대격변이 대부분의 생물을 사멸시키고, 잔존한 것에서 새로운 생물이 나타났다는 주장)을 주창한 사람들에 의해서 비판을 받았을 뿐이다.

라마르크는 그동안 연구한 것을 체계적으로 정리하여 1809년에 《동물 철학(動物哲學)》이라는 책을 펴냈다. 이 책은 분류학에 기초하여 진화론을 체계적으로 설명한 것이다. 라마르크는 이어서 1815년에 총 7권으로 구성된 방대한 책인 《무척추동물지(無脊椎動物誌)》를 펴냈다. 그가 《무척추동물지》에서 설명한 진화론적 사상을 요약하면 생명체의 일부 또는 전체가 정해진 한도까지 중대하고 새로운 필요성과 욕구가 장기간 지속되면 새로운 기관이 형성된다고 하였다.

그리고 어떤 생물이든 기관의 발달과 그것이 작용하는 능력은 그 기관의 사용 정도에 비례한다고 하였다. 또한 어떤 개체가 평생 획득한 형질은 항상 그 자손에게 유전되어 세대를 걸쳐 보존한다는 견해를 주장하였다.

다윈의 진화론보다 57년이나 앞서 발표한 라마르크의 진화론은 진화론을 분류학적으로 체계를 세운 것이었다면, 다윈은 자연 선택설(자연 도태설)에서 진화론을 정립한 것이다.

라마르크의 말년은 매우 불우하고 비참하였다. 그는 아주 가난하였고 나중에는 실명해 글을 쓰지도 보지도 못하였다. 평생 파란만장한 삶을 산 라마르크는 1829년 12월 18일에 85세의 나이로 영원히 잠들었다. 그의 위대한 업적은 57년 후에 다윈에 의해서 계승되고 발전되었다.

결핵균 발견으로 전염병을 퇴치한
로베르트 코흐

자연을 탐구하기 좋아한 어린 시절

독일의 세균학 로베르트 코흐(Robert
Koch, 1843년 12월 11일 ~ 1910년 5월
27일)는 1843년 12월 독일의 하르츠의 클
라우스탈이라는 아담한 시골 마을의 광산
에서 감독 일을 하는 사람의 셋째 아들로
태어났다.

로베르트 코흐

자연 경관이 아름다운 그림 같은 마을에
서 코흐는 그의 어머니에게 자연을 사랑하고 숭배하는 사상을 교
육받고 자랐으며 자연에 대한 관심이 많아 스스로 자연을 탐구하려
는 마음을 항상 가지고 있었다. 코흐는 어려서부터 돋보기를 가지
고 꽃과 열매를 관찰하고 곤충을 잡아서 관찰하는 등 이곳저곳을
다니면서 채집하기를 좋아하였고, 과학자가 되기를 희망하였다.

그러나 그의 아버지는 그에게 의학 공부를 시키기 위하여 그를

괴팅겐 대학의 의학부에 입학시켰다. 코흐는 대학에 입학하면서 돋
보기로 자연을 관찰하던 청소년 시절에서 벗어나 현미경을 접하게
되어 모든 동식물을 더 자세히 관찰할 수 있게 되었다. 그는 실험실
을 떠나지 않았다.

1866년 1월에 괴팅겐 대학 의학부를 졸업한 코흐는 수년 동안 지
방을 다니며 임상 의학 연수를 마친 다음 1869년에 라크비츠라는
마을에 병원을 설립하고 개업하였다.

탄저병 병원균과 그 전염 경로 밝혀내다

코흐는 병원 한쪽에 작고 허름한 연구실을 차려 놓고 실험을 할
수 있는 각종 실험 기기를 확보하였다. 이곳은 나중에 위대한 발견
의 산실이 되었다. 코흐는 의술로 신임도 얻고 명성도 얻었지만, 무
서운 속도로 번져 나가는 전염병에는 속수무책이었다. 그는 이 전
염병의 원인을 모르는 것에 대해 의사로서 무거운 책임을 느꼈다.
이에 코흐는 수많은 사람의 생명을 앗아가는 병의 원인을 규명해야
겠다고 결심하고 연구에 몰두하였다.

그는 우선 목장에서 소, 말, 양 등에 막대한 피해를 주는 탄저병
에 대한 연구에 착수하였다. 코흐는 한 번 병이 발생하면 무섭게
번지는 탄저병의 원인을 밝혀내겠다는 집념으로 실험과 연구를 계
속하였다. 그는 목장에서 전염병으로 죽은 동물의 피를 뽑아 현미

경으로 관찰하여 막대 모양의 병원균을 발견하고 그 균을 배양하였다. 배양한 막대 모양의 균을 건강한 여러 마리의 실험쥐(모르모트)에게 상처를 내서 묻혀 보았다. 그 결과 건강했던 쥐가 며칠 만에 전부 탄저병에 걸려 죽고 말았다. 그는 원인을 알았다고 생각해 기쁨의 환호성을 질렀다. 목장의 가축을 괴롭히고 죽이는 탄저병 병원균의 정체를 밝혀냈고 동시에 그 치료법도 알아낸 것이다.

1876년에 코흐의 탄저병 병원균에 대한 논문이 발표되자 독일의 학회는 물론 국제 과학계도 깜짝 놀랐다. 코흐는 세계적인 인사가 되었고 독일 정부에서는 그의 공로를 인정해 그를 베를린 위생국의 연구원으로 임명하여 더욱 전문적으로 연구하게 하였다.

한편 그는 현미경을 통한 사진 기술을 연구하여 병원균을 관찰하는 데 몰두하였다. 코흐는 사진 기술뿐만 아니라 집광 조명 장치를 발명하여 세균을 700배까지 확대하여 볼 수 있는 현미경을 발명하였다. 그의 노력과 끊임 없는 연구는 계속되어 아닐린 색소와 메틸렌블루의 시약을 사용하여 세균을 염색하여 세균을 더욱 선명히 관찰할 수 있도록 하였다.

결핵균을 발견하다

코흐는 전염병은 각기 다른 세균에 의한 것이라고 단정하고, 먼저 결핵균을 발견하고자 심혈을 기울였다. 그는 각종 시약을 사용하여 결핵균을 찾으려고 노력했지만 매번 실패하였다. 하루는 그의 조수와 함께 메틸렌블루에 가성 칼리(수산화칼륨)를 넣어 알칼리성으로 변한 용액에 표본을 넣어 보았다. 그랬더니 아름다운 청색으로 염색된 막대 모양의 꾸부러진 균이 나타났다. 그 균을 건강한 동물에 옮겼더니 동물들이 모두 결핵에 걸렸다. 그 균은 결핵균이었던 것이다. 코흐는 1882년 3월 24일에 연구 결과를 발표하여 세상을 또 한 번 깜짝 놀라게 하였다. 그는 결핵균이 공기를 통해서 전염된다는 것도 알아냈다.

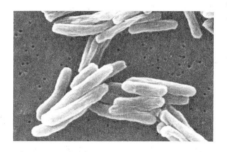

결핵균

1883년에는 아프리카에 이상한 전염병이 돌아서 많은 사람이 죽어 간다는 소식을 듣고 그는 의료진과 함께 전염병을 규명하기 위해 이집트로 떠났다. 코흐는 이 전염병이 콜레라라는 것을 알고 환자의 혈청과 대변을 채취하여 현미경으로 관찰하였다. 그는 콜레라 환자에게서 바나나 모양의 병원체를 발견하였다. 코흐는 이 세균을 배양하여 동물에 실험하여 이것이 콜레라 전염병을 일으키는 병원균이라는 것을 알아냈다. 그는 콜레라균은 물이나 음식을 통해 사람의 몸으로 들어와 전염된다는 것을 알아냈다. 1884년 콜레라에 대한 병원균의 정체를 밝혀냄으로써 독일의 의학계와 국민들은 감격하였고 독일 왕은 코흐에게 최고의 훈장을 수여하고 격려하였다.

그는 병원균이 우리 몸에 들어왔을 때 체력이 건강하고 저항력이 강한 사람은 병원균을 물리칠 수 있지만, 몸이 허약하고 저항력이 약한 사람은 병에 걸린다는 사실도 알아냈다.

결핵약 투베르쿨린을 발명

코흐는 각종 무서운 전염병의 병원체와 전염 경로는 알아냈지만 병에 걸린 사람의 치료약은 발명하지 못하였다.

우리나라도 1890년대 초에는 전염병으로 인한 사망률이 가장 높았고, 그 중에도 폐결핵으로 사망하는 경우가 제일 많았다. 폐결핵에 걸리면 우선 깨끗한 공기가 있는 산에 들어가서 요양하거나, 민간 요법으로 개고기나 뱀을 먹는 등 그저 죽는 날만 기다려야 했다.

코흐는 결핵균을 죽이는 약을 발명해야겠다고 결심하고 결핵균을 배양하여 여러 가지 약물을 가지고 실험을 계속하였다. 그는 끊임 없는 연구와 실험 끝에 1890년에 결핵을 치료하는 약인 투베르쿨린(tuberculin)을 발명하여 베를린에서 열린 국제 의학회에서 발표하였다. 그 당시에는 투베르쿨린을 치료·예방약으로 발표하였지만 지금은 더 우수한 치료약이 나와 투베르쿨린은 결핵을 진단하는 약으로 사용하고 있다.

투베르쿨린 반응은 결핵균이 사람의 몸에 들어왔을 때 살갗이 벌겋게 부어오르는 반응으로 건강한 사람은 약간의 붉은 반점만 나타내는 반응을 말한다. 이때 반응이 아주 약할 때는 음성, 아주 강할 때는 양성이라고 하여 결핵 보균자를 분류한다.

노벨 의학상 수상

코흐는 1891년에 베를린에 국립 전염병 연구소를 설립하고 초대 연구소장이 되었다.

그는 1896년에는 열대 지방에 만연하고 있는 수면병을 연구하기 위하여 위험을 무릅쓰고 수행 연구진과 함께 아프리카로 향하였다. 수면병의 병원균을 찾아내 병을 옮기는 매개 곤충을 찾아내는 것은 매우 어려운 일이었다. 이 병은 불규칙하게 몹시 열이 나고 임파선이 부어서 통증이 심하며 나중에는 잠자다가 죽는 무서운 병이었다. 그는 끈질긴 연구 끝에 병을 옮기는 곤충은 호수나 강가 늪지에서 숨어 사는 체체 파리(TseTse Fly)라는 것을 알아냈으며 동시에 치료법도 발명하였다. 1905년에 코흐는 체체 파리에 의한 수면병에 관한 연구를 세계에 발표하여 더욱 유명해졌다.

코흐는 결핵에 관한 연구와 발견 치료법 발명 등의 공노를 비롯한 많은 업적으로 1905년 노벨 생리의학상을 받았다. 그는 모든 전염병은 세균에 의해 전염된다는 사실을 밝혀내고 결핵균, 콜레라, 수면병 같은 무서운 병원체를 발견하고 예방법을 찾아냄으로써 수많은 인명을 구했다.

코흐는 1910년 5월 27일에 바덴바덴에서 협심증으로 조용히 세상을 떠나 현재 베를린의 코흐 연구소에 안치되어 있다.

유전 법칙을 발견하여 유전학을 창시한
그레고어 요한 멘델

자연과 친숙해진 어린 시절

그레고어 요한 멘델(Gregor Johann Mendel, 1822년 7월 22일~1884년 1월 6일)은 오스트리아 실레지아 지방의 하이젠도르프에서 작은 과수원을 경영하는 사람의 아들로 태어났다. 어머니는 과수원에서 꿀벌을 치면서 3남매를 열심히 지도하면서 가난한 생활을 이겨 나갔다.

그레고어 요한 멘델

어릴 때부터 멘델은 아버지가 경영하는 과수원에서 가지치기도 하고 과수나무 가지치기도 하면서 자연과 친숙해졌다. 그가 다니는 마을 초등학교에는 중학교에도 없었던 박물학 과목이 있어서 과수 재배라든가 꿀벌 기르기 등을 배울 수가 있었다.

멘델이 훗날 기독교의 사제(司祭)가 된 후에도 학교에서 아이들을 가르치면서도 식물을 재배하고 동물을 기르며 힘겨운 연구 활동을 계속하였던 것은 어렸을 때에 과수원에서 자연과 친숙했던 경험이 있었기 때문이었다.

멘델은 초등학교를 졸업하고 6년제의 상급 학교에 진학하였다. 가정이 넉넉지 못한 멘델은 부족한 학비를 보태기 위해서 가정 교사도 하고 방학 때에는 과수원을 가꾸면서 학업을 계속하였다.

멘델은 상급 학교를 1844년에 졸업하고 그를 지도하던 은사의 주선으로 브륀의 여왕 수도원에 사제보(司祭補)로 들어가는 행운을 얻게 되었다.

수도원에서도 이어진 연구

멘델은 여왕 수도원에서 수습 신부가 되는 세례를 받아 그레고어 요한이라는 세례명을 받고 열심히 공부하여 4년 만에 정식 신부가 되었다. 수도원에는 많은 책과 우수한 자료들, 그리고 식물, 동물, 광물 등의 표본들이 있어 공부하고 연구하는 데 많은 도움이 되었다. 수도원 원장은 유명한 언어 학자여서 멘델이 공부하고 연구하는 것을 적극적으로 지원해 주었다.

1851년 멘델이 31세가 되던 해에 그는 수도원의 재정 지원을 받아 비인 대학의 유학생으로 파견되었다. 그는 비인 대학 철학부의 청강생으로 2년 동안 열심히 공부하였는데 철학부에서 가르치는 과목 외에도 실험 물리학, 수리 물리학, 동물학, 식물학, 수학, 고생물학 등을 열심히 공부하였으며 한편으로는 동물 학회 회원이 되어 무와 완두콩의 해충을 연구하고 관찰하여 학회에 발표하기도 하였다.

비인 대학에서 돌아온 멘델은 수도원에서 공부하면서 브륀의 국립 실과 학교에서 교편을 잡고 박물학과 물리학을 가르치면서도 수도원 뜰에서 화초, 채소와 과수를 재배하고 꿀벌과 동식물을 관찰하면서 연구를 계속하였다. 멘델은 성품이 온화하고 인자하며 유머러스하면서도 엄숙하였고 학생들을 열심히 지도하여 학생들에게 많은 인기가 있었다. 멘델은 수도원이 있는 브륀 지방에 사는 동식물, 지질, 천문 학자들이 모인 브륀 자연 연구회의 회원이 되어 활동하기도 하였다.

1868년 멘델이 47세가 되던 해에 그는 사교(司敎)라는 높은 성직자에 올라 수도원 원장이 되어 더욱 일이 많아졌다. 농학 협회 회장, 농아 학원 관리인, 부동산 관리 이사 등의 직책을 맡아 시간의 제약은 받았으나 그는 그 직무에도 충실하여 많은 사람에게 존경을 받았으며 바쁜 시간을 쪼개 수도원 뜰의 동식물도 열심히 관찰하였다.

완두콩 교배 연구의 결실을 맺다

멘델은 비인 대학에서의 유학을 마치고 브륀으로 돌아와 수도원 원장이 되기까지 약 15년간에 걸쳐 수도원 뜰에서 꾸준히 연구와 관찰을 계속하였다. 그는 처음 8년 동안은 완두콩의 교배(交配) 실험과 연구에 집중하였다. 멘델이 실험을 열심히 한 것은 자연을 좋아하고 식물 재배가 몸에 밴 이유도 있었지만 그 무렵 농업 기술이 차츰 개량되어 과수와 채소 등을 좀 더 좋은 품종으로 만들어 보려는 시도와 관상 원예 식물의 색체를 더욱 아름답게 변화시켜 보려는 식물학자들의 노력에 자극을 받았기 때문이다.

그러나 멘델의 연구는 차원이 달랐다. 그의 연구는 식물의 색깔을 좀 더 아름답고 다르게 만들어 보려는 것이 아니라 색의 변화를 가져오는 원인을 알아보려는 데 중점이 있었다.

멘델은 교배할 완두콩 하나하나의 성질을 표지로 삼아 많은 종자를 한꺼번에 심지 않고 성질에 따라 하나씩 심었으며 거기서 자라나는 식물이 꽃이 피고 열매를 맺을 때까지 주위 깊고 세밀하게 관찰하고 연구하였다. 그는 똑같은 실험을 수없이 되풀이하여 통계를 내는 방법으로 조사하고 관찰하였다. 1856년부터 1863년까지 8년 동안 그가 한 인공 교배 실험만 해도 12,980포기의 완두콩에서 355회나 되었다.

그 결과 1865년 2월 8일과 3월 8일의 2회로 나누어 자신이 회원으로 있는 브륀 자연 과학 협회 정례 회의에서 '잡종(雜種) 식물의 연구'라는 45쪽에 달하는 논문을 발표하였다. 이 발표문에서 멘델은 "생물의 몸에는 부모로부터 자식에게 전해지는 각각의 형질을 나타내는 원인이 되는 것이 있다."라고 하였다.

씨앗의 둥근 모양을 나타내는 원인이 되는 유전자를 'R', 주름이 있는 씨앗을 만드는 유전자를 'r'로 나타낸다면 그 잡종은 'Rr'로 표시된다. 이 잡종의 'F1(제1대 잡종)'의 경우에는 한쪽의 형질만 나타내기 때문에 표면상 드러나는 것은 'RR'과 구별되지 않는다. 즉, 이때 'Rr'에서 겉으로 나타나는 'R'의 형질을 우성(優性)이라하고, 나타나지 않는 잠재형인 'r'의 형질을 열성(劣性)이라고 한다. 이때 잡종(雜種) 'Rr'을 자가 수정 시킨다면 'Rr × Rr'이 되어 'RR, Rr, Rr, rr'이 된다. 따라서 'R'의 형질을 나타내는 수가 3이고 'r'의 형질을 나타내는 수가 1이 된다.

따라서 씨앗 껍질의 색, 콩깍지의 색, 줄기의 길이 등도 나타내는 형질은 모두 3:1이 된다. 서로 다른 특징을 가지는 한 쌍의 형질을 비교하면 어느 한쪽의 형질만 나타내고, 나타내지 않는 형질의 근원이 되는 유전자도 포함되어 있다. 이 한 쌍의 유전자는 잡종 식물이 생식 세포를 만들 때 각각 다른 생식 세포로 갈라져서 들어가기 때문에 다음 세대의 식물은 원래 부모와 똑같은 3:1의 비율로 나타난다. 그는 이것을 '분리의 법칙'이라고 하였다.

(F1) RR × rr

      Rr × Rr

(F2) RR   Rr   Rr   rr

(F3) RR   RR   Rr   Rr   rr   rr

그리고 두 쌍 이상의 대립 형질이 겹친 것을 교배하면 4가지의 특성이 나타나는데 이때 비율은 9:3:3:1로 나타난다. 그러나 우성과 열성의 관계는 다른 대립 형질과 관계 없이 3:1로 나타난다. 이것을 '독립의 법칙'이라고 하며, 'F1'에서 우성의 형질을 가진 것만이 나타나는 것을 '우성의 법칙' 또는 '지배의 법칙'이라고 한다.

이 3가지의 법칙이 멘델의 유전 법칙이다. 그 당시에는 이 연구 보고서를 이해하는 사람이 없었기에 이를 인정해 주는 사람도 없었다. 그러나 멘델은 언젠가는 알아 주는 시기가 올 것이라고 확신하고 계속 연구에 몰두했다.

20세기 이후에 받은 서광

멘델의 법칙을 알아 주는 사람이 아무도 없었다. 그는 1868년에 주교가 되었으나 1872년 교회 과세법으로 정부와 대립하여 그의 재산이 차압되는 등 불우한 환경에서 1884년 1월 6일에 세상을 떠나고 말았다.

그러나 그가 세상을 떠난 후 16년 만에 멘델 법칙은 세상을 깜짝 놀라게 하였다. 1910년 브륀에는 멘델의 동상이 세워졌고, 그곳을 '멘델 광장'이라고 부르게 되었다. 그는 유전 문제에서 실로 획기적인 대(大) 발견을 함으로써 유전학을 창시하였고 그의 계획의 치밀성, 실험의 정확성, 자료 정리의 탁월성 등 뛰어났던 그의 실험과 관찰 방법은 생물학 사상 훌륭하고 위대한 업적을 남겼다.

실용적 제법으로 석탄 가스를 연료화한
윌리엄 머독

손재주 좋았던 청소년 시절

윌리엄 머독(William Murdock, 1754년 8
월 21일 ~ 1839년 11월 15일)은 영국 스코틀
랜드의 에어셔라는 작은 마을에서 기계공인
농민의 아들로 태어났다. 머독은 아버지를
닮아서 어린 시절부터 손재주가 뛰어나 기계
를 다루기도 하고 물레방아를 만드는 목수
로 일하기도 하였다. 경작하는 밭 밑에는 토

윌리엄 머독

탄이 많이 쌓여 있었다. 그곳에서는 가스가 나오고 있었는데 청소년
인 머독은 질이 나쁜 토탄을 가열하여 가스를 만드는 간단한 실험
을 하기도 하였다. 그는 발명을 일생의 업으로 택하였다.

젊고 야심 많은 윌리엄 머독은 이 작은 마을에서는 제대로 일을
할 수 없었기 때문에 더 큰 공장으로 들어가 일할 수 있는 기회를
마련하려고 노력하였다. 1777년에 머독은 버밍엄에 있는 제임스 와

트와 메튜 볼턴이 공동으로 운영하는 소호 공장에 입사하려고 면접을 할 때 그는 자기가 직접 만든 모자를 쓰고 갔다. 그 모자는 나무로 만든 것으로 자기가 만든 기계를 사용하여 만든 것이었다. 그 소리를 들은 사장인 볼턴은 젊은 머독을 다시 한 번 쳐다 보았다. 젊고 키 큰 미남형인 머독은 아주 영리해 보였다. 더구나 자기가 만든 기계로 나무를 파서 모자를 만들었다는 것은 보통 기계공의 솜씨가 아님을 깨달은 볼턴은 그 자리에서 그의 입사를 승낙하였다.

2년 후 머독은 콘웰의 광산에서 와트의 증기 기관을 펌프 장치에 설치하는 것을 감독하는 일을 하게 되어 증기 기관에도 관심을 갖게 되었다. 그는 그곳에서 증기 기관을 개량하여 최초의 증기 기관 모형을 만들어 실험하였다.

석탄 가스로 어둠을 밝히다

머독은 콘웰의 한 광산 감독자의 딸과 결혼하여 레드루스에 정착하였다. 머독은 석탄을 태울 때 나오는 가스를 조명용으로 이용할 수 있다는 파리의 르봉의 연구를 듣고 실험을 하기로 결심하였다. 그는 집 뒤뜰에서 연구실까지 연결되는 철제로 된 증류기를 설치하여 전국에서 생산된 석탄의 효과를 실험하였다.

1792년에 머독은 가스로 방을 밝히는 일을 맡게 되었으며 이것은 가스 공업을 발전시키는 첫 계기가 되었다. 연구하기로 하였던 가스의 안전 기준뿐 아니라 저장 방법과 효과적인 빛을 내기 위한 방법 그리고 가스 정화 장치 등을 고안하는 것은 쉬운 일이 아님을 잘 알고 있었던 머독은 버밍엄으로 돌아온 후에도 실험과 연구를 거듭하였다.

그는 1802년에 드디어 가스 정화 장치를 고안하고 아미앵 평화 조약(1802년 나폴레옹이 영국군과 체결한 조약)을 축하하기 위해 소호 공장의 외부를 가스등으로 조명하였다.

처음에는 가스 냄새가 심하였으나 계속 연구하여 그는 냄새 문제도 곧장 해결하였다. 나중에는 가정뿐 아니라 여러 공장에도 가스등을 설치하여 주위를 놀라게 하였다. 소호 공장에서는 새롭게 등화 장치와 가열 장치를 판매하여 많은 수익을 올리게 되었다.

1810년 이후에는 가스 공업이 더욱 활발해져서 사업가들이 연구에 뛰어들었고 머독은 흥미를 잃게 되었다. 사업가들은 각 도시에 경쟁적으로 가스 회사를 설립하였고 영국의 밤거리는 가스등으로 밤에도 낮처럼 환하게 밝혀졌다.

머독은 증기로 도로를 달리는 기관차 모형도 만들었다. 그리고 증기압을 높여 증기 기관의 열효율을 올리고 그것을 소형화하는 데 성공하여 1804년에는 실용 증기 기관이 레일 위를 달릴 수 있게 하였다. 머독은 1830년에 퇴직할 때까지 소호 회사에서 동업자로서 일하면서 많은 것을 연구 발명하고 1839년 버밍엄에서 세상을 떠났다.

원자핵의 구조를 밝혀낸
유카와 히데키

수학의 천재였던 청소년 시절

유카와 히데키(湯川秀樹, 1907년 1월 23
일~1981년 9월 8일)는 일본 도쿄 도미나
토에서 출생했다. 그의 아버지는 본래 오가
와 가문에서 태어났으나 1950년 오사카 위
장 병원의 원장인 유카와 겐요의 둘째 딸
유카와 스미와 결혼을 하여 데릴사위로 들
어갔기 때문에 성을 유카와로 바꾸었다.

유카와 히데키

유카와 히데키의 아버지인 오가와 다꾸찌는 교토 제국 대학의 교
수로 재직하고 있었기 때문에 유카와 히데키는 주로 교토에서 생활
하였다. 그의 아버지와 어머니는 성격이 조용하였고 열심히 살아가
는 모범 시민이었다. 유카와 히데키도 부모의 성격을 닮아 말이 없
고 무뚝뚝하며 내성적인 성격이었다. 그러나 어떤 일이건 주어진 일
에는 열심이었고 사물의 이치를 깨닫는 데도 매우 빨랐다.

유카와 히데키는 초등학교 때는 성적이 매우 우수한 편이었지만 중·고등학교 때는 보통 수준이어서 눈에 띄지 않는 존재였다. 그러나 수학에서만은 천재적인 능력을 발휘했다.

유카와 히데키의 아버지인 오가와 다꾸찌 교수는 유카와 히데키의 학교 성적이 두드러지지 않자 대학교에 보내는 것을 포기하고 전문 학교로 보내 일찌감치 사회에 나가도록 해야겠다고 마음먹었다. 아들 유카와 히데키의 재능을 파악한 어머니가 그를 대학에 보내자고 권유하였으나 아버지는 들으려고 하지 않았다.

그러던 어느 날, 히데키의 아버지는 과거 히데키의 담임을 한 적이 있는 중학교 교장 선생님을 우연히 만나 교장 선생님으로부터 히데키는 수학에 천재적인 재능을 가지고 있으며 머리가 매우 명석한 학생이므로 대학에 진학시켜 소질을 길러 준다면 장차 틀림없이 큰 학자가 될 것이라는 권유를 받았다.

그래서 히데키의 아버지는 마음을 바꾸어 아들을 대학에 진학시키기로 결심했다. 만약에 히데키의 아버지가 교장 선생님을 만나지 못했거나 교장 선생님이 아들을 대학에 진학시킬 것을 간곡하게 권하지 않았더라면 유카와 히데키는 다른 인생 행로를 걸었을 것이다.

유카와 히데키는 교토의 제1공립 중학교를 거쳐 관립 제3고등학교를 졸업하고 교토 제국 대학 이학부 물리학과에 입학했다. 대학 시절 유카와 히데키는 수학 성적이 뛰어났다. 그는 틈만 나면 도서관으로 달려가 물리학 분야의 최신 논문을 모조리 읽고 이해하는데 힘썼다.

천재 과학자의 강연을 듣고 결심하다

히데키는 1929년 3월 교토 제국 대학 물리학과를 졸업했다. 그 당시에는 분자는 원자핵과 원자로 되어 있고 그 원자핵 주위에는 전자가 돌고 있다는 이론이 밝혀짐으로써 이론 물리학에서는 더 이상은 밝혀질 것이 없을 것이라고 모두들 생각했다.

히데키 역시 이론 물리학은 더 이상 발전이 없을 것이라는 생각이 들어 낙심했었다. 그러던 중 그 해 가을 어느 날 세계적으로 매우 저명한 이론 물리학자인 하이젠베르크와 디락이 일본을 방문했다. 히데키는 두 천재 과학자의 강연을 듣고 마음이 설레고 흥분되었다.

히데키는 그 두 과학자의 강의를 들은 다음 이론 물리학을 계속 공부하기로 결심하고 원자핵을 연구하여 수수께끼를 풀어 나가기로 결심했다.

분자와 원자라는 것은 무엇인가? 이 세상에는 수십만 종류의 물질이 존재하며 그 물질을 잘게 계속 쪼개 나가면 그 물질의 성질을 지닌 가장 작은 알맹이인 분자(分子)가 남게 된다. 분자를 더욱 쪼개면 원자가 존재한다. 예를 들어 물을 계속 쪼개면 물 분자가 되고 물 분자를 더 쪼개면 수소 원자 2개와 산소 원자 1개로 나누어진다. 이 세상에는 물, 나무, 돌 등 수십만 종류의 물질이 존재하지만 그 모든 물질의 분자를 구성하고 있는 원자는 100여 종류 밖에 되지 않는다.

원자핵에 관한 연구를 본격적으로 실시

1896년에 프랑스의 물리학자 베크렐은 우라늄 광석에서 이상한 광선이 나오는 것을 발견했다. 그리고 1898년에 퀴리 부부는 우라늄처럼 강한 방사능을 내는 라듐이라는 원소를 얻는 데 성공했다. 이 라듐은 방사선을 내고 나면 라돈이라는 다른 종류의 원소로 변한다는 것을 발견했다.

라듐이 자연 상태에서도 방사선을 방출하고 라돈이라는 몇 개의 물질로 변하는 이유에 대해 당시 물리학자들은 그것은 분명 원자핵에 원인이 있을 것이라고 막연히 생각했다.

라듐이 라돈으로 변하는 것처럼 어떤 원소가 전혀 다른 원소로 변하는 것은 어떤 입자가 튀어나오기 때문일 것이다. 이에 대해서 이와넹꼬라는 학자는 원자핵은 양성자와 중성자라는 입자로 되어 있다는 새로운 학설을 발표하였다.

1930년대 들어서 원자핵에 관한 연구가 본격적으로 실시되고 그 결과 영국의 코크로프트와 월튼, 채드윅 등에 의해서 원자핵은 중성자와 양성자로 되어 있다는 사실이 확인됨과 동시에 전자는 핵 속에 있지 않고 그 둘레를 돌고 있으며 원자의 크기는 지름이 대체로 1천 만분의 1mm이고 원자핵은 수억 만분의 1mm 정도라는 것을 인정하게 되었다.

'원자핵 속에 들어 있는 입자가 양성자와 중성자라면 그 입자들은 도대체 어떻게 결합되어 있는 것일까?' 또 '원자핵은 구성에서 주장하는 입자와 원자핵에서 튀어 나오는 입자가 다르다는 이상한 이치를 어떻게 하나의 이론으로 설명할 수 있을까?' 유카와 히데키는 잠자리에 누워서까지도 그 생각을 떨쳐 버리지 않고 연구를 계속하였다.

중간자의 존재를 예언하여 노벨상 수상

유카와 히데키는 새로운 생각을 정리하였다. 원자핵은 양성자와 중성자로 구성되어 있다는 이론은 확실하다. 그런데 양성자와 중성자를 단단히 결합시켜 원자핵을 이루기 위해서는 어떤 다른 하나의 입자의 교환력이 필요할 것이다. 그는 원자핵에 변화가 일어날 때 그 입자가 β(베타) 입자나 양성자 또는 중성자로 변하여 밖으로 튀어나갈 것이라고 가정했다.

그 입자의 무게는 전자의 무게와 양성자의 무게의 중간 정도가 될 것이다. 따라서 가칭 '중간자'라는 이름에 적합한 입자가 원자핵 속에 존재할 것이라고 그는 가정했다.

유카와 히데키 박사는 여러 가지로 계산을 하여 중간자는 원자핵 속에 있다는 이론적인 확증을 얻었다. 그리하여 1935년 11월 그는 중간자 이론을 이론 물리 학회에서 발표하였다. 그의 이론을 찬성하는 과학자가 대부분이었지만 반대하는 과학자도 더러 있었다.

그 당시 세계적으로 유명한 물리학자인 보어 박사는 웃기는 일이라고 반대 의사를 밝혔다. 그러나 히데키 박사는 언젠가는 중간자의 존재가 반드시 밝혀질 날이 올 것이라고 확신하였다. 히데키 박사가 논문을 발표한 지 2년이 지난 1937년에 미국의 물리학자인 앤더슨은 중간자가 존재한다는 것을 우주선 실험에서 발견하여, 히데키 박사의 이론을 확인시켰다.

현재는 β중간자와 K중간자가 발견되었으며, 중간자는 +와 −의 두 종류가 있다는 것과, 이 중간자들은 원자핵 내에서 그 수명이 매우 짧다는 사실도 밝혀졌다. 유카와 히데키는 중간자의 존재를 예언한 공로로 1949년에 동양인으로서는 두 번째로 노벨 물리학상을 수상했다.

노벨 물리학상 금메달의 앞면(왼쪽)과 뒷면(오른쪽)

유카와 히데키는 1981년 9월 8일 폐렴에 심부전 합병으로 교토시 사쿄의 자택에서 74세의 나이로 별세하여 교토시 히가시야마 구에 소재한 지온인에 잠들어있다.

내
가

가

장

닮

고

싶

은

과

학

자

제2부

위대한 한국의 과학자들

화약을 발명하여 무기를 발전시킨
최무선

총명하고 기억력이 뛰어난 어린 시절

최무선(崔茂宣, 1326년 ~ 1395년)은 고려의 서울인 개경에서 태어났다. 그의 아버지는 최동순은 관리의 봉급을 담당하는 관청에서 광흥창사(廣興倉使)란 벼슬에 오른 양반 출신 있었으며 지금의 경상도 영천 사람이었다.

최무선

최무선이 태어난 고려 충숙왕 때 우리
나라는 원나라의 지배를 받고 있었고 남으로는 일본의 침범이 매우 잦은 혼란 시기였다.

최무선은 어려서부터 다른 아이들과는 달리 총명하고 기억력이 뛰어난 신동이었다. 그는 공부도 잘하였거니와 한 번 읽은 책은 모두 외워버렸기 때문에 동리에서도 수재로 소문이 났다.

최무선은 쇠붙이를 가지고 만들기를 좋아하여 대장간에 자주 드나들다가 부모에게 야단을 맞기도 하였다. 그 당시는 기술을 천시하여 대장간의 일을 천하게 여겼고, 양반은 과거에 급제하고 벼슬에 오르는 것을 최고의 영예로 생각했기 때문이다.

최무선은 부모가 야속하기만 했다. 최무선은 대장간에서 화살촉이나 칼 창 등을 책에 적혀 있는 그대로 자기 손으로 좀 더 새롭게 만들어 보고 싶었다.

화약에 큰 관심을 가지다

화약은 언제 발명되었을까? 화약하면 우리는 흔히 다이너마이트를 발명한 노벨을 떠올린다. 노벨은 다이너마이트를 발명하여 엄청난 돈을 벌었고 그의 유언에 따라 유산은 노벨 재단에 기증되어 현재까지도 각 분야별 노벨상이 세계 최고의 상으로 해마다 수여되고 있다.

그러나 화약을 처음 발명한 사람은 서양 사람이 아니라 동양 사람이었다. 세계 최초로 화약을 발명한 사람은 중국인이었고, 세계에서 두 번째로 화약을 발명한 사람은 고려 시대의 최고의 과학자인 최무선이었다.

해마다 음력 정월 초하루 밤이 되면 개경(지금의 개성) 궁궐에서는 중국에서 화약을 들여와 화약을 터트려 불꽃놀이로 설을 축하하였다. 이때가 되면 불꽃놀이를 보기 위해 많은 구경꾼들이 모여

들었는데 이 자리에 최무선도 빠지지 않았다.

어렸을 때부터 최무선은 불꽃을 터트리는 대포를 보고 자신이 직접 화약을 만들어서 세상 사람들을 깜짝 놀라게 해야겠다고 마음먹었다. 그는 화약의 정체를 알아내기 위해 과학 기술에 관한 서적을 찾아 열심히 읽었다. 그러나 지금과 마찬가지로 그 당시에도 무기에 관한 사항은 나라의 최고 비밀이었기 때문에 중국의 과학 기술 문헌을 아무리 찾아봐도 화약에 관한 책은 찾을 수가 없었다. 새로 만든 무기는 절대 가르쳐 주지 않는 국가 비밀이었기 때문이다.

최무선이 20세 되던 해에 그는 다행히 무기를 만드는 군기감이란 관청에 출사하게 되었다. 당시는 전라도 해안 지방은 물론 충청도까지 일본의 침범과 노략질이 극심하였기에 최무선은 하루 빨리 새로운 무기를 만들어 나라를 지켜야겠다고 생각했다.

최무선은 중국의 문헌을 백방으로 조사하고 연구한 끝에 화약은 초석이나 염초에 황과 숯을 적당히 섞어 만든다는 사실을 알아냈다. 그러나 초석이나 염초를 만드는 방법을 알아내지 못한 그는 다양한 실험과 연구를 계속했다.

화약 제조에 성공하고 무기 체계를 세우다

최무선은 실험을 계속하였지만 실패만 거듭했다. 그때 마침 관광차 고려를 방문하고 있던 중국의 이원(李元)이라는 사람을 만나게 되었다. 이원은 중국 무기 창고에 근무한 적이 있는 사람이었다.

최대의 행운을 맞은 최무선은 이원을 자기 집에 초대하여 관광도 시켜 주고 극진한 접대를 하며 초석을 만드는 비밀을 얻기 위해 노력했다. 오랜 노력 끝에 이원은 드디어 초석을 만드는 데 필요한 중요한 비밀을 하나하나 이야기하기 시작했다. 기억력이 뛰어난 최무선은 이원의 설명을 듣고 시정하고 보완하여 초석을 만드는 데 성공하였다.

그 소식이 임금에게 알려져 임금은 1377년에 화약을 만드는 새 관청인 화통도감(火㷓都監)을 설치하고 최무선을 책임자로 임명했다. 그때 최무선의 나이는 50세였다. 그는 밤낮을 가리지 않고 화약을 만들고 대포와 화살 등 새로운 무기를 만들었다.

그는 대장군(大將軍), 이장군(二將軍), 삼장군(三將軍), 화포(火砲), 신포(信砲), 화통(火筒), 화전(火箭), 주화(走火), 신호탄, 화살 등 화약을 이용한 20여 종류의 무기를 새롭게 제조했다. 최무선은 튼튼한 배도 만들고 무기도 다량으로 만들었을 뿐만 아니라 군대까지 새로 편성하여 막강한 군대를 조직했다.

화포(火砲)로 승리하다

1380년 5월에 일본이 500여 척이 넘는 배를 앞세워 전라도와 충청도 일대를 침범해 왔다. 나라에서는 화포를 사용하기 위해 도원수에 심덕부(沈德符), 상원수에 나세(羅世), 부원수에 최무선을 임명하여 출전하게 했다. 우리나라 배가 화포로 무장했다는 것을 알 리가 없었던 일본 군인들은 대포 소리에 이미 전의를 잃고 풍비박산되어 섬멸되고, 500여 척의 배들은 모두 불바다가 되어 바다에 가라앉고 말았다. 우리나라 군사들은 사기 충천하여 그동안의 한을 풀게 되었다. 조정에서는 최무선의 화포를 사용하여 크게 승리하였다는 소식을 듣고 그에게 공신의 칭호와 함께 높은 벼슬을 제수했다.

진포와 황산에서 크게 패한 일본은 3년이 지난 뒤인 1383년에 다시 120척의 배를 이끌고 남해안 관음포에 침범해 왔다. 최무선은 남해를 지키던 수군 원수 정지 장군과 함께 47척의 배를 이끌고 출정했다. 그들은 수적으로 열세였지만 화포로 무장되어 있었기에 다가오는 10여 척의 일본 배를 대포로 맞추어 순식간에 섬멸시켰다. 뒤이어 다가오던 10여 척의 배도 화포에는 견딜 수 없었다. 그들은 바다에도 뛰어내리고 육지로도 달아나 완전히 섬멸되었다.

자주 침범하던 일본의 만행을 뿌리 뽑은 후 나라는 안정되었다. 그러자 고려 조정은 안일에 빠져들었다. 화통도감이 이제는 필요 없다고 판단하고 해체하였다. 60세가 된 최무선은 자기의 지식과 기술을 집약하여 글을 쓰기 시작했다. 그리고 이것을 아들인 최해산(崔海山)에게 물려주기로 마음 먹었다.

1382년 7월 고려는 멸망하고 고려의 명장이었던 이성계(李成桂)가 조선 왕조를 창건했다. 태조 이성계는 최무선의 특별한 공적을 인정하여 정헌대부 검교참찬 문화부사 겸 판군기시사라는 벼슬을 내렸다.

화약을 만들어 세상 사람들을 깜짝 놀라게 하리라던 어린 시절의 꿈을 실현하여 위대한 과학 기술자가 된 최무선은 70세가 되던 해인 1395년 4월 어느 따뜻한 봄날 세상을 떠나고 말았다.

그가 세상을 떠나자 조정에서는 그의 공로를 인정하여 의정부 우의정으로 추증했다. 최무선이 세상을 떠난 지 620여 년이 흘렀지만 세계에서 두 번째로 화약 제조법을 발명한 업적은 아직도 기억되고 있다.

국립 과천 과학관에서는 우리나라 과학 기술인 중 31명을 선정하여 명예의 전당을 만들어 업적을 소개하고 관련 유물도 전시하고 있는데 이에 최무선도 포함되어 있다.

조선의 무장이자 선구적 과학 기술자
이천

이천의 발자취

이천(李蕆, 1376년 ~ 1451년 11월 8일)은 조상대대로 거주한 개경(開京) 송도에서 군부 판서인 아버지 이송(李竦)과 어머니 염(廉) 씨 사이에서 장남으로 태어났다.

이천

이천이 13세 되던 고려 우왕 14년 (1388)에 외숙인 염흥방이 임견미 등과 난을 일으켜, 연좌 죄로 집안이 몰락하고 가족의 생명이 위태하였는데 다행히 어떤 산사(山寺)의 중이 이천과 그의 아우 이온을 불쌍히 여겨 숨겨 주었던 까닭에 그는 목숨을 보전할 수 있었다.

이천은 조선 태조 2년(1393)에 정7품 벼슬인 별장(別將)으로 보직되고 태종 2년(1402)에 무과(武科)에 급제하였으며 태종 10년

(1410)에 무과 중시(重試)에 급제하였다. 그는 동지총제가 되고 외방으로 나가 충청도 병마절도사(兵馬節度使)가 되었으며 경직으로 들어와 공조 참판에 제수되었다가 병조 참판으로 전임되었다. 세종 18년(1436) 61세의 나이임에도 이천은 지중추원사(知中樞院事)로서 외방에 나가 평안도 병마도절제사가 되어 압록강 건너 북쪽 땅에 있는 야인을 정벌하여 큰 공로를 세우고 특별히 호조 판서(戶曹判書)에 제수되었으며 도절제사를 겸직하였다.

천문 관측 기기를 제작

세종 초의 천문 의기 제작 사업은 세종 14년(1432) 가을부터 시작되어 약 7년에 걸쳐 실시되었다. 대부분의 천문 관측 기기와 시각 측정 기기들이 이때 만들어졌다. 지중추원사(知中樞院事)였던 이천은 왕실 천문대인 간의대 건설의 책임을 맡고 천문 의기 제작 사업을 훌륭히 수행했다.

"간의대는 오로지 천기를 살펴서 백성에게 계절과 기후를 알려 주기 위한 것이며 옆의 규표, 혼의를 설치한 것도 모두 천기를 보는 기구이다."라는 세종의 의도가 간의대 건설의 시발점이 되었다.

세종의 천문 연구는 시계를 만들어 장안에 시각을 알려 민생 안정과 질서 유지를 도모하는 일부터 시작되었다. 학자들에게도 천문 연구를 하도록 독려하고, 기술자들에게 천문 관측 기기를 제작하게 하는 한편 간의대를 쌓고 그 위와 주변에 천체 관측 기기들을 배치하고 세자와 관원에게 천문을 관찰하게 하였다. 또한 정해진 시각마다 인형들이 종과 북과 징을 쳐서 자동적으로 시각을 알려 주는 기계 시계인 자격루를 만들어 밤낮으로 쉬지 않고 시각을 측정하여 민생의 편의를 도모하고 천문 연구에 이용하였다.

이천은 세종 14년부터 18년 사이에 호조 판서였던 안순과 더불어 간의대를 건설하는 일에 책임을 맡았고, 여기에 설치한 주요 천문 관측 기기인 간의, 혼의, 규표 등의 제작을 관장하였다. 이러한 이천의 업적은 《세종 실록》과 《문종 실록》 가운데 이천의 행장(行狀)으로 알 수 있다. 그 밖의 여러 가지 기록에 따르면 위에 열거한 천문 관측 기기 외에도 해시계, 자격루, 옥루 등 다양한 분야의 기기 제작에도 직접 관여하였다.

이천은 공조 참판(工曹參判)에 재임하면서 도량형을 바로 잡는 일과 저울 등의 도량형 기구를 제작하여 전국적으로 보급하는 일도 주관하였다.

세계 최초로 금속 활자 인쇄 기술을 달성

금속 활자 인쇄술은 세계 최초로 고려에서 우리 조상들의 창의적 슬기에 의해 고안된 위대한 문화적 소산이다. 그것을 조선 왕조가 계승하여 단계적으로 개량 발전시켜 마침내 그 인쇄술을 절정에 이르게 함으로써 세계 인쇄 문화사에서 유례를 찾아볼 수 없는 독보적 위업을 달성했다.

조선 왕조는 태종 3년(1403) 2월에 주자소를 설치하고 그 달 19일에 동활자(銅活字) 주조(鑄造)에 착수하여 수개월 걸려 수십만 자를 부어냈다. 그것이 바로 조선 왕조에서 최초로 제조한 '계미자(癸未字)'이다.

계미자는 고려 중앙 관서의 주자 인쇄 기능이 원나라의 굴욕적인 종속 정치의 자행으로 마비된 지 오랜만에 조선 왕조가 처음으로 부어낸 것이기 때문에 활자의 주조 기술과 조판 기술에 있어서 많은 시련과 곤란을 겪어야 했다. 더구나 구리와 철의 부족으로 그 어려움은 더욱 가중되었다.

태종의 뒤를 계승한 세종 대왕은 계미자의 폐단을 개량하여 활자의 크기와 모양을 가지런하고 정밀하게 만들어 인쇄의 능률을 올려야겠다고 결심하였다. 그리고 그 일을 주관하여 성취할 수 있는 인물을 물색하여 세종 즉위년(1418)에 공조 참판 이천을 선임하였다.

이천은 본시 성격이 치밀하고 기술과 솜씨가 뛰어나 그 누구보다도 이 일에 적임자였다. 중책을 맡은 이천은 자나깨나 침식까지 거르면서 주조의 연구에 몰두하였다. 활자의 주조 계획이 확정되자 세종 22년(1420) 11월에 착수하여 7개월이 걸려 다음 해 5월에 경자자(庚子字)를 완성하였다. 앞서 태종 때 주조한 계미자와 비교하면 활자 크기가 아주 작으면서도 주조가 정교한 편이어서 글자 획이 박력 있고 아름다웠다. 그 주조의 개량에 대해서 《세종 실록》에는 '구리 인판과 활자의 모양을 개조하여 서로 맞도록 하였기 때문에 밀랍을 녹여 활용하지 않아도 활자가 움직이지 않고 매우 완고하여 하루에 수십여 지를 찍어낼 수 있었다.'라고 기록하고 있다.

갑인자(甲寅字) 인쇄

조선 왕조에서 세 번째로 창의적 개량을 가하여 활자 인쇄의 기술을 절정에 이르게 한 갑인자(甲寅字)도 이천이 책임을 맡았다. 앞서 주조한 경자자의 글자체가 가늘고 빽빽하여 열람에 어려움이 있어 좀 더 큰 활자가 필요했고 활자와 인쇄판을 보다 정밀하게 만들어 신속하고 완벽하게 판을 짜서 인쇄 능률을 향상시킬 필요가 있다고 생각한 세종 대왕이 경자자의 주조 책임을 맡았던 지중추원사(知中樞院事) 이천에게 또 다시 새로운 활자 주조를 주관케 하였던 것이다.

이 활자의 주조는 세종 16년(1434) 7월에 착수하여 2개월에 걸쳐 큰 자와 작은 자 20여만 자를 만들어 그해 9월 9일부터 책을 찍어내기 시작하였다. 하루의 인쇄량은 경자자의 2배인 40여장이었다. 이천은 10여 년 동안 경자자(庚子字)를 완성하고, 더욱 연구하여 갑인자(甲寅字)를 완성하였으며 한편으로는 무기 개량과 여러 가지 천문 관측 기기의 제작에도 정성을 기울여 큰 업적을 남겼다.

민족사에 남긴 뛰어난 발자취

이천은 지혜와 용기가 보통 사람보다 뛰어나고 문무(文武)를 겸비한 무장(武將)으로 외적을 물리치는 데 기여한 공이 지대했다.

세종 1년(1419) 5월, 이천은 첨총제로 대마도 정벌에 종군하여 좌군동지총제로 승진되었고 이어서 경상해도 조전절제사가 되어 일본군을 포획하는 데 큰 공로를 세웠다. 다시 우군 절제사가 되어 이순몽과 더불어 각각 병선 20척을 거느리고 적선의 길목을 막고 앞뒤에서 협공 작전을 감행하여 큰 성과를 거두었다. 그가 개선하자 태종은 세종과 함께 선양정에서 주연을 베풀어 축하하였다. 세종 18년(1436)에는 이천이 평안도 도절제사(都節制使)로 나가 야인을 공략하면서부터 그의 뛰어난 무략(武略)은 더욱 빛났다.

이와 같이 이천은 위대한 과학자이며 국토를 개척한 전략가였다. 세종을 보좌하여 경자자, 갑인자를 주조하였고 악기, 간의, 혼천의, 규표, 해시계, 자격루, 흠경각의 옥루 등 천문 관측 기기를 제작하였을 뿐 아니라, 병선, 병기, 화포, 화약 등 전술 무기를 개량하였고 일본군을 포획하고 야인을 섬멸하는 등 문무를 겸비한 으뜸인 신하였다.

그의 어머니가 돌아가시자 도승지 이사철(李思哲) 등이 임금에게 아뢰기를 "지중추원사 이천은 나이 74세에 모친상을 당하여 슬퍼함이 정도에 지나치고 또 이질까지 걸려 거의 죽을 지경이 되었습니다. 옛날에도 70이면 오직 상복만을 입는다고 하였으니 청컨대 술과 음식을 하사하시는 것이 좋겠습니다."라고 아뢰니 이를 윤허하였으며, 세종에 이어 즉위한 문종은 이천을 판중추원사(判中樞院事)로 임명했다.

세종 대왕의 유서와 이천의 유허비가 모셔져 있는
충북 보은군 모창리 소재의 유서각과 추원각

그가 문종 원년(1451) 11월에 76세로 별세하니 임금이 그 소식을 듣고 슬퍼하시어 2일간 정무를 정지하고 예관(禮官)을 보내어 장례를 보살피게 하였다. 이천은 손재주와 도량이 보통 사람보다 뛰어나 군대와 나라의 중요한 일은 거의 감독하고 관장하지 않은 것이 없는 행정가였으며 무장이었고 과학 기술자였다.

유엔 가입 기념으로 갑인자로 인쇄한 '월인천강지곡(月印千江之曲)'을 동판으로 떠 유엔에 기증하였으며 유엔은 메인 로비에 이를 영구 전시함으로서 이천과 함께 한국의 문화를 자랑할 수 있게 되었다.

수많은 발명을 한 발명왕
장영실

영리하고 손재주가 좋은 소년

우리나라가 낳은 조선 시대의 위대한 기술자 장영실(蔣英實, 1390년? ~ 1450년?)은 노비(奴婢) 출신인 천민(賤民)이었다. 그의 아버지 장성휘는 원나라 항주 사람이었고 어머니는 조선 동래의 관기(官妓)였다. 그의 출생에 대한 기록은 1390년을 전후해서 경상도 동래에서 태어났다는 것뿐이다.

장영실

우리나라의 과학 기술이 뒤떨어졌던 이유는 여러 가지가 있겠지만, 사농공상(士農工商)의 계급 제도로 인한 기술자의 천시 풍조와 19세기 초에 36년간 일본의 식민지 통치로 인한 과학 기술의 억제를 들 수 있을 것이다.

그나마 100년에 걸쳐 세계의 과학자들이 이룩해 놓은 과학 기술을 짧은 기간에 바짝 뒤쫓고 있으니 다행한 일이 아닐 수 없다. 이는 우리 조상들의 우수한 두뇌와 손재주를 이어받은 결과라 할 수 있으며 이런 두뇌와 손재주를 가장 잘 드러낸 사람이 장영실이라고 할 수 있다.

장영실은 천민인 관기의 아들이었기 때문에 동네 아이들로부터 놀림을 받으며 자랐다. 장영실은 어렸을 때부터 영리하고 손재주가 뛰어났다. 어린이들이 장난감으로 즐겨 사용하던 팽이며 새총, 썰매 등을 만들어 주위의 어른들까지도 그의 뛰어난 손재주에 경탄하였다.

장영실이 12살이 되자 그의 뛰어난 재주는 이웃 마을에까지 소문이 났다. 불우한 환경에서도 장영실은 목수 일과 대장간 일 등을 열심히 하였다. 그는 비록 어렸지만 어른들보다 농기구 수리도 척척 해냈다. 그러나 장영실은 신분 때문에 관청에 가서 일을 하는 관노가 될 수밖에 없었고, 그는 관청에 불려가 병기 창고를 담당하게 되었다.

마음이 깨끗하고 부지런했던 장영실은 병기창으로 일한 지 얼마 되지 않아 녹슨 병기를 갈고 닦고 엉클어진 무기는 가지런히 정리하여 새로운 무기 창고를 만들어 놓았다. 그는 병기 수리도 잘했을 뿐만 아니라 나무 홈통을 발명하여 극심했던 가뭄에도 물을 댈 수 있게 하여 농사에도 크게 이바지했다. 그래서 그의 명성은 영남 지방에 퍼져 나갔으며 급기야는 왕실에까지 알려지게 되었다.

왕의 특명으로 발탁되다

세종 2년(1421)에 왕의 특명으로 발탁된 그는 궁궐에서 근무하게 되었으며 중국 유학도 다녀오게 되었다. 그리고 세종 5년(1423) 장영실이 33세 되던 해에 왕은 그의 재주를 인정하여 상의원(尙衣院, 임금의 의복과 일용품 및 금은보화를 관리하는 곳) 별좌의 벼슬을 내렸다.

노예의 신분을 벗은 장영실은 공조 참판 이천을 도와 천문학 연구에 몰두하였다. 천문 기구를 만드는 데 열중한 그는 세종 14년(1432)에 정5품의 벼슬인 행사직(行司直)으로 승진하였다.

장영실의 꼼꼼하고 치밀한 솜씨와 이천의 뛰어난 기술이 만나 1433년에는 천문과 기상을 관측할 수 있는 간의대(簡儀臺)가 완성되었으며, 1년 후에는 천체의 운행과 현황을 알아볼 수 있는 훌륭한 혼천의(渾天儀)가 완성되어 우주를 관측할 수 있게 되었다.

세종 대왕은 크게 기뻐하였으며 혼천의와 간의를 경회루 북쪽에 설치하게 하여 간의대라 부르게 하고 장영실에게는 정4품인 호군(護軍)의 벼슬을 내렸다.

장영실은 이에 멈추지 않고 이천과 함께 인쇄 활자를 연구하고 개량하여 1434년(세종 16년)에는 활자 수가 무려 20여 만 자나 되고 조판할 수 있는 갑인자(甲寅子)를 주조하였다.

대(大) 발명왕 장영실

오늘날 시계는 태엽 시계의 시대를 지나 전자 시계(디지털 등)의 시대로 접어 들어, 편하고 오차도 거의 없는 간편한 시계가 생산되고 있다. 그러나 옛날 우리 조상들은 처음에는 태양 광선의 그림자를 보고 길이를 재어 시간을 알았고, 그 후에는 이것이 발전한 물시계를 사용하여 시간을 알았다.

물시계는 물통에 일정한 속도로 흘러드는 물의 높이를 들여다보고 측정하여 시간을 알 수 있는 원리였다. 이러한 간단한 물시계를 신라 시대에 누각전(漏刻典)을 두었다는 역사의 기록이 있는 것으로 보아 신라 시대에 처음 있었던 것으로 간주되고 있다.

그러나 눈으로 눈금을 보아 시간을 아는 물시계와 시간마다 종이나 징 또는 북이 울리고 인형이 나타나 시간을 알리는 정교한 장치를 만들어낸 것은 장영실이 시초였다.

사람이 지켜보지 않아도 물의 흐름의 장치에 의해 시간을 재미있게 소리로 표시해 주는 물시계가 바로 유명한 자격루(自擊漏)이다. 우리나라의 자랑스러운 과학 기술자 장영실은 세계에서 처음으로 기계 시계를 만든 기술자였다. 당시 세종 대왕은 대신들을 모아 놓고 연회를 베풀어 장영실의 업적을 치하해 주었다.

장영실의 발명은 계속되었다. 1421년부터 6년 동안 천체를 관측할 수 있는 대소간의(大小簡儀)와 해시계인 현주일구(懸珠日晷), 천평(天平)일구, 고정된 정남(定南)일구, 우리나라 최초의 공중 시계인 앙부(仰釜)일구, 주야 겸용의 일성정시의(日星定時儀), 태양의 고도(高度)와 일출몰(日出沒)을 측정할 수 있는 규표(圭表) 등을 발명하였다.

자격루

장영실은 시간만 알리는 자격루와 천체의 움직임을 관측할 수 있는 혼천의를 합쳐서 계절의 변화와 시간의 흐름을 한꺼번에 볼 수 있는 천체 기기를 만들었는데 그것이 바로 옥루(玉漏)이다.

1438년(세종 20년) 1월에 완성된 옥루는 경복궁 안 흠경각(欽敬閣) 내에 설치하였다. 흠경각 내에 풀을 먹인 호지로 7자(210cm) 이상의 높이로 인공 종이 산을 만들어, 태양의 모형을 비롯해서 시간을 알리는 옥녀(玉女), 사시사철을 알리는 사신(四神), 그 외에 사신(司辰)과 무사(武士), 종을 치는 사람과 북을 치는 사람 등의 인형을 배치하여, 옥루에 설치한 물레방아에서 물이 떨어지는 힘에 의해서 배치된 인형이 북, 종, 징을 쳐서 시각을 알리게 하였다. 그리고 인공 종이 산 주위에는 농부, 짐승, 수목의 모양을 새겨 농촌의 사계절을 표현하여 풍치를 더 하였다. 옥루의 정교하고 찬란함은 보는 사람마다 감탄하였다고 한다.

관노 출신 기술자의 운명

장영실은 한낱 산골 마을의 관노였지만 그의 손재주로 인해 높은 벼슬에 이르고 수많은 발명을 하여 세상을 놀라게 하였다. 장영실은 한때는 궁궐을 떠나 경상도 채방별감(땅 속의 광물을 캐내어 제련하는 일)이 되어 구리와 철 등을 생산하기도 하였다.

수리 시설이 잘 되어 있지 않았던 그 당시에는 비가 조금만 많이 와도 홍수가 나고, 비가 조금만 적게 내려도 가뭄이 들어 흉년이 들기 일쑤였다. 세종 대왕은 고심 끝에 강우량을 측정하는 기계를 만들고자 장영실을 다시 궁궐로 불러 들였다.

장영실은 측우기(測雨器)를 만들기 위해 온갖 노력과 연구를 하였다. 그는 장독대의 빈 항아리에 물이 고인 것에 착안하여 1442년에 세계 최초로 측우기를 완성하였다. 장영실이 만든 측우기는 길이 20.6cm, 높이가 30.9cm, 지름이 14.4cm이었다. 세종 대왕은 크게 기뻐하여 장영실에게 정3품, 상호군(上護軍)의 높은 벼슬을 내렸다. 장영실은 또 수표(水標)를 발명하여 하천의 홍수 범람을 미리 알 수 있게 하였다.

측우기

그러나 관노 출신의 천민인 기술자의 최후는 불행했다. 세종 대왕이 온천욕을 위해 이천을 행차하고 오던 중 장영실이 감독하여 만든 임금의 가마가 넘어져 부서졌다. 그 때문에 장영실은 의금부에서 불경죄를 물어 장형(杖刑) 80대의 형벌을 내리고 파직을 당했으나 임금이 2등을 감해 주었다고 한다.

우리나라가 낳은 위대한 과학자요, 기술자인 장영실은 안타깝게도 관노 출신으로 불행하게 태어났고 만년에도 불행했다. 그의 묘소는 충남 아산에 있으며 장(蔣) 씨 후손들이 관리하고 있다.

의학 발전의 기틀을 세운
허준

어질고 착한 어린 시절

한의학의 백과 사전이라고 할 수 있는
《동의보감》을 편찬한 허준(許浚, 1537
년~1615년)은 1537년 4월에 경기도 김
포군 양천면(현재 서울시 강서구 등촌동
능안 마을)에서 장군의 아들로 태어났다.
그의 아버지 허론(許碖)은 무과에 급제한
장군이었지만 허준은 서자로 태어났기 때
문에 환영받지 못하고 천덕꾸러기로 자랐다.

허 준

한때 아버지 허론이 경상남도 산청군에서 근무하게 되어 그의 어
머니 손 씨(생모는 소실인 영광 김 씨)는 어린 허준을 데리고 경상
남도 산청군에서 함께 살았다.

훌륭한 나무는 떡잎부터 다르다는 옛말이 있듯이, 허준은 어린
시절부터 어질고, 착하고, 현명하였다. 어려운 사람을 만나면 그냥

지나치지 않았다. 자신이 서자임을 알고 진작부터 벼슬을 포기한 그는 의사가 되어 어려운 사람들을 도와야겠다고 결심하였다. 그래서 어렸을 때부터 산과 들에서 풀잎과 나무뿌리를 수집하여 자세히 관찰하기도 하였다.

허준이 이상한 풀을 뜯어와 귀찮을 정도로 물어보곤 하여 그의 어머니는 의학 공부를 하겠다는 그의 뜻을 기특하게 생각하여 자세히 가르쳐 주었다. 그 당시 서자 출신은 양반 계열에 낄 수 없음은 물론 학문도 중인 계층이 하는 의학이나 천문학, 역학, 산학 등만 할 수 있었다. 따라서 서자 출신인 허준은 일찍부터 한의학 계통을 연구하여 자기의 일생을 개척해 나가기로 결심했다.

청소년이 된 허준은 스승을 찾아 나섰다. 산청군에는 학식과 의술이 뛰어난 한의사 유의태 의원이 있었다. 허준은 유의태 의원을 찾아가 제자가 되기를 간청하여 허락을 받았다.

28세 어린 나이에 의과에 급제

유의태 의원의 제자가 된 허준은 열심히 배우고 일했다. 머리가 영리한 허준은 오래지 않아 환자의 진찰도 할 수 있게 되었다. 스승인 유의태는 허준이 의사로서 천부적 소질이 있음을 발견하고 자신의 모든 의학 서적을 그에게 주어 공부하게 했고, 자신의 모든 의학 기술도 아낌없이 전수해 주었다. 열성과 노력으로 일취월장하는 그의 의술에 스승 유의태도 감탄했음은 물론 주위에도 점차 명의 허준에 대한 소문이 퍼지기 시작했다.

조선 시대에는 궁중에 내의원(內醫院, 주로 임금이나 그 가족 그리고 궁중에서 일하는 사람들의 치료를 담당하던 곳)이 있어 지금의 국립 중앙 의료원과 같은 역할을 했다.

내의원의 서고에는 국내의 의학 서적은 물론 중국의 의학 서적까지 빠짐 없이 비치되어 있어 의학을 깊이 연구하려면 내의원의 의사가 되어야 했다. 내의원의 의관이 되려면 1년에 한 번씩 치르는 의과에 응시해서 급제를 하여야만 했다.

허준은 스승인 유의태의 권유를 받아 의과 분야 과거에 응시했고 1574년에 급제하여 내의원에서 근무하게 되었다. 당시 그는 28세로 내의원에서 가장 어린 나이였다.

허준은 의술 연구에 최선을 다하였으며 궁중에 있는 모든 의학 서적을 모조리 읽기 시작하였다. 그의 신통한 의술은 조정에 알려지기 시작하여 선조까지 알게 되었으며, 허준의 의술과 의학 연구 열의에 감탄한 선조는 자신의 진맥을 허준이 전담하도록 하였다.

그 당시의 의학 서적은 모두 어려운 한문으로 되어 있어 일부 특권층이나 양반들만 볼 수 있었다. 그래서 일반 백성들은 간단한 처방으로 고칠 수 있는 병도 무당집을 찾아다녔다. 허준은 백성들의 사정을 안타깝게 생각하여 의서를 한글로 번역하여 많은 백성들이 쉽게 읽고 활용할 수 있도록 하였다.

그는 한글로 번역한 《언해두창집요(諺解痘瘡集要)》와 《언해태산집요(諺解胎産集要)》, 《언해구급방(諺解救急方)》을 펴내어 주위 사람을 깜짝 놀라게 하였으며 선조 대왕도 칭찬을 아끼지 않았다.

임진왜란 때 어의(御醫)로 왕을 보호

허준은 선조 25년(1592)에 임진왜란이 발발하자 온갖 고난을 무릅쓰며 선조를 호위하며 따랐다. 그러한 공로로 그는 땅을 다시 되찾은 후에 호종공신(扈從功臣)으로 서훈되었다.

선조는 어느 날 의관들을 어전으로 불러 이르기를 요즘 중국에서 들여온 의학서는 너무 번잡하여 백성들이 보기 어려우니 실용성이 적은 것은 과감히 버리고 효과적이고 보물이 됨직한 처방만을 골라 백성들이 읽기 쉽고 알기 쉬운 좋은 의학 서적을 펴내, 동양에서 가장 권위 있는 의학책이 되도록 하라고 명령하였다.

그리하여 시의장 양예수를 필두로 허준, 정작, 김응탁, 이명원, 정예남 등 당대의 쟁쟁한 명의들이 내의원에 모여서 국가적 사업인 《동의보감(東醫寶鑑)》의 편찬에 착수했다.

그러나 선조 30년(1597)에 일본이 다시 침범하여 정유재란이 발생했다. 일반 관리들은 물론 내의원의 의관들까지 피신에 여념이 없었다. 임금을 남겨 놓고 신하들이 도망을 치니 나라꼴이 말이 아니었다. 함께 《동의보감》을 편찬하던 시의장 양예수를 비롯한 여러 의관들도 예외는 아니어서 모두 앞다투어 도망쳤다.

충성심이 강한 허준은 탄식하면서 자기 혼자라도 의학서 편찬을 진행하기로 결심하고 일을 계속했다. 왕명도 있었지만 10여 년간 일본의 침범으로 백성들의 굶주림은 극도에 이르렀고 설상가상으로 질병이 창궐해 많은 사람들이 굶주림과 질병으로 사망하는 것을 보며 백성들을 구제하기 위해서 하루 빨리 《동의보감》을 만들어야겠다고 결심하고 선조가 내려 준 중국의 의학 서적 500여 권을 참고하여 우리 실정에 맞는 의서를 저술하기 시작했다.

허준은 자신을 전혀 돌보지 않고 10년간 그 일에만 전심전력하였다. 선조는 의학 발전에 기여한 그의 공적을 높이 찬양하여 양평군에 봉하고 품계를 높여 '보국숭록대부'에 서품했다.

동의보감(東醫寶鑑)을 완성

서자 출신이 감히 넘볼 수 없는 높은 벼슬에 오르자 내의원의 의관들은 허준을 시기하기 시작했고 허준을 신임했던 선조는 《동의보감》이 완성되기도 전에 세상을 떠나고 말았다. 선조가 승하한 다음 광해군이 즉위하자 평소 허준을 시기하던 의관들은 왕에게 그를 모략하여 그는 2년간이나 죄 없이 귀양살이를 했다.

그러나 허준은 동의보감을 완성시켜야겠다는 집념을 버리지 않고 온갖 고통과 시련 속에서도 쉬지 않고 작업을 계속하여 귀양살이에서 돌아온 지 얼마 안 된 광해군 2년(1610)에 동양 의학의 지침서라고 할 수 있는 25권으로 구성된 《동의보감》을 완성했다. 16년의 각고 끝에 완성된 《동의보감》을 진상 받은 광해군은 크게 감탄하여 격찬을 아끼지 않고 서자의 기록을 말소하도록 명령했다.

광해군 5년(1613)에 활자본으로 간행된 《동의보감》은 내경편(內景篇, 내과편) 4권, 외형편(外形篇, 외과편) 4권, 잡병편(雜病篇, 유행병, 급성병, 부인과, 소아과 등) 11권, 탕액편(湯液篇, 약재 해설 등) 3권, 침구편(鍼灸篇, 침놓는 방법) 1권 그리고 목차 2권 등 25권으로 된 방대한 의학서였다.

《동의보감》은 한방 의학 발전에 크게 기여하였을 뿐만 아니라 18세기에는 일본과 중국에서도 높이 평가되어 번역 출판되었다. 현재 《동의보감》은 국가 지정 문화재인 보물로 지정되어 있고, 2009년 7월 31일에 '세계 기록 유산'으로 등재되었다.

《동의보감》을 세상에 내 놓은 허준은 1615년에 조용히 세상을 떠났다. 허준의 묘소는 경기도 장단 서북쪽 10리(미수복 지구)쯤 임진강이 굽어 보는 곳에 있다.

《동의보감》의 내용(좌)과 표지(우)

대동여지도를 남긴 천재
김정호

지리학에 관심이 많았던 청소년 시절

김정호(金正浩, 1804년?~1866년?)는
불과 120년 전에 활약했던 실존 인물이
었음에도 불구하고 행적에 대한 기록은
아주 미미하여 다만 이야기로 전해질 뿐
이다.

조선 시대의 천재 지리학자인 김정호는
황해도 봉산 지방에서 태어났으나, 어릴

김정호

적에 서울로 옮겨 와 살았다. 본관은 청도(淸道)이고, 호는 고산자
(古山子)이다. 원래 미천한 가정에서 태어난 김정호는 서울의 남대
문 밖 만리재(서대문 밖 공덕리)에서 살았다.

김정호의 절친한 친구였던 최한기(1803년~1879년)가 쓴 청구도
(靑邱圖) 기록에 의하면 김정호는 소년 시절부터 지리학에 뜻을 두
고, 오랫동안 지리책을 탐독하였으며 몸소 전국을 누비면서 지도

작성 방법의 좋고 나쁜 점을 비교하며 연구했다. 김정호는 청소년 시절부터 머리가 총명했고 공예에 재주가 뛰어났으며, 지리학에 관심이 많았다.

고종 때 유재건(1793년~1880년)이 쓴 《리향견문록(理鄕見聞錄)》에서도 김정호에 관한 기록을 찾아볼 수 있다. "김정호는 스스로 호를 고산자라 하였고, 원래 정교한 재주가 있었다. 그는 지리학에 열중하여 널리 지도를 수집하고 지구도(地球圖)를 만들었다. 또 대동여지도를 그려 손수 새기고 인쇄한 후 세상에 펴냈는데, 그 상세하고 정밀함이 고금에 견줄 바 없다. 나도 그 중의 하나를 얻고 보니 참으로 보배가 되겠다.》라고 적혀 있다.

천재 김정호에 대한 유일한 기록은 위의 것이 전부이다. 그가 여러 번 백두산을 등정하고 전국을 누볐으며, 지도를 손수 판각했다는 것은 어디까지나 전해 오는 이야기라 할 수 있다.

명작 대동여지도를 완성하다

김정호는 종래의 지도가 매우 부정확하고 실제와 다른 곳이 많아 실생활에 별로 도움을 주지 못하는 사실을 알고 새 지도를 만들기로 결심하여 전국 방방곡곡을 직접 누비기 시작했다. 백두산을 비롯해서 제주도, 남해와 전국의 산과 들, 작은 섬까지도 실제로 답사하여 1834년(순조 34년)에 최초로 우리나라 지도를 완성한 것이

청구도(靑邱圖)이다.

청구도는 2첩으로 되어 있으며 고을의 경계선을 정확하게 나타내었고 경위선 표도 사용하였다. 그리고 산, 강, 섬과 나루터, 하천, 성곽까지 그 위치를 상세하게 표시하였다.

그러나 고산자는 청구도에 만족하지 않고 계속 지도 제작에 매달렸다. 오랜 세월 온갖 고초를 극복하고 노력한 끝에 청구도를 만든 지 27년만인 1861년(철종 12년)에 드디어 대동여지도(大東輿地圖)를 완성했다. 그리고 여지승람(輿地勝覽)을 참고하면서 부족한 부분을 보완하고 틀린 부분을 교정하여 32권 15책으로 된 대동지지(大東地志)를 집필 간행하였다. 대동지지는 전국 각 지방의 연혁, 산수(山水), 인물, 지리를 수록한 것으로서 한국의 지형과 당시 각 지방 사정도 알 수 있었다.

대동여지도(大東輿地圖)

대동여지도는 약 $\dfrac{1}{16,200}$의 축척도(縮尺圖)로, 가로 20cm, 세로 30cm 정도의 22첩 짜리 목판본 지도이다. 각 첩의 1면에는 가로 32km, 세로 48km 넓이의 지면이 압축되어 있다. 또 22종류의 부호를 사용하여 역, 창고, 목장, 성 등을 표시하였고, 주요한 도로에는 4km마다 점을 찍어 놓았다. 그러므로 이 지도는 그 당시 여행은 물론, 행정면에서나 군사 작전면에서 없어서는 안 될 필수의 지도가 되었다.

서울 지도도 그려 판각하다

김정호가 만든 지도 중에 또 하나 특기할 것은 '수선 전도(首善 全圖, 현재 고려 대학교 박물관 소장)'이다. 1824년경에 제작 완성한 수선 전도는 세로 67.5cm, 가로 82.5cm의 목판으로서 종로 거리를 중심으로 북쪽의 도봉산에서부터 한강에 이르는 지역이 망라되어 있다. 이 지도는 주요 도로는 물론 경복궁 및 종묘사직, 학교, 교량, 성곽, 역, 명승지 등을 상세히 나타내고 있다. 또 부, 방, 동과 성 밖 멀리 있는 동리 이름과 산, 절까지 상세히 표시하였고 460여 개의 지명도 자세히 명시해 놓았다.

김정호의 업적을 대별하면 3대 지지와 3대 지도를 들 수 있다. 3 대 지지로는 '동여도지(東輿圖志)', '여도비지(輿圖備志)', '대동지지 (大東地志)'가 있고, 3대 지도로는 '청구도(靑邱圖)', '동여도(東輿 圖)', '대동여지도(大東輿地圖)'가 있다.

천재 김정호의 업적

김정호는 생활이 매우 궁핍한 사람이었다. 그러한 형편에서도 그는 손수 판각한 목판으로 지도를 찍어냈다. 비용이 많이 드는 목판을 어떻게 조달하였을까 궁금해 하는 사람들이 많다. 아마도 그의 친구 최한기와 인쇄업을 경영한 최성환이란 사람이 재정 지원을 많이 하였을 것으로 생각된다.

김정호에 관한 다음과 같은 일설도 있다. 김정호는 대동여지도 한 벌을 당시의 실권자인 흥선 대원군에게 진상했다고 한다. 그러나 지도를 받은 대원군은 "이 지도가 적군에게 넘어가면 나라의 기밀이 누설된다!"라고 진노하며 김정호를 감옥에 가두어 문초하도록 하고, 지도의 목판을 압수하여 불살라 버렸다고 한다. 다행히 목판의 실물은 보존되어 있다.

그러나 오늘날의 사가들은 그렇게 보지 않는다. '청구도', '대동여지도', '대동지지', '지리지' 등이 지금도 손상당하지 않고 고스란히 남아있고, 감옥에 가두고 압수했다는 대동여지도 목판이 현재 숭실 대학교 박물관과 성신 여자 대학교에 보존되어 있으며, 김정호를 죄인으로 다루었다면 조선 시대 학자 유재건이 쓴 리향견문록에 김정호의 자전이 기록될 수 없었을 것이기 때문이다. 김정호를 후원하였던 병조 참판 신헌, 최성환 등이 대원군 시절에 중용되었다는 사실도 김정호 죄인 심문설의 허구를 반증한다.

지금은 그가 동대문 밖에 살았다는 거리를 '고산지'로 이름짓고 그를 기리고 있다. 정부에서는 1991년 과학의 달 문화 인물로 천재 고산자(古山子) 김정호를 지정한 바 있었다.

종(種)의 합성 이론으로 세계를 놀라게 한
우장춘

매우 불우했던 어린 시절

우장춘(禹長春, 1898년 4월 9일 ~ 1959
년 8월 10일)의 부친인 우범선은 조선 말
기의 왕실 무관(당시 별기군(別技軍) 장교)
이었는데 갑신정변에 가담하였다가 실패하
여 일본으로 망명하였다. 일본인 여성 사
카이(우장춘의 모친)와 결혼하여 1898년
4월에 우장춘이 태어났다.

우장춘

부친인 우범선은 명성왕후의 살해(을미사변)에 참여했다. 그 후
우범선은 일본으로 망명하였으나 독립 협회 부회장이었던 고영근에
게 살해되었다. 갑자기 미망인이 된 사카이 여사는 첫째 아들인 우
장춘과 둘째 아들인 우홍춘을 혼자서 키울 수 가 없어서 우장춘을
일시적으로 고아원에 맡겼다.

6세 때에 동경 키시모사 고아원에 들어간 우장춘은 늘 1등을 하

였다. 원장에게 상장을 자주 받은 우장춘은 일본 어린 아이들에게 항상 시기의 대상이 되어 놀림감이 되었으며 심지어는 "조선 놈의 자식아! 조선은 일본 속국이란 말이야. 나라도 없는 못난 조선 놈 까불지마. 재미없어." 하며 몰매를 맞았다.

큰 상처를 받은 우장춘은 "내가 훌륭한 사람이 되어 언젠가는 너희들이 나에게 머리를 숙이게 하리라."라고 마음속으로 다짐하였다. 우장춘이 어머니를 따라 동경 교외에 소풍을 나갔을 때 일이다. 어머니는 길가에 핀 민들레를 가리키며 "저것을 봐라 저 민들레는 사람의 발에 무수히 밟히면서도 꽃은 피어난단다."라고 말하였다. 이 말은 평생 그의 좌우명이 되었다.

우장춘은 키시모사 고아원에서 1년을 보내고 나와 초등학교에 들어갔다. 그는 1학년부터 졸업할 때까지 매번 수석을 차지하였다. 초등학교를 졸업하고 1910년 4월에 히로시마에 있는 현립 구레 중학교에 입학하였다. 우장춘은 중학교에서도 늘 수석을 하였으며 특히 수학에 있어서는 천재적인 자질을 보였다.

우수한 성적으로 중학교를 졸업한 우장춘은 일본 제국 대학 공학과로 가고 싶었으나 학자금 때문에 포기하고 국비 장학생으로 제국 대학 농학부에 입학하였다.

육종(育種) 합성으로 다윈의 진화론을 수정

　동경 제국 대학은 일본에서도 뛰어난 수재들만 모이는 학교다. 우장춘은 이곳에서도 줄곧 수석을 차지하였다. 시골에서 어머니가 보내 오는 적은 생활비를 절약하여 책을 구입하였다. 우장춘은 갖은 고초와 역경을 이기면서 1919년 7월에 우수한 성적으로 대학을 졸업하였다.

　그는 그해 8월에 일본 농림성 농사 시험장에 입사하였다. 우장춘은 농사 시험장에서 나팔꽃의 유전에 관한 연구에 몰두하였다. 농사시험장 데라오 소장은 우장춘의 탁월한 실력과 연구 업적을 인정하여 기수로 승진시켰다. 생활이 안정된 우장춘은 1921년에 초등학교 교사인 일본 여자인 스나가고 하루와 결혼하였다.

　그는 1930년에 페추니아 꽃의 유전자를 연구하여 육종 합성에 성공함으로써 다윈의 진화론을 수정하였다. 다윈의 진화론은 생물의 진화 과정이 하등 생물로부터 자연 도태를 거쳐 많은 수로 이루어진 고등 생물로 서서히 진화한다는 것이었다. 한편 우장춘의 이론은 생물의 진화 과정은 종의 합성이 중요한 과정이며 이런 종의 합성은 인위적이 아니라도 자연계에서 오래전부터 이루어져 진화해 왔다는 것이다. 이는 진화론의 큰 발전을 가져왔다.

해방이 되자 조국에서 헌신하다

우장춘의 끊임 없는 연구와 육종학계에 끼친 찬란한 업적을 높이 평가하여 동경 제국 대학에서는 농학 박사 학위를 수여하였다. 1936년 38세로 젊은 나이에 농학 박사가 된 그는 자만하지 않고 만년 기수를 자처하며 연구를 잠시도 중단하지 않고 계속하였다.

우장춘 박사는 동경 다키이 연구 농장장으로 근무하면서 제국 대학에서 강의도 하였다. 또한 십자화과 식물(무, 배추류)이 갖고 있는 자가 불화합성을 이용하여 우수한 종자를 얻는 방법을 논문으로 발표하고 많은 과학자들에게 강연을 하였다. 현재 일본에서는 우장춘 박사가 연구 발표한 이론에 의하여 채소 종자를 받아 재배하여 좋은 야채를 생산하고 있다.

1945년 2차 세계 대전이 끝나고 해방이 되자 우장춘 박사는 아버지 나라인 조국에 가기를 원하였다. 그러나 일본 정부에서 우장춘이 귀국하려는 것을 거부하였다. 그는 조국에 연락하여 호적 초본을 송부 받은 후에 강제로 송한되는 고국인 들의 틈에 끼어 귀국하였다.

정부는 귀국한 우장춘 박사에게 동래 온천장에서 약 4Km 떨어진 금정산 밑에 농장을 준비하여 연구할 수 있도록 배려하였다. 그는 얼마 후 설립된 국립 농업 과학 기술 연구소의 초대 연구소장이 되었다. 우장춘 박사는 영남과 호남 지방의 농촌을 살펴보고 난 후 첫 사업으로 채소의 종자 개량부터 해야겠다고 결심하고 종자 개량 사업을 착수하였다.

1950년 우장춘이 한국에 귀국하기 직전에 찍은 가족 사진

그 후 6·25가 일어나 정부가 부산으로 임시 피난을 내려왔으며 동해 원예 시험장도 예산이 없어 고통이 말이 아니었다. 수도 시설마저 없어 직원들이 우물에서 물을 길어 날라 농작물을 가꾸었다. 그러나 어려운 여건에서도 우장춘 박사는 여러 가지 실험 기구를 구입하는 등 연구에 열중하였다. 그 결과 그는 우수 채소 종자를 개량하는 데 성공하였다.

무는 매우 크고 맛이 좋았으며, 배추도 포기가 크고 줄기가 연하였다. 농민들은 수입을 많이 올렸고 정부도 많은 외화를 절약하게 되었다. 우리나라는 우장춘 박사의 귀국으로 위기를 벗어나 놀랄만한 발전을 한 것이다.

그는 1952년 농업 재건 임시 위원회 위원을 거쳐 1963년에 중앙 원예 기술원 원장이 되었으며 다음 해에 학술원 회원이 되었다. 연구에 전념하여 씨 없는 수박을 만들었고 1식 2수작(一植二收作)도 연구하였다.

우장춘 박사가 56세 되던 해에 평생 아들에게 헌신하였던 어머니가 일본에서 별세하였지만 장례식에도 참석하지 못하여 그는 큰 슬픔과 죄책감에 빠졌다. 우장춘 박사는 자애로운 어머니의 젖과 같은 샘물이란 뜻을 담아 우물을 파고 자유천(慈乳泉)이라고 이름을 지었는데 지금도 물이 콸콸 솟고 있다고 한다.

우리나라 감자 종자를 일본 북해도에서 비싸게 주고 수입하여 심는다는 말을 들은 우장춘 박사는 대관령 고랭지에 시험 농장을 두고 연구하여 고랭지 씨감자를 개량하여 오늘날의 크고 맛있는 감자를 만들어냈다. 우장춘 박사는 1959년 8월 7일에 대한민국에서 두 번째로 문화 훈장을 수여받았다.

그러나 3일 후 8월 10일에 그는 연구실에서 쓰러져 2개월 뒤 62세의 나이로 세상을 뜨고 말았다. 그의 장례식은 온 국민의 애도 속에 사회장으로 치러졌다. '종의 합성'이라는 육종학의 기적의 연구논문을 남긴 세계적인 육종학의 대가의 서거는 우리나라뿐만 아니라 세계적인 손실이 아닐 수 없다. 현재 수원에 있는 농촌 진흥청 지청의 산에 잠들어 있다.

사상 의학(四象醫學)으로 질병을 치료한
이제마

재주와 슬기가 뛰어난 어린 시절

이제마(李濟馬, 1837년 4월 23일 ~ 1900
년 11월 12일)는 1837년 3월 함경남도 함
흥에서 문무(文武) 양과에 급제하여 진사의
벼슬을 지내는 아버지 이반오와 지적 장애
인인 어머니 사이에서 태어났다. 이제마의
가문은 조선 건국 전의 목조의 둘째 아들인
안원 대군(安原大君)의 후손이다. 양반가에

이제마

태어난 이제마가 태어날 때 꿈에 노인이 나타나 제주도에서 골라온
조랑말을 주고 갔다고 하여 그의 이름을 제마(濟馬)라고 지었다.

그의 할아버지 이충원은 어린 이제마를 집안의 적자로 삼고 가
문의 뒤를 잇도록 정성을 다하여 키우도록 하였다. 이제마는 머리
가 명석하고 뛰어나 마을에서 전쟁 놀이를 하면 항상 대장이 되었다.
그는 장수가 되어 적들과 용감하게 싸우는 꿈을 키웠고, 할아버지는

장차 훌륭한 장수가 되라고 하여 호를 동무(東武, 동쪽의 무사)라고 지어 주었다.

이제마는 자라면서 《주역(周易)》을 많이 읽었다. 그는 13세 어린 나이에 향시(鄕試)에서 장원을 한 후 《명선록(明選錄)》이라는 책을 읽고 행동하는 학자가 되기 위하여 23세 때에 전국으로 방랑의 길을 떠나기도 하였다. 그는 지방을 돌아보고 많은 백성들이 민란으로 시달림을 받고 있으며 굶주리고 질병에 허덕이고 있다는 것을 알고서 장차 훌륭한 의사가 되어 백성들을 치료해 주어야겠다고 결심하였다.

지방을 돌아다니던 중 무역상을 하는 임상옥을 만나 그의 서재에서 허준의 《동의보감》을 비롯하여 중국의 많은 자료를 접하여 의학 공부와 연구를 계속하였다.

이제마는 이곳에 약방을 차려 놓고 어려운 환자들을 돌보며 연구하였다. 그는 사람마다 각각 체질이 다르다는 것을 알고 체질을 연구하여, 사람의 체질에 따라서 약도 다르게 먹어야 한다고 주장하였다.

벼슬길에 오른 이제마

이제마는 1872년에 무과에 급제하였고 1888년에는 그가 50세가 되던 해에 궁궐을 수비하는 군관직의 벼슬길에 올랐다. 이제마가 가난한 사람을 돕고 환자를 체질에 따라 치료한다는 소문이 퍼져 궁궐에까지 알려져 관직에 등용된 것이다.

이제마는 관직을 수행하면서 한편으로는 의술 연구에 몰두하여 1892년에 진해 현감(鎭海縣監)이 되었다. 그는 진해에서 현감의 관직을 수행하면서 고을에 있는 가난한 환자들을 불러들여 체질에 따라 약을 무료로 처방해 주었다. 그는 많은 일들로 몸에 무리가 와 병들어 눕고 말았다. 이제마의 선행이 마침내 궁궐에까지 알려져 병마절도사(종2품)의 높은 벼슬에까지 올랐으나 사양하고 고향으로 돌아왔다.

그러나 그 당시 나라는 외국인의 침범과 내란으로 매우 어지러웠다. 백성들은 굶주리고 질병에 시달렸으며 조정도 좌충우돌하여 혼란에 빠졌다. 심지어 1896년에 최문환(崔文煥)이 반란을 일으켜 강원도와 함경도까지 점령하는 등 반란군의 난동까지 겹쳐 나라가 매우 어지러웠다.

고향에 있는 이제마는 어렸을 때에 병정 대장의 꿈이 있어 군사 훈련을 받은 기량과 지략으로 의병을 모아 반란군을 평정하기로 하였다. 무술과 의술을 겸비한 이제마가 의병을 모은다는 소문을 들은 젊은 사람들은 사방에서 구름처럼 모여들었다. 최문환의 막강한 반란군도 이제마의 지략은 이기지 못했다. 강하게 대항하던 반란군 최문환은 제대로 싸워보지도 못하고 패하고 말았다. 기세가 당당했던 최문환의 반란을 단번에 평정했다는 소식이 궁궐에 알려지자 조정에서는 이제마를 높이 칭찬하고 고원 군수(高原郡守)에 추천하여 임명되었다.

그러나 그가 연구하였던 체질에 따른 의학을 체계적으로 정리 연구하여 세상에 남기는 일을 해야 했다. 이제마는 고원 군수의 높은 관직을 사양하고 고향으로 내려와 연구한 의술을 학술적으로 정리하기 시작하였다.

사상 의학(四象醫學)을 창안하다

이제마는 주역의 태극설(太極說)인 태양(太陽), 소양(小陽), 태음(太陰), 소음(小陰)의 사상(四象)을 우리나라에 적용하여 기질과 성격에 따라 사람을 4가지로 분류하고 그에 적합한 치료 방법을 제시한 사상의학(四象醫學)의 체질을 창안하여 발표하였다.

이 학설은 종래의 송나라에서 전래한 음양오행설의 철리적 공론(哲理的空論)을 배척하고 임상학적(臨床學的)인 방법에 따라 환자의 체질을 중심으로 치료 방법을 달리한 것으로 현대 한의학에서 이 방법을 많이 사용하고 있다.

사상 의학은 그동안의 약 처방의 기준을 음양오행설 같은 근거 없는 것에 두지 않고 환자의 체질에 중점을 두어 한방의 전통적인 학설을 깨뜨린 새로운 학설이라 매우 획기적이었다.

(1) 태양 체질(太陽體質)

❶ 성격은 솔직하고 패기가 있으며 영웅적이어서 잘난 체 한다.

❷ 폐와 위장은 강하고 간장은 약하다.

❸ 메밀, 조개, 달래 같은 음식이 좋다.

❹ 모과, 포도, 송화 같은 약이 좋다.

(2) 태음 체질(太陰體質)

❶ 행동이 의젓하고 무언의 실천가이며 욕심이 많다.

❷ 간장은 매우 강하고 폐와 위장은 약하다.

❸ 쇠고기, 무, 콩 등의 음식이 좋다.

❹ 녹용, 맥문동 같은 약이 좋다.

(3) 소양 체질(小陽體質)

❶ 매우 똑똑하고 사무적이고 행동이 재빠르고 남을 비판하기 좋아한다.

❷ 위장은 강하고 신장은 약하다.

❸ 돼지 고기, 해삼, 녹두 등의 음식이 좋다.

❹ 숙지황, 구기자 같은 약이 좋다.

(4) 소음 체질(小陰體質)

❶ 얌전하고 내성적이고 인내력이 부족하다.

❷ 신장은 강하고 위장은 약하다.

❸ 염소 고기, 개 고기, 당근이 좋다.

❹ 인삼, 부자, 당귀 등의 약이 좋다.

《동의수세보원(東醫壽世保元)》발간 배포

이제마는 사상 의학을 정리하여 《동의수세보원(東醫壽世保元)》
이란 의학서를 발간하여 세상에 내 놓았다. 참으로 긴 세월 사람의
체질을 연구하여 체질에 따른 치료법을 체계화해서 발표한 것이다.
이 책은 고금의 문헌을 압축하여 한의학의 역사를 밝혔으며 인체
생리, 병리, 약리, 임상과 인생 철학까지 자세히 설명하였다.

《동의수세보원(東醫壽世保元)》

그러나 궁중의 의관들은 이제마의 사상 의학을 믿지 않고 코웃
음만 쳤다. 이제마는 어딘가 모자란 사람이라고 혹평하기도 했다.
그러나 그의 제자들은 사상 의학을 굳게 믿었고 실제로 체질에 따
라 다르게 처방을 하여 환자가 완치되었기 때문에 세상 사람들은
이제마를 따르게 되었다.

그는 관직을 사양하고 고향으로 내려와 보원국(保元局)이라는 한

의원을 개설하여 치료와 의학 연구에 전념하였다.

그러나 사상 의학을 널리 알리기에는 그의 몸이 너무 늙었고 병도 들었다. 1900년 11월 12일에 우울증이 심해진 그는 《동의수세보원》을 머리맡에 놓은 채 64세에 세상을 떠나고 말았다. 이제마가 세상을 떠난 지 110여년이 지났지만 그는 학식이 뛰어나고 독창성을 지닌 의학자이자 과학자로 기억되고 있으며 그의 사상 의학은 현대 한의학에서도 많이 활용되고 있다.

종두법과 서양 의학의 개척자
지석영

어릴 때부터 한의학에 흥미를 갖다

지석영(池錫永, 1855년 5월 15일 ~ 1935년 2월 1일)은 1885년 5월 서울 낙원동에서 한의학을 하는 아버지 지익용의 둘째 아들로 태어났다. 그의 가정은 조그만 한약방을 운영하였지만 운영이 잘 되지 않았고 중인 집안에서 태어났기 때문에 항상 가난하였다.

지석영

머리가 총명하고 재주가 많은 지석영은 자라면서 아버지가 하는 한의학에 흥미를 가졌다. 그는 특히 마마(일명, 천연두)에 대해서 많은 의문과 관심을 가졌다. 마마는 어린이를 사망케 하는 무서운 전염병일 뿐만 아니라 병이 낫는다 해도 얼굴과 몸에 곰보가 생겨 흉측하게 되기 때문에 일생을 불행하게 살아야 했기 때문에 우리나라에서는 이를 천연두, 귀신 병이라고도 하였다. 지석영은 이 병

의 원인과 예방법을 알아내어 장차 수많은 어린이를 구해야겠다고
굳게 결심하였다.

마마를 예방하는 우두 종두법은 1796년에 영국의 과학자 제너에
의하여 발명되어 서양에서는 큰 성과를 올리고 있었다. 가까운 일
본에서도 서양 의학을 들여와 실시하고 있었다.

그러나 우리나라는 마마 예방법이 발명된 지 80년이 지났는데도
쇄국 정치로 인하여 서양의 문물이 들어오지 못하였고, 의학 분야
는 한의학에 의존할 뿐 마마가 무슨 병인지조차 알지 못하고 무당에
게만 의지하는 형편에 있었다. 이런 상황에서 청년 지석영이 이 무서
운 마마를 연구하려고 나섰던 것이다.

옛날에는 가장 무서운 전염병이 장티푸스(일명, 염병)와 마마였
다. 이 전염병이 휩쓸고 나면 어린이들이 많이 죽었다. 정부에서는
환자를 격리시키거나 출입을 금지시키고 환자가 사용하던 물건들을
소각시킬 뿐 속수무책이었다.

우리나라 최초로 종두(種痘)를 실시하다

아버지인 지익용은 한의학에 관심이 있는 아들 지석영을 공부시
켜 훌륭한 학자로 키워야겠다고 생각하였다. 그는 지석영을 건양관
(乾糧官)이라는 벼슬을 하고 있는 그의 친구인 박영선(朴永善) 밑에
서 가르침을 받도록 하였다.

지석영은 스승인 박영선의 지도를 받으며 학문에 열중하였다. 그러나 지석영이 배우려고 하는 마마에 대해선 배울 수가 없었다. 지석영은 고민하였다. 이 시간에도 수많은 아이들이 마마에 시달리고 있으며 죽어 가고 있는데 이 나라의 지도자요, 학식이 풍부한 스승인 박영선 선생도 마마에 대해선 하나도 알지 못하니 한심한 노릇이라고 생각했다.

노심초사하던 지석영에게 절호의 기회가 다가왔다. 1876년(고종 13년)에 수신사(修信使) 김기수를 사절단장으로 하여 75명의 사절단이 일본을 가는 길에 통역관으로 박영선이 함께 가게 된 것이다. 그 당시 일본은 일찍이 문호를 개방하여 서양 문화가 들어와 문명이 급속도로 발전하고 있었고 의술도 상당한 수준이었다.

지석영은 재빨리 스승인 박영선을 찾아가 일본에 가면 마마(일본명, 두창)에 대해서 잘 알아봐 달라고 부탁하였다. 부탁을 받은 스승 박영선은 일본 도쿄 순천당 병원의 오타키라는 의사를 소개 받아 마마에 대하여 자세한 설명을 듣고 우두 접종에 대해서도 자세히 알아보았다. 그리고 일본인 구가가쓰아키가 쓴 《종두귀감(種痘龜鑑)》이란 마마에 관한 책을 얻어 가지고 왔다. 지석영은 스승 박영선에게서 귀한 책을 받고 뛸 듯이 기뻐하였다.

그는 《종두귀감》과 청나라에서 들여온 의학 책을 읽어 가면서 마마에 관한 비밀을 벗겨나가기 시작하였다. 그는 천연두의 균을 소에다 전염시켜서 소가 마마를 앓게 한 다음 거기에서 생긴 고름을 채취하여 우두를 만든다는 것을 알게 되었다. 1879년에 지석영은 부산으로 내려가 부산에 있는 일본 해군 병원인 제생 병원에서 도쓰카라는 군의관에게 우두(牛痘) 접종법을 배우게 되었다.

그는 약 2개월 동안 부산에 머무르면서 우두 접종법을 열심히 배우고 익혔다. 우두 접종법을 완전히 익힌 지석영은 그해 겨울 서울로 돌아오는 길에 충북 중원군 덕산면에 있는 처가에 들렀다.

그는 2살짜리 처남에게 처음으로 우두 접종을 시험하였다. 지석영은 매우 초조해 하며 처남의 우두 자리를 살폈다. 그는 우두를 놓은 자리에 붉은 반점이 생긴 것을 보고 성공이라는 생각에 소리치며 기뻐하였다.

그리고 마을 사람 40여명에게 우두 접종을 실시하였다. 이것은 영국의 과학자 제너가 우두 접종법을 발명한 지 83년 만에 우리나라에서는 처음으로 성공적으로 이루어진 우두 접종이었다.

우두국을 설치하다

1880년 1월에 서울로 돌아온 지석영은 부산에서 가지고 온 두묘(痘苗)와 종두침(種痘針)을 가지고 종두를 실시하였다. 그러나 얼마 지나지 않아 두묘가 떨어져 우두를 놓지 못하게 된 지석영은 안타깝게 여겼다. 그는 일본에 건너가서 두묘의 제조법을 배우기로 결심하였다.

마침 1880년 6월에 수신사 김홍집(金弘集) 일행이 일본을 가게 되어 그에게 간청하여 수행원으로 함께 가게 되었다. 일본에 도착한 지석영은 약 1개월간 머물면서 위생국에서 두묘 제조법을 배웠다. 그리고 두묘를 오래 저장할 수 있는 채장법(採漿法)도 배우고 어린이 종두법에 관한 의학 서적도 수집하여 서울로 돌아왔다. 이로써 어린이를 잡아 가는 마마를 완전히 물리칠 수 있게 된 것이다. 지석영은 밤낮을 가리지 않고 우두를 접종하였다. 그리고 젊은 의사에게 우두 접종법과 두묘(痘苗) 제조법을 가르치기 시작하였다.

그는 한편으로는 일본 공사관에 의관(醫官)인 마에다 기요노리로부터 서양 의학을 배웠다. 그러나 1882년 6월에 임오군란이 일어났고, 그를 시기하는 사람들에게 매국노로 몰려 체포 영장이 내렸으나 잠시 피해 있다가 전국이 수습된 후 불타 버린 종두 건물을 다시 세워 우두접종을 계속하였다.

그해 9월에 전라도 박영교 어사의 요청에 따라 전주에 종무국을 설치하여 우두 접종을 실시하였고 종두법도 교육시켰다. 그리고 다음 해에는 공주에도 우두국을 설치하고 우두 접종을 하며 젊은 사람에게 우두 접종법을 가르치기도 하였다.

과거에 급제하여 벼슬에 오르다

1883년 지석영이 28세 되던 해에 과거에 응시하여 문과에 급제, 사헌부의 지평(持平)의 벼슬에 올랐다. 그리고 1885년에는 우두 접종에 관한 지식과 보고서를 모아 《우두신설(牛痘新說)》이란 책을 저술했다. 2권으로 된 《우두신설》은 우두에 관해서 편찬되어 있으며 우리나라에는 처음으로 나온 종두 의학 서적이었다. 1887년 지석영은 사헌부의 장영(掌令)이라는 정4품의 높은 벼슬에 올랐지만 지석영은 우두의 기술을 미끼로 일본과 결탁한 개화당과 같은 부류라는 간신배의 모략으로 전남 완도에 있는 신지도(新智島)로 귀양을 가게 되었다. 그러나 그는 6년 동안 귀양살이를 하면서도 현지에서 우두 접종을 계속하였다. 유배지에서 풀려난 지석영은 형조 참의를 거쳐 동래 부사를 지냈다. 그러나 석영의 벼슬살이는 간신배들의 농간으로 평탄하지 못했다.

경성 의학교에 초대 교장에 취임

1899년에 처음으로 의학 전문 학교인 경성 의학교가 설립되었다. 경성 의학교(현 서울 대학교 의과 대학)의 교장으로 취임한 지석영은 10여 년간 의학 교육 사업에 전념하였으며 부속 병원도 세웠다.

그리고 백성들이 한글을 쉽게 익힐 수 있도록

경성 의학교와 지석영 동상
(현 서울대학교 의과 대학)

6개 항목으로 맞춤법을 통일한 '신정국문(新訂國文)'을 임금님에게 상소하였고 1908년에는 국문 연구소를 설립하여 한글 보급에 힘썼다.

또한 1909년에는 옥편 《자진석요(字典釋要)》를 집필 편찬하여 보급함으로써 국문 연구에도 큰 업적을 남겼다. 한의학자의 넷째 아들로 태어난 지석영의 집안은 비록 가난하였지만, 지석영은 노력하여 아이들의 희생을 막은 종두법을 보급하였다. 그는 우리나라의 제너라고 할 수 있다.

그는 서양 의학의 보급과 종두법의 개척자일 뿐만 아니라 국문(한글) 연구에도 큰 업적을 남겼다. 그는 수많은 어린 생명을 구했으며 국가의 먼 앞날을 걱정한 이 나라의 샛별이라고 하지 않을 수 없다. 위대한 업적을 남긴 지석영은 80세인 1935년 2월 1일에 민족을 생각하면서 조용히 눈을 감았다.

동양에서는 처음으로 지구의 자전을 설파한
홍대용

호기심 많은 어린 시절

홍대용(1731년 ~ 1783년)은 1731년 조선 영조 7년에 충남 천안에서 대사간(大司諫)의 벼슬을 지낸 할아버지 홍용조의 명문 가문에서 태어났으며 나주 목사를 지낸 아버지 홍역의 교육을 받고 자랐다.

홍대용은 어렸을 때부터 모든 사물에 대해 호기심이 많았으며, 특히 밤하늘의

홍대용

달과 별을 보고 신기한 듯이 그의 아버지에게 질문도 하고 의구심을 가지기도 하였다.

그는 밤하늘에 달과 별이 하늘에 붙어서 반짝일 수 있는 이유와 낮에는 없어지는 이유를 궁금했다. 그는 자라면서 생긴 더욱 많은 의문과 신비스러움을 꼼꼼히 생각하고 해결해 보려고 노력하였다. 이렇게 그는 신비스러운 우주에 대한 꿈을 키워 나갔다.

그는 동네 서당 선생님이나 아버지에게 우주에 관한 질문을 귀찮을 정도로 하였고 나중에는 서당 선생님도 답을 몰라 말문이 막힐 정도였다. 홍대용은 12살 때에 선비 김원행의 제자가 되어 《논어》, 《맹자》를 비롯해서 《시경》, 《서경》을 배웠으며, 《육예》도 완전히 익히게 되었다.

혼천의(渾天儀)를 제작하다

홍대용은 28살에 실학을 연구하기 위하여 충청도 장명으로 내려가 농촌 사람들과 같이 어울려 농사를 도우면서 우주에 관한 신비를 계속 풀어 나갔다.

그는 천문학을 연구하려면 천체의 운행과 위치를 관측하는 기계인 '혼천의(渾天儀)'가 있어야겠다고 생각하고 개량된 혼천의를 제작하기로 하였다.

홍대용은 전에 혼천의를 만들어 보았다는 나경직과 손재주가 좋은 안처인을 공주로 데려와 천문 기기인 새로운 혼천의를 만들기 시작하였다.

홍대용과 일행은 밤을 세워가며 제작에 열을 올렸다. 그들은 3년 만에 새로운 추동식 혼천의를 완성했다. 이것은 돌아가는 지구의를 가운데 두고 낮과 밤이 생기는 것을 알게 해 주었으며 태양이 돌아가면서 종을 치게 함으로써 시각을 알게 해 주었다.

세종 15년(1433)에 과학자 장영실이 처음 만든 것으로 유명한 혼천의를 300년 후에 개량해서 홍대용이 다시 만들어낸 것이다.

혼천의

홍대용은 서양식 천구의(天球儀)를 개량하여 새로운 천구의도 만들었다. 그는 연못 가운데 작은 집을 짓고 그것을 '농수각'이라 명명하였다. 그리고 농수각에 직접 제작한 혼천의와 천구의를 나란히 진열하고 자명종 시계와 망원경을 설치하여 밤마다 천체 운행을 살펴보고 연구하였다.

농수각은 하나의 현대식 천문대라고 말할 수 있다. 이 소문을 들은 그의 친구인 박지원, 박제가, 이송, 이덕무 등의 학자들은 현대식 천문대인 농수각을 보고 깜짝 놀랐으며 그의 재주와 재능을 극찬하였다. 이 소문은 국내뿐만 아니라 중국에까지 알려져 홍대용을 찬양하기도 하였다.

지동설(地動說) 주장한 갈릴레오의 복권

"그래도 지구는 움직인다." 이 말은 1633년 이탈리아의 천문학자인 갈릴레이가 종교 재판에서 이단으로 판정 받아 다시는 지동설을 지지하지 않겠다고 서약한 뒤 재판소 문을 나서면서 중얼거리며 한 말이라고 알려져 있다.

1543년 폴란드의 유명한 천문학자인 코페르니쿠스가 주장한 지구는 자전뿐만 아니라 공전(公轉)을 한다는 이론을 갈릴레이가 지지하였으며 로마 교회는 이를 이단으로 몰았던 것이다.

그러나 특별위원회의 최종 보고를 청취한 교황청 과학원 공식 회의에서 교황 바오로 2세는 갈릴레이에 대한 교권을 회복시키면서 지난날의 유죄 판결은 고통스러운 오해로써 다시 되풀이되어서는 안 될 가톨릭 교회와 과학의 비극적인 상호 이해 부족에서 비롯된 것이라고 강조하였다. 이렇게 파문되었던 갈릴레이는 1992년 10월 31일 바티칸의 교황청에서 교황 바오로 2세가 교적 회복을 공식 선언함으로써 갈릴레이는 359년 만에 복권되었다.

그 당시 우리나라에서는 아직 지구가 공전한다는 것을 주장한 사람이 없었고 태양이 지구를 돈다고 생각하고 있었다. 그러면 우리나라에서는 지구가 하루 한 번씩 자전하여 낮과 밤이 바뀐다는 지전설(地轉說)을 누가 처음 주장하였을까?

우리나라에서는 코페르니쿠스가 지동설을 내놓은 지 217년 후

이자, 이탈리아의 갈릴레오가 이를 지지하여 종교 재판을 받은 지 127년 후인 1760년에 실학자 홍대용에 의해서 처음 설파되었다.

이것은 지금부터 약 230여년 전의 일로써 동양에서는 처음 나온 주장이었다. 이처럼 우리나라의 실학자 홍대용은 동양에서 제일가는 천문학자였다는 것을 알 수 있다.

우주 무한설을 주장하다

18세기 우리나라는 유교 사상에 바탕을 두고 있었기 때문에 홍대용의 지전설은 그다지 크게 관심을 끌지 않았다. 홍대용의 지전설은 아주 획기적이고 중요한 우주설이였지만 큰 호응을 얻지 못하였던 것이다. 그는 지전설뿐만 아니라 우주는 아주 무한하다는 우주 무한설도 주장하였고, 달이나 우주의 어느 별에 사람 비슷한 생물체가 있을지 모른다고도 주장하였다.

1765년에 숙부인 홍억이 서장관의 직책으로 청나라에 갈 때 숙부를 수행하여 북경에 가게 되었다. 그곳에서 청나라 학자인 엄성, 반정균, 육비 등과 사귀어 토론도 하고 천주당(天主堂)을 방문하여 그곳에 진열한 서양 문물을 견학하게 되었다. 또한 청나라의 기상대도 상세히 살피게 되었다.

많은 지식을 쌓은 홍대용은 처음으로 신공감의 감역(종9품)이라는 벼슬에 올랐고 뒤에 세손을 보살피는 세손 익위사세직이 되었다. 47살이 되어서 사헌부의 감찰이 되었으며 50살 되던 해에 영주 군수가 되었다.

홍대용은 북학파의 학자로 지구의 지전설을 주장하였고 균전제, 부병제를 토대로 하는 경제 정책의 개혁과 과거 제도의 폐지와 공거제(貢擧制)에 의한 인재 등용을 역설하였다.

신과학 사상을 부르짖었던 홍대용은 그의 과학 사상을 집대성한 《담헌설총》을 저술하였고 그밖에 《건정필담》, 《주해수용》, 《담헌연기》, 《임하경륜》, 《사서문의》, 《항전척독》, 《삼경문경》 등의 많은 저서를 남겼다.

홍대용은 손수 쓴 《의산문답》에 "어려서는 성현의 글을 읽었고 자라가면서 예법을 연구하였으며 천지의 변천과 절기가 변화하는 원리를 알아서 참되고 행복한 인간 생활을 이룩하려고 노력하였다."라고 일생 동안 걸어온 길을 회고하였다.

53살인 1783년에 관직에서 물러난 홍대용은 산야에 묻혀 글을 읽으면서 일생을 보내려고 하였다. 그러나 1783년 10월 23일 갑자기 혈압으로 세상을 떠나고 말았다. 그가 세상을 떠나자 친구 박지원, 이송 등이 매우 슬퍼하였다. 많은 새로운 학설과 과학 사상을 전파한 홍대용은 그리 큰 관심을 끌지 못한 채 천안시 장산리에 조용히 잠들어 있으며 충남 기념물 제101호로 지정되어 있다.